AF359316

LES MICROBES

5303. — PARIS, IMPRIMERIE A. LAHURE

9, rue de Fleurus, 9

Prix : 8 francs

1487

Reçu. 31909.
(Couverture la Couverture)

LES MICROBES

PAR

JOHN TYNDALL

MEMBRE DE LA SOCIÉTÉ ROYALE DE LONDRES

Traduit de l'anglais

PAR LOUIS DOLLO

INGÉNIEUR CIVIL

PARIS

LIBRAIRIE F. SAVY

77, BOULEVARD SAINT-GERMAIN, 77

1882

LES MICROBES

PAR

JOHN TYNDALL

MEMBRE DE LA SOCIÉTÉ ROYALE DE LONDRES

Traduit de l'anglais

PAR LOUIS DOLLO

INGÉNIEUR CIVIL

PARIS

LIBRAIRIE F. SAVY

77, BOULEVARD SAINT-GERMAIN, 77

—

1882

AVANT-PROPOS

Il n'est pas besoin de faire ressortir l'intérèt qui s'attache au sujet traité dans le nouveau livre du professeur Tyndall.

L'étude des microbes est à présent à l'ordre du jour de toutes nos Académies et Sociétés savantes. Il se passe peu de séances sans que, sous une forme ou sous une autre, il ne soit question de ces êtres microscopiques.

L'impulsion donnée depuis vingt ans à ces études par l'illustre Pasteur a porté ses fruits. De toutes parts des travailleurs ont suivi son exemple, et font connaître le résultat de leurs recherches.

Les applications pratiques de ces études déjà vulgarisées sont nombreuses.

Les études sur le *vin*, sur le *vinaigre*, sur la *bière*, sur les *vers à soie*, publiées par M. Pasteur, ont produit des résultats féconds et ont rendu de grands services à nos industries agricoles.

En médecine les applications de la théorie des germes conduisent à des résultats non moins utiles à l'humanité. Jadis nos chirurgiens reculaient devant les dangers de l'*infection purulente des plaies* qui suivait presque infailliblement les moindres opérations chirurgicales.

Aujourd'hui, au contraire, les opérations les plus hardies sont exécutées avec une sécurité inouïe, grâce à la méthode antiseptique de Lister, chirurgien anglais, dont les travaux sont longuement exposés dans le livre de son éminent compatriote.

Pour être juste envers nos savants, disons que déjà M. Alphonse Guérin, chirurgien distingué des hôpitaux de Paris, avait obtenu d'excellents résultats par sa méthode de pansement ouaté, qui est aussi une application des théories de Pasteur.

La médecine vétérinaire profite à son tour de l'impulsion féconde donnée à l'étude des maladies contagieuses. *Le virus charbonneux* occasionnait chaque année de notables pertes à nos agriculteurs. Grâce aux travaux de M. Pasteur, de M. Toussaint et d'autres savants, on est à présent en mesure de combattre victorieusement la maladie par l'inoculation préventive. Il n'est pas jusqu'à nos basses-cours dépeuplées par le choléra des poules qui profiteront à l'avenir des expériences de M. Pasteur.

On ne peut prévoir où s'arrêteront les applications en hygiène de la *théorie des germes*.

Il était donc utile qu'un savant qui a pris une part active à la plupart de ces expériences vînt en résumer les résultats : tel est le but de ce livre.

LES MICROBES

CHAPITRE PREMIER

POUSSIÉRES ET MALADIES

§ 1.

EXPÉRIENCES SUR LES POUSSIÈRES EN SUSPENSION DANS L'AIR.

La lumière solaire, en passant à travers une chambre sombre, révèle sa trace par l'illumination des poussières en suspension dans l'air. « Le soleil », dit Daniel Culverwell, « découvre des atomes, quoiqu'ils soient invisibles à la chandelle, et les fait danser, nus, dans ses rayons ».

Dans mes recherches sur la décomposition des vapeurs par la lumière, je fus contraint d'écarter ces « *atomes* » et cette poussière. Il était indispensable que l'espace renfermant les vapeurs ne contînt aucune chose visible, — qu'aucune substance capable de troubler la lumière, même le plus légèrement, pût, au début d'une opération, être présente à l'intérieur du « *tube d'expérience* ».

Pendant longtemps je fus tourmenté par l'apparition de ces matières en suspension, qui, quoique invisibles à la lumière diffuse du jour, étaient immédiatement révélées par un rayon fortement condensé. Deux tubes en U furent placés à la suite l'un de l'autre sur le trajet de l'air avant qu'il entrât dans le liquide dont la vapeur devait être amenée dans le tube d'expérience. Un de ces tubes contenait des fragments de marbre humectés d'une forte solution de potasse caustique ; l'autre, des morceaux de verre imbibés d'acide sulfurique concentré, lequel, tout en n'émettant pas de vapeurs par lui-même, absorbait totalement l'humidité de l'air. A mon étonnement, l'air de l'Institution Royale, envoyé à travers cet appareil avec une lenteur suffisante pour le dessécher et le priver de son acide carbonique, entraîna dans le tube d'expérience une proportion considérable de matières maintenues mécaniquement en suspension et qui furent illuminées lorsque le rayon traversa ce tube. Les choses se passèrent exactement de la même manière lorsque je fis barboter l'air à travers l'acide liquide et la potasse en solution.

J'essayai, par divers moyens, d'intercepter ces matières en suspension. Enfin, le 5 octobre 1868, avant d'envoyer l'air à travers l'appareil exsiccateur, je le dirigeai soigneusement au-dessus de la flamme d'une lampe à esprit-de-vin. Les matières en suspension, ayant été consumées, cessèrent alors de se montrer. J'en conclus que c'étaient des « *matières organiques* ». Je n'étais, en aucune façon, préparé à ce résultat, ayant toujours pensé jusqu'alors que les poussières de notre air étaient, en grande partie, inorganiques et non-combustibles [1].

---

1. D'après une analyse, que le Dr Percy avait eu la bonté de me faire, la poussière recueillie « *sur les murs* » du British Museum, contenait largement 50 p. 100 de matières inorganiques. J'ai toute confiance dans

J'avais construit un petit fourneau à gaz, actuellement très employé par les chimistes, et qui contenait un tube de platine pouvant être chauffé au rouge vif[1]. A l'intérieur de ce tube se trouvait un rouleau en toile de la même substance, qui, tout en se laissant traverser par l'air, assurait le contact pratique de la poussière avec le métal incandescent. L'air du laboratoire fut dirigé dans le tube d'expérience, tantôt à travers le tube de platine froid, tantôt à travers ce même tube chauffé. Dans la première colonne du tableau ci-dessous, faible fragment d'une quantité considérable de résultats, la proportion d'air employée est exprimée par la dépression du manomètre à mercure de la pompe à air. Dans la seconde colonne se trouve mentionné l'état du tube de platine et dans la troisième, celui de l'air dans le tube d'expérience.

QUANTITÉ D'AIR	ÉTATS	
	DU TUBE DE PLATINE	DU TUBE D'EXPÉRIENCE
15 pouces.	Froid.	Rempli de particules.
50 pouces.	Rouge.	Optiquement vide.

Les mots « *optiquement vide* » indiquent qu'en pré-

les résultats de ce chimiste distingué ; ils montrent que la poussière « *flottante* » de nos appartements est comme criblée, séparée des matières lourdes. Je citerai, en outre, le passage suivant de Pasteur, se rapportant directement à notre sujet : « Mais, ici, se présente une remarque : la poussière que l'on trouve à la surface de tous les corps est soumise constamment à des courants d'air, qui doivent soulever les particules les plus légères, au nombre desquelles se trouvent, sans doute, de préférence les corpuscules organisés, œufs ou spores, moins lourds généralement que les particules minérales. »

1. Pasteur fut, je crois, le premier qui employa un tel tube.

sence des conditions parfaites de combustion, les matières en suspension avaient totalement disparu.

Dans un rayon cylindrique, qui illuminait fortement la poussière du laboratoire, je plaçai une lampe à esprit-de-vin allumée. Se mêlant à la flamme et autour de ses bords, de curieux anneaux sombres étaient visibles, ressemblant à une fumée d'un noir intense. En posant la lampe à quelque distance au-dessous du rayon, je vis ces mêmes masses sombres tournoyer au-dessus d'elle. Elles étaient plus noires que la fumée la plus épaisse qui s'échappe de la cheminée d'un steamer ; d'ailleurs, leur ressemblance avec la fumée était si parfaite qu'elles amenaient l'observateur le plus expérimenté à conclure que la flamme de la lampe à alcool, apparemment pure, exigeait simplement un rayon d'une intensité suffisante pour révéler ses nuages de carbone libre.

Et pourtant, ces anneaux sombres étaient-ils réellement de la fumée? Cette question, qui se posa un moment, fut résolue de la manière suivante : un tisonnier rouge fut placé au-dessous du rayon : il donna également naissance aux tourbillons noirs. Une large flamme d'hydrogène fut ensuite employée et elle produisit ces mêmes masses sombres tournoyantes, mais de beaucoup plus intenses, toutefois, que celles de l'esprit-de-vin ou du tisonnier. La fumée fut donc mise hors de la question [1].

Qu'étaient donc les tourbillons noirs? C'était simplement le noir de l'espace stellaire ; c'est-à-dire, les ténèbres

---

1. Dans aucune des salles publiques des États-Unis, où j'ai eu l'honneur de faire des conférences, ces expériences ne réussirent. Les poussières organiques étaient trop rares. Certaines salles, en Angleterre — le Brighton Pavilion, par exemple — manquent également des conditions nécessaires.

résultant de ce que le rayon ne rencontrait aucune matière susceptible de disperser sa lumière. La flamme étant placée au-dessous de lui, les matières en suspension se trouvaient détruites « *in situ* » ; et l'air, privé de ces matières, s'élevait à son intérieur écartant les particules illuminées et substituant à leur lumière les ténèbres de sa propre et parfaite transparence. Rien ne pouvait illustrer avec plus de force l'invisibilité de l'agent qui rend toute chose visible. Le rayon, non-perceptible, traversait les lacunes noires formées par l'air transparent, pendant que, des deux côtés de la brèche, les particules serrées brillaient comme un solide étincelant sous la puissante illumination.

Il n'est cependant pas nécessaire de brûler ces particules pour produire des tourbillons noirs. Sans combustion, des courants peuvent être engendrés, qui déplacent les matières en suspension, et des parties sombres apparaissent alors au milieu de la clarté environnante. Je constatai cet effet en plaçant d'abord une boule de cuivre chauffée au rouge sous le rayon et en l'y maintenant jusqu'à ce que sa température soit descendue au-dessous de celle de l'eau bouillante. Les anneaux sombres furent beaucoup affaiblis mais ne cessèrent pas de se manifester. Ils purent également être produits à l'aide d'une bouteille remplie d'eau chaude.

Pour étudier de plus près ce phénomène, un fil de platine fut tendu transversalement sous le rayon. Les extrémités de ce fil étaient en connexion avec les pôles d'une batterie voltaïque et, pour régulariser la force du courant, un rhéostat avait été placé dans le circuit. On commença à échauffer le fil avec un faible courant, puis sa température fut graduellement augmentée ; toutefois, longtemps avant qu'il atteignît la chaleur de l'ignition, un vent léger s'en éleva, qui, lorsqu'on regardait le long des bords, paraissait plus sombre et plus tranché qu'une des lignes les plus noires de Fraunhofer dans le spectre purifié. A droite et à gauche de cette bande verticale, les matières en suspension s'élevaient, limitant nettement le courant d'air non lumineux. Quelle explication donner à ceci? Tout simplement que le fil chaud raréfie l'air en contact avec lui, mais qu'il n'éclaire pas également les matières en suspension. En conséquence, le courant d'air pur passe au-dessus, parmi les particules inertes, les écartant à droite et à gauche et formant entre elles un espace noir infranchissable. Cette expérience permet de se rendre compte des courants sombres produits par certains corps à une température au-dessous de celle de combustion.

Si l'on chauffe fortement le fil de platine, les matières en suspension sont, non seulement déplacées, mais détruites. Je tendis un fil, d'environ quatre pouces de longueur, à travers l'air d'une cloche ordinaire en verre, reposant sur de la ouate, qui en surmontait aussi le bord. Le fil étant élevé à une chaleur blanche par un courant électrique, l'air se dilatait et une certaine partie était forcée de traverser la ouate. Lorsqu'on suspendait le courant, l'air intérieur de la cloche se refroidissait et une rentrée d'air extérieur avait lieu. Toutefois, cette rentrée n'amenait point le retour des particules, la ouate jouant en cette circonstance le rôle de filtre. Au commencement de cette expérience la cloche était remplie de matières en suspension; à la fin, après une demi-heure, elle était optiquement vide.

Sur la base en bois d'un vase en verre prismatique, du volume d'un pied cube, deux supports verticaux furent fixés et, de l'un à l'autre trente-huit pouces de platine furent tendus en quatre lignes parallèles. Les extrémités de ce fil furent soudées à deux forts conducteurs en cuivre, qui passaient à travers la base de la cloche et pouvaient être mis en connexion avec une batterie. Comme dans l'expérience précédente, la cloche reposait sur de la ouate. Un rayon envoyé au travers révéla les matières en suspension. Puis, le fil de platine fut chauffé à blanc. En cinq minutes, il y eut une sensible diminution des particules et en dix minutes elles furent totalement consumées.

L'oxygène, l'hydrogène, l'azote, l'acide carbonique, préparés de façon à exclure ces « *atomes* » produisent, lorsqu'ils sont projetés ou insufflés dans un rayon, les ténèbres de l'espace stellaire. Le gaz d'éclairage agit de même. Une cloche ordinaire, en verre, placée dans l'air l'ouverture en bas, permet de voir la trace du rayon la traversant. Lorsqu'on fait entrer du gaz d'éclairage ou de l'hydrogène par un tube s'élevant jusqu'à son sommet, le gaz la remplit graduellement de haut en bas. Aussitôt qu'il occupe l'espace traversé par le rayon, la trace lumineuse est supprimée. Soulevant la cloche de façon à amener la limite commune du gaz et de l'air au-dessus du rayon, la trace brille de nouveau. Après que la cloche est remplie, si on la retourne, le gaz pur s'échappe vers le haut semblable à une fumée noire parmi les particules illuminées.

<h2 style="text-align:center">§ 2.</h2>

<h3 style="text-align:center">LA THÉORIE DES GERMES DANS LES MALADIES CONTAGIEUSES.</h3>

Nous sommes en contact perpétuel avec les matières en suspension dans l'air et nous ne souffrons pas seulement de leur irritation mécanique, mais c'est une croyance, qui s'affermit chaque jour, qu'une partie d'entre elles est la base de toute une classe de désordres dont la plupart sont mortels pour l'homme. Et quelle est cette partie ? On pensait autrefois que les maladies épidémiques étaient propagées par une sorte de malaria, consistant en matières organiques mobiles à l'état de décomposition ; que, lorsque de telles matières étaient amenées dans le corps à travers les poumons, la peau ou l'estomac, elles avaient le pouvoir d'y développer le même processus de destruction, dont elles avaient été atteintes. On alléguait, d'ailleurs, pour soutenir cette opinion, qu'une action semblable s'exerçait visiblement dans le cas de la levûre. Ne voyait-on pas, en effet, un petit morceau de cette substance suffire à lever un bloc entier? Pourquoi un peu de malaria pourrie n'agirait-elle pas d'une façon semblable à l'intérieur du corps humain ? Un simple grain de poussière, dans cet état supposé de décomposition devrait apparemment, pouvoir propager indéfiniment sa propre corruption. En 1856, une réponse tout à fait inattendue fut donnée à cette question. Cagniard de Latour découvrit la plante de la levûre, organisme vivant, qui, lorsqu'il est placé dans un milieu convenable, se nourrit, croît, se reproduit et, de cette manière, donne naissance au phénomène que nous nommons fermentation. Il ne s'agit donc plus ici d'une corruption mobile, mais bien d'une vie active. Par cette découverte, la fermentation était rattachée à la vie organique.

Schwann, de Berlin, observa en même temps et indépendamment la plante de la levûre et, de plus, en février 1837, il arrivait à ce résultat important que, lorsqu'une décoction de viande est soigneusement garantie de l'action de l'air ordinaire et seulement mise en contact avec de l'air calciné, elle n'entrait jamais en putréfaction. Il affirma, en conséquence, que la putréfaction était causée, non par l'air, mais par quelque chose dans l'air, qui pouvait être détruit par une température suffisamment élevée. Les résultats de Schwann furent confirmés par les expériences indépendantes de Helmholtz, Ure et Pasteur, tandis que d'autres méthodes, appliquées par Schulz, ainsi que par Schrœder et Dush, les amenèrent à la même conclusion. Toutefois, en ce qui concerne la fermentation, l'esprit des chimistes, influencé probablement par la grande autorité de Gay-Lussac, rétrograda vers l'ancienne notion des matières à l'état de corruption. Ce n'était pas, disaient-ils, la plante vivante de la levûre, mais bien cette même plante, ou plutôt quelques-unes de ses parties, mortes, qui attaquées par l'oxygène, produisaient la fermentation. Cependant, c'est maintenant un fait constaté que, lorsque la plante est tuée, la fermentation disparaît :

Immédiats ou déguisés, les « *ferments* » réels sont donc des organismes vivants, qui trouvent dans les substances fermentescibles leur nourriture nécessaire.

Parallèlement à ces recherches et découvertes, et fortifiée par les unes et par les autres, se développait la « *théorie des germes* » dans les maladies épidémiques.

La notion, que ces maladies peuvent être attribuées à des germes en suspension dans l'atmosphère, germes qui entrent dans le corps et y produisent des désordres par le développement de la vie parasitique, est due à Kircher, qui fut appuyé par Linné. La force de cette théorie consiste dans la concordance parfaite entre les phénomènes des maladies contagieuses et ceux de la vie. De même qu'un gland, planté, donne naissance à un

chêne capable de fournir une récolte complète de glands,
chacun, à leur tour, doués du pouvoir de reproduire
un arbre semblable ; et, de même, que d'une simple
semence, peut s'élever une forêt entière, de même, les
maladies épidémiques planteraient littéralement leur
germe, croîtraient et répandraient au dehors de nouveaux
germes, qui rencontrant dans le corps humain la température et la nourriture convenables, prendraient finalement possession de populations entières. Il n'y a rien,
à ma connaissance, dans la chimie pure, qui ressemble
à la puissance de propagation et au mode de multiplication dont est douée la matière, source de cette classe
de maladies. Si vous semez du blé, vous n'obtenez pas
d'orge ; si vous semez la variole, vous n'obtenez pas la
fièvre scarlatine, mais la variole indéfiniment et rien
d'autre. La matière de chaque maladie contagieuse se
reproduit aussi régulièrement que si elle était chien ou
chat.

§ 5.

MALADIES PARASITAIRES DES VERS A SOIE. — TRAVAUX DE PASTEUR.

Tout le monde est maintenant d'accord sur ce point,
que certaines maladies sont le produit de la vie parasitaire. Leur existence a été démontrée à la fois chez
l'homme et chez les animaux inférieurs. Je me propose
de vous entretenir ici d'une épidémie de cette nature
soigneusement étudiée et combattue avec succès par
M. Pasteur. Pendant quinze ans, un fléau avait exercé
ses ravages sur les vers à soie, en France. Ils languis-
saient et mouraient en foule, tandis que ceux qui ar-

rivaient à filer leurs cocons fournissaient seulement une
fraction de la quantité de soie qu'on pouvait attendre
d'eux. En 1853, l'industrie de ce textile avait produit
un revenu de 150 000 000 de francs. Comparé à
celui des vingt années antérieures, ce revenu s'était
doublé et personne ne doutait de son augmentation
future. Le poids des cocons produits, en 1853, était de
52 000 000 de livres ; en 1865, il était tombé à
8 000 000, la chute entraînant, pour une seule année,
une perte de 100 000 000 de francs.

Or, il se trouvait que la région principalement
frappée par cette calamité était la patrie du célèbre
chimiste Dumas, maintenant secrétaire perpétuel de
l'Académie des sciences. Il s'adressa à son ami, collègue
et élève, Pasteur, le priant, avec un empressement que
les circonstances rendaient presque personnel, d'entreprendre l'étude de la maladie. A cette époque, Pasteur
n'avait jamais vu un ver à soie et, en réponse à son
ami, il invoqua son inexpérience. Mais Dumas connais-
sait trop bien les qualités nécessaires à de semblables
recherches pour accepter ses raisons. « Je mets », dit-il,
« un prix extrême à voir votre attention fixée sur la
question qui intéresse mon pauvre pays ; la misère sur-
passe tout ce que vous pouvez imaginer. » Une foule de
mémoires sur l'épidémie, dont la monotonie était inter-
rompue à de rares intervalles par une publication plus
ou moins utile, avaient été répandus dans le public.
« La pharmacopée du ver à soie, écrivait M. Cornalia
en 1860, est maintenant aussi compliquée que celle de
l'homme. Les gaz, les liquides, les solides ont été mis à
contribution. Du chlore à l'acide sulfurique, de l'acide
nitrique au rhum, du sucre au sulfate de quinine, —
tout a été appelé à l'aide de ce malheureux insecte. »

En outre, les éleveurs impuissants accueillaient avec la plus grande bienveillance chaque nouveau remède pourvu qu'on les pressât avec quelque hardiesse. Il semblait impossible de diminuer leur confiance dans des guides aveugles. En 1863, le ministre de l'agriculture et du commerce consentit à avancer une somme de 500 000 francs pour l'essai d'un remède que son promoteur déclarait être infaillible. Ce remède fut appliqué dans douze départements et trouvé sans la moindre utilité. En aucun cas, il ne réussit. Ce fut en ces circonstances que M. Pasteur, cédant aux instances de son ami, se rendit à Alais au commencement de juin 1865. A l'égard de l'élevage des vers à soie, c'était le département le plus important de France et aussi le plus cruellement frappé par le fléau.

Le ver à soie avait été attaqué antérieurement par une autre maladie, *la muscardine*, que Bassi démontra être causée par un parasite végétal, dont les spores, emportés par le vent, semaient fréquemment l'épidémie en des endroits très écartés du centre d'infection. On dit que la muscardine est maintenant très rare, mais une maladie plus dangereuse a pris sa place. Celle-ci est caractérisée par des taches noires qui couvrent le ver à soie : d'où le nom de *pébrine* d'abord appliqué au fléau par M. de Quatrefages et adopté par Pasteur. La pébrine se manifeste dans une croissance inégale et ratatinée des vers, dans la langueur de leurs mouvements, dans leur indifférence à l'égard de la nourriture et dans leur mort prématurée. L'historique des découvertes relatives à cette épidémie peut se résumer comme suit : En 1849, Guérin-Méneville observa, dans le sang des vers à soie, des corpuscules vibratiles auxquels il attribua, d'après leurs mouvements, une vie indépendante. Filippi montra, cependant, que ces mouvements n'étaient autres que le mouvement brownien bien connu ; mais il commit l'erreur de supposer que les corpuscules étaient des apparitions normales dans la vie de l'insecte. Possédant le pouvoir de se multiplier indéfiniment, ils sont réellement la cause de sa mort, — la forme et la substance de sa maladie. Ceci fut bien décrit par Cornalia, pendant que Lebert et Frey trouvaient, peu de temps après, les corpuscules, non seulement dans le sang, mais dans tous les tissus de l'insecte. En 1857, Osimo les découvrit dans les œufs ; et sur cette observation, Vittadiani fonda, en 1859, une méthode pratique pour distinguer les œufs sains des œufs malades. Cependant, ce procédé, soumis à l'expérience, se montra souvent peu concluant et ne fut jamais employé en grand.

Les corpuscules vivants, dont nous venons de parler, prennent d'abord possession du tube digestif et, de là, se répandent à travers le corps entier de l'insecte. Ils remplissent également l'appareil producteur de la soie, le ver malade exécutant souvent automatiquement les mouvements de filer sans aucuns matériaux à travailler. Cet appareil, au lieu d'être rempli d'un liquide clair et visqueux comme dans les animaux sains, est distendu par les corpuscules. Sur ce fait de la maladie, Pasteur fixa toute son attention. Le cycle de la vie du ver à soie peut se résumer ainsi : De l'œuf fécondé résulte une larve qui croît et subit une première mue. Cette mue se répète à deux ou trois reprises, espacées par des intervalles, durant la vie de l'insecte. Après la dernière mue, celui-ci grimpe sur les ronces placées pour le recevoir et y file son cocon. Il se transforme ainsi en chrysalide ; la chrysalide devient un ver et, lorsque ce dernier est libéré, il pond les œufs qui seront le point de départ d'une nouvelle génération. Or, Pasteur prouva que les corpuscules parasites pouvaient naître dans l'œuf en voie de développement et échapper ainsi à l'observation ; il montra également qu'ils pouvaient exister en germe dans le ver et, cette fois encore, défier le microscope. Mais, au fur et à mesure que l'insecte croît, les corpuscules croissent avec lui, devenant plus grands et mieux définis. Dans les vieilles chrysalides, ils sont plus prononcés que dans les jeunes animaux ; pendant que dans la larve, soit que l'œuf ou le ver, dont elle provient, aient été frappés, ils apparaissent nettement, n'offrant pas la moindre difficulté d'observation. Ce fut le premier grand point mis en évidence par Pasteur en 1865. Les naturalistes italiens, comme nous l'avons dit ci-dessus, recommandaient l'examen des œufs avant de les soumettre à l'incubation. Pasteur montra que tous deux, œufs et vers, pouvaient être frappés, et malgré cela échapper au contrôle, la culture de tels œufs ou de tels vers devant sûrement amener des résultats désastreux. Il prit la larve comme point de départ et se proposa de régénérer la race.

Pasteur fit sa première communication à l'Académie des sciences en septembre 1865. Elle provoqua les critiques les plus amères. Ne voyait-on pas, en vérité, un chimiste quittant témérairement son propre « *métier* » et se proposant de faire la loi aux médecins et aux biologistes sur un sujet qui était essentiellement le leur. « On trouva étrange », dit-il, « que je fusse si peu au courant de la question ; on m'opposa des travaux qui avaient paru depuis longtemps en Italie, dont les résultats montraient l'inutilité de mes efforts, et l'impossibilité d'arriver à un résultat pratique dans la direction où je m'étais engagé. Que mon ignorance fut grande au sujet des recherches sans nombre qui avaient paru depuis quinze années. » Pasteur laissa passer l'orage et continua ses travaux. Au moment de choisir les œufs destinés à l'incubation, les éleveurs prenaient ceux provenant des éducations réussies dans le courant de l'année. Mais ils ne pouvaient comprendre les fréquents et souvent désastreux insuccès causés par de tels œufs. Ils ne savaient pas, en effet, et personne avant Pasteur n'était compétent pour le leur dire, que les plus beaux cocons peuvent envelopper des chrysalides corpusculeuses et, partant, condamnées. Il ne fut cependant pas facile de leur faire accepter la nouvelle méthode. Pour frapper leur imagination et, si possible, modifier leurs procédés, Pasteur imagina un expédient de prophétie. En 1866, il examina à Saint-Hippolyte-du-Fort, quatorze tas d'œufs choisis pour l'incubation. Ayant observé un nombre suffisant de chenilles, qui avaient produit ces œufs, il écrivit sa prédiction qui devait arriver en 1867, et la plaça, sous pli cacheté, entre les mains du maire de Saint-Hippolyte.

L'année suivante, les éleveurs communiquèrent leurs résultats au maire. La lettre de Pasteur fut alors ouverte et lue et l'on constata que, dans douze cas sur quatorze, la plus grande concordance existait entre ses prévisions et les faits observés. Beaucoup de groupes avaient totalement péri, les autres presque totalement, ainsi que l'avait prédit Pasteur. Dans deux cas, au lieu de la destruction annoncée, la moitié seulement d'une récolte ordinaire fut obtenue. Nous devons ajouter, pour être complets, que les tas d'œufs, dont il est question ici, étaient considérés comme sains par leurs propriétaires. Ils avaient été soumis à l'incubation et leur développement suivi dans le ferme espoir que le travail dépensé se montrerait rémunérateur. L'application du nouveau procédé en **1866** aurait suffi pour éviter en quelques minutes des peines inutiles et pour prévenir d'amères déceptions. Deux groupes additionnels d'œufs furent en même temps soumis à Pasteur. Il les déclara sains ; son dire fut, d'ailleurs, vérifié par la production d'une excellente récolte. D'autres cas de prophétie encore plus remarquables, parce qu'ils étaient plus circonstanciés, sont rapportés dans l'ouvrage de Pasteur, *Études sur les maladies des vers à soie.*

Pasteur soumit le développement des corpuscules à une investigation pénétrante et suivit avec une admirable habileté les modes variés suivant lesquels l'infection se propageait. De larves parfaitement libres de corpuscules, il obtint des vers sains et en choisissant 10, 20, 30, 40, 50, suivant les cas, il y introduisit la matière corpusculeuse, qu'il leur fit d'abord absorber avec la nourriture. Qu'on me permette de choisir un exemple parmi ses nombreuses expériences. Écrasant un petit ver corpusculeux dans l'eau, il étendait cette bouillie sur des feuilles de mûrier. Puis, s'assurant que les feuilles avaient été mangées, il attendit les conséquences de son opération. Côte à côte avec les vers infectés, il éleva leurs compagnons, les préservant autant que possible de la maladie. Ces derniers constituaient son « *lot témoin*», son point de comparaison. Le 16 avril 1868, il empoisonna ainsi 50 vers. Jusqu'au 23, ils n'en parurent point affectés. Le 28, ils semblaient encore bien portants, mais, ce jour-là, des corpuscules furent trouvés dans l'intestin de 2 d'entre eux. Le 27, c'est-à-dire onze jours après le repas d'infection, 2 nouveaux vers furent examinés, et non seulement, dans chaque cas, le canal intestinal fut trouvé envahi, mais encore l'appareil de la soie était bourré de corpuscules. Le 28, les

vers restants se couvraient des taches noires de la pébrine et le 30 la différence de taille entre les vers malades
et ceux du lot témoin était frappante, les premiers
ne dépassant pas les deux tiers du volume des seconds.
Le 2 mai, un ver, qui venait de terminer sa quatrième
mue, fut examiné. Son corps entier était tellement
rempli de parasites qu'on comprenait difficilement comment il pouvait encore vivre. La maladie avançait, les
vers moururent et, le 11 mai, 6 seulement des 30
survivaient. C'étaient les plus forts du lot. Toutefois, à
l'examen, ils se montrèrent également infestés de corpuscules. Pas un seul des vers empoisonnés n'échappa ; un
simple repas les avait tous mortellement frappés. Ceux
du lot d'épreuve, au contraire, filèrent de beaux cocons,
deux seulement parmi eux ayant été trouvés contenir
quelques traces du parasite, qui, sans doute, s'y était
glissé pendant l'élevage.

Comme Pasteur se sentait mieux maître de son sujet,
le désir d'introduire une plus grande précision dans ses
recherches s'accrut en lui et il en arriva finalement à
compter jour par jour le nombre de corpuscules visibles
dans le champ du microscope. Après un repas contagieux, le nombre de vers contenant le parasite augmenta
graduellement jusqu'à ce que, enfin, il atteignit 100 pour
100. Le nombre des corpuscules se serait élevé, pendant
le même temps, de 0 à 1, puis à 10, puis à 100 et
quelquefois même à 1000 ou 1500 dans le champ du
microscope. Pasteur varia alors le mode d'infection. Il
inocula des vers sains avec de la matière corpusculeuse
et attendit le développement subséquent de la maladie.
Il montra que les vers s'empoisonnaient entre eux au
moyen de blessures visibles faites avec leurs griffes.
Ayant, d'ailleurs, lavé ces organes à plusieurs reprises,

il trouva des corpuscules dans l'eau. Il montra aussi que la propagation de la maladie se faisait par la simple association de vers sains et de vers malades. Par leurs griffes et leurs excréments, les animaux atteints répandaient l'infection. Ce n'était donc pas un milieu intermédiaire corrompu qui tuait les vers, mais bien un organisme défini. La question de l'infection à distance fut aussi examinée et son existence démontrée. Autant qu'on pouvait en attendre des antécédents de Pasteur, l'investigation fut complète, l'élégance de ses manipulations trouvant une juste corrélation dans la clarté de sa pensée.

La citation suivante de l'ouvrage de ce savant montre clairement dans quel but ses recherches étaient poursuivies et dans quel rapport elles se trouvaient avec l'importante question dans laquelle il était engagé :

« Placez », dit-il, « l'éleveur le plus soigneux, même le micrographe le plus expert, en présence de grands élevages qui offrent les symptômes décrits dans nos expériences ; son jugement sera nécessairement erroné s'il se confine aux connaissances qui précédaient mes recherches. Les vers ne lui présenteront pas la plus légère tache de pébrine ; le microscope ne lui révélera pas l'existence de corpuscules ; la mortalité sera nulle ou insignifiante et les cocons ne laisseront rien à désirer. Notre observateur conclura donc sans hésiter que les œufs produits seront bons pour l'incubation. La vérité est, au contraire, que tous les vers de cette belle récolte ont été empoisonnés ; que, dès le commencement, ils portaient en eux le germe de la maladie, prêt à se multiplier outre mesure dans les chrysalides et les chenilles et, de là, à passer dans les œufs et à frapper de stérilité la prochaine génération. Et quelle est la cause première

du mal caché sous un aspect si flatteur? Dans nos expériences, nous pouvons, pour ainsi dire, la toucher du
doigt. C'est simplement l'effet d'un repas corpusculeux,
effet plus ou moins prompt suivant l'époque de la vie du
ver qui a mangé sa nourriture empoisonnée. »

Pasteur décrit ensuite en détail les moyens à employer
pour se procurer des œufs sains. Ce n'est rien moins
qu'une sorte de restauration, en France, de la magna-
nerie alors bien déchue. La justification de son ouvrage
se trouve dans les rapports qui lui parvinrent sur l'appli-
tion de sa méthode au cours de l'impression de ce travail.
En France et en Italie, où l'on continue à la suivre, elle
donne les résultats les plus satisfaisants, mais il n'obtint
cette victoire qu'après une lutte pénible. « Depuis le
commencement de ces recherches », dit-il, « j'ai été constamment exposé aux contradictions les plus obstinées
et les moins justifiées ; toutefois, je me suis fait un
devoir de ne laisser, dans mon livre, aucune trace de
ces conflits. » Relativement aux maladies parasitaires, en
général, il s'exprime en ces termes, qui donnent à réfléchir : « Il est au pouvoir de l'homme de faire disparaître
les maladies parasitaires, si, comme c'est ma conviction,
la doctrine des générations spontanées est une chimère. »

Pasteur insiste enfin sur le cas d'une île comme la
Corse, qui aurait pu être totalement isolée de l'épidémie
du ver à soie. Et à l'égard d'autres épidémies, M. John
Simon décrit un cas extraordinaire d'exemption insulaire
pour les dix années s'étendant de 1851 à 1860. Sur les
627 districts d'enregistrement de l'Angleterre, un seul
avait entièrement échappé aux maladies qui étaient
prédominantes dans les autres en tout ou partie. Durant
ces dix années, pas une seule mort par rougeole, ni par
variole, ni par fièvre scarlatine, n'avait eu lieu. Et pour-

quoi? Assurément pas à cause du mérite sanitaire général du district en question, car il avait une proportion moyenne d'autres conditions antihygiéniques. La vraie raison était sans doute sa nature insulaire. Nous voulons parler des îles Scilly, auxquelles il était peu probable qu'une contagion fébrile quelconque viendrait du dehors. Leur préservation est, en quelque sorte, une preuve qu'au moins pendant ces dix années aucun cas de rougeole, ni de scarlatine, ni de petite vérole, ne s'était spontanément déclaré dans leurs limites. On peut encore ajouter que ces îles faisaient partie des sept districts d'Angleterre où aucune mort par diphthérie n'avait été signalée pendant le même temps.

Une seconde maladie parasitaire des vers à soie, la « *flacherie* », coexistait avec la pébrine, dont elle était tout à fait distincte d'ailleurs, et fut aussi étudiée par Pasteur. Nous avons déjà trop insisté sur cette question pour en parler en détail et nous renvoyons ceux qu'elle intéresse particulièrement au volume original pour plus ample information. Nous appellerons cependant l'attention sur un point pratique important au sujet duquel M. Pasteur nous écrivait en ces termes :

« Permettez-moi de terminer ces quelques lignes que je dois dicter, vaincu que je suis par la maladie, en vous faisant observer que vous rendriez service aux colonies de la Grande-Bretagne en répandant la connaissance de ce livre, et des principes que j'établis touchant la maladie des vers à soie. Beaucoup de ces colonies pourraient cultiver le mûrier avec succès, et, en jetant les yeux sur mon ouvrage, vous vous convaincrez aisément qu'il est facile aujourd'hui, non seulement d'éloigner la maladie régnante, mais en outre de donner aux récoltes de la soie une prospérité qu'elles n'ont jamais eue. »

4.

ORIGINE ET PROPAGATION DE LA MATIÈRE CONTAGIEUSE.

Avant Pasteur, les opinions les plus diverses et les plus contradictoires avaient cours sur le caractère contagieux de la pébrine; quelques-uns l'affirmaient fortement, d'autres, au contraire, le niaient. Cependant, sur un point, tous étaient d'accord. Ils croyaient à l'influence d'un milieu délétère, rendu épidémique par quelque occulte et mystérieuse influence à laquelle était atribuée la cause de la maladie. Ceux qui sont au courant de notre littérature médicale, ne manqueront pas d'observer ici une analogie instructive. Nous avons, d'une part, des écrivains accomplis, comme le docteur Murchison, attribuant les maladies épidémiques à des « *milieux délétères* », qui prennent spontanément naissance dans les hôpitaux encombrés et charrient une odeur désagréable. D'après eux, la matière contagieuse de ces maladies se forme « *de novo* » dans une atmosphère putréfiée. D'un autre côté, nous avons des savants, comme le docteur Budd, clairs, vigoureux, ayant des idées bien définies et de la méthode dans les recherches, soutenant que les matières contagieuses tirent toujours leur origine d'une souche semblable préexistante; que ces matières se conduisent comme substances germinatives, et ils n'hésitent pas à les regarder comme telles. Ils ne croient pas plus à la génération spontanée des maladies en question qu'à celle de la souris. Pasteur, par exemple, trouva que la pébrine était connue depuis un temps infini comme maladie des vers à soie. Son développement qu'il combattit fut simplement l'expansion d'une chose déjà existante, — l'éclat dans une conflagration ouverte d'un feu couvant antérieurement sous la cendre. Il n'y a rien de surprenant à cela. Car, quoique les maladies épidémiques requièrent un contagium spécial pour les produire, les conditions environnantes doivent néanmoins avoir une influence toute-puissante sur leur développement. De bonnes graines peuvent être convenablement semées et, cependant, les conditions de température et d'humidité être telles qu'elles restreignent ou annihilent même toute croissance subséquente. Par conséquent, considérée au point de vue de la théorie des germes, l'énergie exceptionnelle que les maladies épidémiques exhibent d'une façon intermittente, est en harmonie complète avec les procédés ordinaires de la nature. Nous entendons quelquefois parler de la diphthérie comme si c'était une maladie nouvelle ; mais j'apprends par M. Simon, qu'il y a environ trois siècles d'épouvantables épidémies de cette affection sévirent en Espagne (où elle était connue sous le nom de *garrotillo*) et bientôt après en Italie ; que, d'ailleurs depuis ce temps, la maladie a été observée par toutes les générations successives de médecins. Vers 1758, par exemple, le docteur Starr, de Liskeard, dans une communication à la Société Royale, la décrivit particulièrement avec tous les symptômes qui nous sont depuis redevenus familiers ; il la désigna sous le nom de *morbus strangulatorius* et la signale comme particulièrement répandue alors en Cornouailles. Ce fait est des plus intéressants, car, dans ses réapparitions modernes, la diphthérie montra une sorte de prédilection pour cette contrée éloignée. Beaucoup de personnes croient également que la peste noire, d'il y a cinq siècles, a disparu aussi mystérieusement qu'elle vint. Mais M. Simon pense qu'il y a lieu de lui rapporter

le fléau qui prédomine actuellement dans les parties
nord-ouest de l'Inde.

Qu'on me permette d'indiquer ici un cas, que j'ai eu
l'occasion d'observer moi-même. Lorsque j'étais dans
les Alpes, en 1869, un chapelain anglais, qui m'accom-
pagnait, reçut un jour des lettres de sa famille l'infor-
mant que la fièvre scarlatine avait éclaté parmi ses
enfants. Il demeurait, autant que je me le rappelle, à
Dartmoor, sur une éminence située dans d'excellentes
conditions hygiéniques; il était difficile d'imaginer comment la fièvre scarlatine avait pu être transportée en
cet endroit. Or, un égout se dirigeait précisément vers
sa maison et ce fut sur lui que ses soupçons tombèrent
immédiatement. Quelques-uns de nos médecins le con-
firmèrent dans cette opinion, et ainsi le détournèrent
de la vérité, tandis que d'autres, d'une école plus sage
à mon avis, refusaient à un égout, cependant malpropre,
le pouvoir d'engendrer *de novo* une maladie spécifique.
Ces derniers eurent raison, car, après une enquête sérieuse, le chapelain découvrit que son fils s'était servi
d'un cheval de bois ayant appartenu à un enfant qui,
peu de temps auparavant, avait été atteint de la fièvre
scarlatine.

La mauvaise odeur qu'exhalent les égouts et les fosses
d'aisances n'est point toujours la cause des maladies qu'on
leur attribue. Une Tamise fétide et une faible proportion de décès se présentent de temps en temps à Londres.
Et ceci se comprend, car si la matière spéciale, ou
germe, des désordres épidémiques, ne préexistait pas,
l'atmosphère corrompue, nuisible cependant à d'autres
titres, ne pourrait produire la maladie. Mais, si les
germes sont présents, les égouts défectueux et les fosses
d'aisances deviennent alors les puissants distributeurs

du fléau et de la mort. D'un autre côté, par le transport de son germe spécial ou virus, l'épidémie peut se développer dans des régions où le drainage est bon et l'atmosphère pure.

Si vous voyez un nouveau chardon, croissant dans votre champ, vous serez sûr que sa semence a été amenée jusque-là par le vent. De même, il semble tout aussi certain que la matière contagieuse des maladies épidémiques a été semée à l'endroit où elles apparaissent. Avec une clarté et une précision qui ne sauraient être surpassées, le docteur W. Budd a suivi ces maladies de place en place, montrant comment elles s'implantent en des points distincts parmi les populations soumises aux mêmes conditions atmosphériques, absolument comme on peut prendre un grain de blé dans sa poche et le semer. Hildebrand, sur lequel le remarquable ouvrage (*Du Typhus contagieux*) du docteur de Mussy a appelé mon attention, cite le cas suivant, exemple frappant à la fois du transport et de la persistance du virus de la scarlatine. « Un habit noir que j'avais en visitant une malade attaquée de scarlatine, et que je portai de Vienne en Podolie, sans l'avoir mis depuis plus d'un an et demi, me communiqua, dès que je fus arrivé, cette maladie contagieuse, que je répandis ensuite dans cette province, où elle était jusqu'alors presque inconnue. » Il y a déjà quelques années, le docteur de Mussy, lui-même, fut appelé dans une maison de campagne de Surrey pour y donner ses soins à une jeune dame qui souffrait d'une hydropisie survenue à la suite de la fièvre scarlatine. La maladie primitive, étant d'un caractère très bénin, avait été tout à fait negligée; mais les renseignements recueillis ne laissèrent aucun doute sur la cause de l'hydropisie. La question suivante se posait alors : Comment

la jeune dame avait-elle attrapé la scarlatine ? Elle était
venue en visite deux mois auparavant et ce n'était
qu'après un mois de séjour dans la maison qu'elle était
tombée malade. L'hôte éclaircit enfin le mystère. Cette
personne avait exprimé le désir d'occuper une chambre
dans une tour isolée. Ce désir avait été satisfait. Or, dans
cette chambre, six mois auparavant, un visiteur avait
été retenu par une attaque de scarlatine. La chambre
avait bien été balayée et blanchie, mais les tapis avaient
été conservés.

Mille cas semblables pourraient, sans doute, être cités,
dans lesquels la maladie se déclare de cette manière
mystérieuse, mais où un examen approfondi révèle toujours sa vraie parenté et son origine. Est-il alors logique
de chercher dans le concours fortuit d'atomes la cause
des maladies épidémiques parce que, dans certains cas,
on ne peut en suivre la filiation ? Ceux qui sont le mieux
familiarisés avec la nature des atomes et qui sont le plus
disposés à admettre la toute-puissance de la matière,
seront certainement les derniers à adopter ces hypothèses hasardées.

§ 5.

LA THÉORIE DES GERMES APPLIQUÉE A LA CHIRURGIE.

Les sciences médicales, la chirurgie plus particulièrement, cherchent aujourd'hui leur lumière et leur guide
dans la théorie des germes. C'est sur elle, notamment,
qu'est fondé le système antiseptique du docteur Lister,
d'Édimbourg. Comme nous l'avons déjà dit, cette théorie
trouva sa base dans les travaux de Schwann ; toutefois,
les applications qu'en a tirées Lister sont d'un intérêt

si général qu'il nous est impossible de ne point en dire quelques mots.

« Les observations de Schwann », dit le professeur d'Édimbourg, « ne reçurent pas l'attention qu'elles me paraissent avoir méritée. On admit bien que la fermentation du sucre était causée par le *torula cervisiæ*, mais on ne voulut pas convenir que la putréfaction puisse être due à un agent analogue. Et, cependant, les deux cas présentent le parallélisme le plus frappant. Dans chacun, en effet, un composé stable, sucre d'une part, albumine de l'autre, subissent des transformations remarquables sous l'influence d'une quantité excessivement faible d'une substance que, au point de vue chimique, nous supposerions inactive. Qu'on nous permette, à cet égard, de rappeler une circonstance qui se présente fréquemment dans le traitement des grands abcès chroniques. Dans le but de garantir ces abcès du contact de l'air atmosphérique, nous avons l'habitude d'en extraire la matière au moyen d'une canule et d'un trocart tels que vous les voyez ici, consistant en un tube d'argent avec tige acérée en acier à l'intérieur, tige d'ailleurs susceptible de se projeter au dehors. L'instrument, trempé dans l'huile, est enfoncé dans la cavité de l'abcès et, le trocart étant retiré, le pus sort par la canule. Il va sans dire qu'on prend des soins spéciaux — on exerce une légère pression avec la main sur la partie malade — pour prévenir toute régurgitation. La canule est alors enlevée avec précaution, de façon à éviter la rentrée de l'air. Cette méthode est fréquemment couronnée de succès, relativement à son objet immédiat qui est de débarrasser le patient de la masse du fluide accumulé, et elle peut être employée sans le moindre inconvénient. Mais, un peu à la fois, le pus se rassemble de nouveau

et il devient nécessaire de répéter l'opération ; malheu-
reusement, il n'y a pas d'absolue sécurité contre les conséquences qui peuvent en résulter. Ainsi, parfois, il
arrive que la ponction semble saine, à première vue, et
malgré cela que des symptômes fébriles se déclarent
dans le cours du premier ou du second jour. En inspec-
tant le siège de l'abcès, on constate alors que la peau
est rouge, indiquant, de cette manière, la présence de
quelque cause d'irritation, tandis qu'une rapide réaccu-
mulation du fluide se fait à l'intérieur. Dans ces circonstances, il devient nécessaire d'ouvrir l'abcès par
incision libre, et alors une quantité, forte en proportion
de son volume, un quart du pus, par exemple, s'échappe
fétide de putréfaction. Comment ces changements sont-ils
survenus? Sans la théorie des germes, aucune explication,
j'oserai dire, ne peut en être donnée. Ces modifications
doivent avoir leur cause dans l'introduction de quelque
chose du dehors, car l'inflammation de la blessure
ponctionnée, en supposant même qu'elle ait eu lieu,
n'expliquerait pas le phénomène. En effet, une simple
inflammation, qu'elle soit aiguë ou chronique, quoiqu'elle occasionne la formation du pus, ne peut produire
la putréfaction. Le pus, primitivement évacué, était parfaitement normal, et nous ne connaissons rien pour expliquer l'altération de sa qualité si ce n'est l'influence de
quelque chose du monde extérieur. Et, que peut être ce
quelque chose? L'introduction de l'instrument dans
l'huile et les précautions subséquentes préviennent
l'entrée de l'oxygène. Or, si vous permettez même que
quelques atomes de ce gaz aient réussi à se frayer un passage, ce serait une singulière présomption de supposer
que celui-ci ait pu, dans un aussi court espace de temps,
effectuer de tels changements dans une masse de ma-

tières albuminoïdes. En outre, la membrane pyogénique est abondamment pourvue de vaisseaux capillaires, à travers lesquels circule constamment un sang artériel riche en oxygène. Il ne peut donc y avoir le moindre doute que, si cet élément est susceptible d'exercer quelque action sur le pus, cette action est déjà exercée avant que celui-ci soit totalement évacué.

La théorie de l'oxygène est, par conséquent, tout à fait impuissante à expliquer la putréfaction en ces circonstances. Mais, si l'on admet la théorie des germes. la difficulté s'évanouit à l'instant. L'instrument, étant resté à l'air, de la poussière peut s'être déposée dans l'angle que forment entre eux la canule et le trocart, poussière qui, étant ainsi protégée contre le nettoyage, pénétrera sûrement dans les tissus. Lorsqu'on retirera le trocart, cette poussière continuera naturellement à occuper le bord de la canule et rien n'est plus vraisemblable que quelques particules puissent ne pas être entraînées au dehors par le pus, reposant de cette façon dans la cavité de l'abcès. Or, la théorie des germes nous apprend que ces particules contiennent presque toujours des germes d'organismes putréfacteurs et que, si un seul est laissé dans le liquide albuminoïde de la plaie, il s'y développera rapidement grâce à la haute température du corps, circonstance qui suffit à expliquer le phénomène dont nous nous occupons.

Mais, si frappant que soit le parallèle entre la putréfaction et la fermentation vineuse, à l'égard de l'étendue de l'effet produit comparé à la petitesse et à l'inertie de la cause, chimiquement parlant, on peut encore donner d'autres preuves de la similitude des deux processus. Vous pouvez voir, à l'aide du microscope, le torula du moût en fermentation ou bière. Il y a donc lieu de se

demander si quelque organisme existe également dans le
pus en putréfaction. Oui, messieurs, il y en a un. Une
goutte quelconque de matière putride, examinée sous
un grossissement convenable, se montre remplie de
myriades de petits êtres appelés vibrions, qui proclament
leur vitalité d'une manière indubitable par l'énergie de
leurs mouvements. Ce n'est pas une question de probabilité, mais un fait constaté que la masse entière de ce
quart du pus est maintenant peuplée d'organismes vivants
et que ceci est le résultat de l'introduction de la canule
et du trocart ; car la première matière amenée au dehors
était aussi libre de vibrions qu'elle l'était de putréfaction. S'il en est ainsi, l'étendue des changements qui
ont pris place dans le pus cesse d'être surprenante.
Nous savons, en effet, que c'est une des propriétés des
organismes vivants que cette puissance extraordinaire
d'exercer des transformations dans les milieux où ils se
trouvent, transformations hors de proportion, d'ailleurs,
avec l'énergie de simples composés chimiques. Et l'on
peut à peine douter que les animaux, qui se sont développés dans le liquide albuminoïde de l'abcès et ont crû
à ses dépens, ont altéré sa constitution de la même
manière que nous altérons nous-mêmes les matières dont
nous nous nourrissons [1]. »

Dans les opérations antiseptiques, on s'arrange de
façon que toute partie des tissus, mise à nu par l'instrument, soit à l'abri des germes ; ou, au moins, que si
ceux-ci viennent en contact avec la blessure, ils soient
détruits aussitôt leur arrivée. Dans ce but, on arrose les
surfaces exposées de quelques gouttes d'acide phénique
dilué, qui est particulièrement funeste à ces organismes,

____

1. Introductory Lecture before the University of Edinburgh.

et l'on entoure la plaie de bandages antiseptiques posés avec le plus grand soin. Pour tous ceux qui sont accoutumés aux expériences exactes, il est manifeste que nous sommes ici en présence d'un observateur minutieux, d'un homme qui a en vue un but parfaitement défini et qui le poursuit avec une persévérance infatigable et une foi inébranlable. Le résultat de ses études fut, comme il le dit lui-même, que, dans sa clinique, au milieu d'abominations trop choquantes pour être mentionnées ici et dans le voisinage de salles où la mort était rampante sous forme de pyoemie, d'érysipèle et de gangrène, il parvint à conserver ses malades absolument saufs de ces terribles fléaux. Permettez-moi de recommander à votre attention l'*Introductory Lecture before the University of Edimbury*, du Dr Lister, déjà citée; son mémoire sur « *The Effect of the antiseptic System of Treatment on the Salubrity of a surgical Hospital* et l'article du *Bristish medical Journal* du 14 janvier 1871.

Si, au lieu de se servir d'acide phénique, il avait entouré ses blessures d'air convenablement filtré, le Dr Lister soutient que le résultat aurait été le même. Dans une chambre où, non seulement les germes flottent dans l'air, mais s'attachent aux vêtements et aux murs, ces conditions seraient difficiles, si pas impossibles à remplir. Mais la chirurgie est accoutumée à une classe de blessures dans lesquelles le sang est librement mélangé avec l'air qui a passé au travers des poumons, et c'est un fait remarquable que cet air ne cause pas la putréfaction. Le professeur Lister est, autant que je sache, le premier qui donna une interprétation scientifique de ce fait, qu'il décrit et commente comme suit :

« Je me suis expliqué ce fait remarquable que, dans une fracture simple des côtes, si le poumon était ponctionné par un fragment, le sang répandu dans la cavité pleurale, quoique librement mélangé avec l'air, ne subit pas de décomposition. L'air est quelquefois aspiré dans cette cavité en telle abondance que, se frayant un chemin à travers la blessure dans la *pleura costalis*, il enfle le tissu cellulaire du corps entier. Cependant, ceci ne cause aucune crainte au chirurgien (quoique si le sang venait à se putréfier dans la plèvre il occasionnerait infailliblement une pleurésie suppurative dangereuse). La raison pour laquelle l'air introduit dans la cavité pleurale, quoique à travers un poumon blessé, produit des effets tout à fait différents de celui pénétrant directement par une blessure de la poitrine, fut, pour moi, un mystère jusqu'à ce que, grâce à la théorie des germes, je compris qu'il était naturel que l'air fût filtré par les bronches, dont un des offices est d'arrêter les particules de poussière inhalées et de les empêcher d'entrer dans les cellules à air. »

J'aurai l'occasion de revenir sur cette remarquable hypothèse.

Les partisans de la théorie des germes, dans les deux cas de la putréfaction et des maladies épidémiques, soutiennent que toutes deux prennent naissance, non pas aux dépens de l'air, mais de quelque chose contenu dans l'air. Ils soutiennent, en outre, que ce quelque chose n'est ni une vapeur, ni un gaz, ni non plus une molécule d'aucune sorte, mais une *particule*[1]. Le terme « particulate » a été employé par M. Simon dans son rapport au *Medical*

---

1. À l'égard du volume, il n'y a probablement pas de limites tranchées entre les molécules et les particules; les unes se fondent graduellement dans les autres, mais la distinction sur laquelle j'insiste est celle-ci : l'atome ou la molécule, à l'état de liberté, fait toujours partie d'un gaz, la particule jamais. Une particule est un morceau de matière, liquide ou solide, formé par l'agrégation d'atomes ou de molécules.

department of the Privy Council pour décrire cette constitution supposée de la matière contagieuse, et si les expériences du Dr Sanderson n'ont pas démontré actuellement que le virus de la variole est « particulate », au moins le rendent-elles très probable. Des connaissances nettes sur ce point sont d'une importance considérable, car certaines méthodes, précieuses dans le traitement des particules, seraient sans effet si on les appliquait aux molécules.

§ 6.

LE RAYON LUMINEUX COMME MOYEN DE RECHERCHE
DES MATIÈRES EN SUSPENSION DANS L'AIR.

Tandis que, d'une part, ma propre intervention dans cette grande question était sanctionnée par des noms éminents, elle fut, d'autre part, l'objet d'attaques ingénieuses et variées. A cet égard, je dirai seulement que lorsque l'intelligence fait place à un sentiment de jalousie, celui-ci est susceptible de donner naissance à toutes sortes d'erreurs. Ainsi, par exemple, mes censeurs ont pour la plupart dirigé leurs attaques contre des propositions qui ne furent jamais admises par moi et contre des revendications que je n'ai jamais faites. Voici la chose en deux mots : Pendant l'automne de l'année 1868, j'étais très occupé par les observations rapportées au commencement de cette conférence et en partie décrites dans le précédent article. Depuis quinze ans, ç'avait été mon habitude de me servir des poussières en suspension pour révéler la trace du rayon lumineux dans l'air, mais, jusqu'alors je n'avais pas intentionnellement retourné le procédé et employé inversement le rayon lumineux pour déceler la poussière et l'examiner. Dans un mémoire présenté à la Société Royale en décembre 1869, les observations qui me conduisirent à accorder une attention plus spéciale à la génération spontanée et à la théorie des germes dans les maladies épidémiques furent ainsi décrites :

« Antérieurement à la découverte de ce qui précède (l'action chimique de la lumière sur les vapeurs) et aussi pendant les expériences se rapportant à ce sujet, la nature de mon travail me conduisit à chercher un moyen pour obtenir des tubes d'expériences absolument nets et libres à l'intérieur de matières en suspension. Ni l'une ni l'autre conditions ne sont cependant faciles à obtenir.

Car, si bien que les tubes puissent être nettoyés, si brillants et si purs qu'ils puissent paraître à la lumière du jour, le rayon électrique révèle immédiatement des marques de malpropreté. L'air étant toujours présent, il était certain qu'il déposerait quelque impureté. Tous les procédés chimiques, sauf dans le vide, sont inactifs contre cette perturbation. Lorsque le vide est fait dans le tube d'expérience, ce dernier ne présente plus de traces de matières en suspension, mais lorsqu'on fait parvenir l'air à travers deux tubes en U contenant respectivement de la potasse et de l'acide sulfurique, un cône de poussière plus ou moins distinct est toujours révélé par le rayon électrique fortement condensé.

Comme les atomes flottants ressemblent à de petites particules de liquide qui auraient été amenées mécaniquement des tubes en U dans le tube d'expérience, je pris des précautions en conséquence pour prévenir un semblable transport. Elles ne produisirent que peu ou point d'effet. Je ne pouvais m'imaginer à cette époque comment la poussière de l'air arrivait à se frayer un passage à travers la potasse caustique et l'acide sulfurique. C'était pourtant ce qui avait lieu ; les particules venaient réellement du dehors et passaient ainsi librement à travers une variété d'éthers et d'alcools. En réalité, il faut une action longuement maintenue de la part d'un acide, d'abord pour mouiller les atomes, puis pour les détruire. En faisant soigneusement passer l'air au-dessus de la flamme d'une lampe à esprit-de-vin, ou par un tube de platine chauffé au rouge vif, les matières en suspension furent sensiblement détruites. C'étaient donc des matières combustibles, ou en d'autres termes des matières *organiques*. J'essayai de les intercepter au moyen d'un large aspirateur en ouate. Un fort tassement fut trouvé nécessaire pour rendre la ouate efficace, et un tampon très serré, enfoncé dans le tube à travers lequel l'air passait, reconnu suffisant pour arrêter les atomes. Ils firent pourtant, par la suite, des réapparitions intermittentes et me donnèrent beaucoup de peine. Cependant je pus toujours me convaincre que leur présence provenait de quelque défectuosité de l'appareil purificateur comme, par exemple, une crevasse dans la cire employée pour rendre les tubes étanches. Ainsi donc, au moyen de précautions convenables, mais non sans un grand nombre d'essais, le tube d'expérience même, lorsqu'il était rempli d'air ou de vapeur, ne contenait plus rien capable de troubler la lumière. L'espace intérieur possédait alors l'aspect d'un vide absolu.

J'appelle *optiquement vide* un tube d'expérience dans ces conditions. »

Les faits qui attirèrent ici mon attention ont une portée trop évidente pour être méconnus. L'incapacité de l'air filtré à travers la ouate d'engendrer la vie microscopique avait été démontrée par Schrœder et Pasteur ; la cause de son impuissance fut ainsi rendue évidente à l'œil.

L'expérience prouva qu'aucune quantité sensible de
lumière n'était dispersée par les *molécules* de l'air;
que la lumière modifiée tirait toujours son origine des
particules en suspension. En outre, le fait que la
suppression de celles-ci abolit simultanément le pouvoir
de disperser la lumière et d'engendrer la vie, détacha
du même coup la puissance créatrice de l'air et la fixa
sur quelque chose suspendu dans l'air. Des gaz de toute
nature passèrent en liberté à travers le tampon de ouate;
de là résultait que le quelque chose retenu par la ouate
ne pouvait être lui-même une matière à l'état gazeux.
Il ressort, en outre, que la rétine, protégée comme elle
l'était dans ces expériences, pouvait être convertie en un
nouveau et puissant instrument de démonstration relativement à la théorie des germes.

Ces observations révélèrent aussi le danger inhérent
à des expériences de cette nature, montrant que sans
une proportion de soins, de beaucoup au delà de celle
employée jusqu'à présent, elles laissent la porte ouverte
aux plus graves erreurs. Il était spécialement manifeste,
que la méthode chimique employée par Schulz, méthode
à laquelle on eut si souvent recours depuis, pouvait
conduire aux conclusions les plus erronées: que ni les
acides, ni les alcalis, n'avaient le pouvoir de rapide destruction à eux attribué. En résumé, l'emploi du rayon
lumineux met en évidence la cause du succès dans des
expériences minutieusement conduites, comme celles de
Pasteur, pendant qu'il rend également évidente la certitude de l'erreur dans les expériences faites d'une
manière moins scrupuleuse.

§ 7.

EXPÉRIENCES OPPOSÉES A LA THÉORIE DES GERMES.

Je désire ne pas laisser une assertion de cette nature sans preuve ou justification. Prenons, par exemple, les expériences bien conçues du docteur Hughes Bennett, présentées à la Société royale des chirurgiens d'Édimbourg le 17 janvier 1868[1]. Dans des fioles contenant des décoctions de ficoïde glaciale, de foin, ou de thé, M. Bennett fit passer un courant d'air. Cet air était amené à travers deux tubes en U, dont l'un renfermait une solution de potasse caustique et l'autre de l'acide sulfurique. « Ces deux tubes étaient garnis de fragments de pierre ponce destinée à contrarier l'air pour prévenir la possibilité d'un passage des germes par le centre des bulles. » L'air devait également barboter à travers des boules de Liebig dans lesquelles se trouvaient de l'acide sulfurique, puis du coton-poudre.

Avec ces précautions, il était naturel que le docteur Bennett crût à l'absence complète de germes dans ses tubes en U. Antérieurement aux observations, que je viens de rapporter, je le croyais aussi. Mais mes expériences détruisent une telle supposition. Le coton-poudre, d'ailleurs, n'arrête la totalité des matières en suspension qu'à la condition d'être fortement tassé et il n'y a aucune indication dans le mémoire de M. Bennett que ce soin ait été pris. En résumé, la simple inspection de l'appareil de ce savant suffit pour nous permettre de prévoir les résultats qu'il a obtenus — un

1. British medical Journal, 15, 2ᵉ partie, 1868.

retard dans le développement de la vie ou son absence
totale, dans certains cas, sa présence dans d'autres.

Dans une première série d'expériences, huit bouteilles
avaient été remplies d'air filtré et cinq d'air ordinaire.
En dix ou douze jours, le groupe de cinq se couvrit de
moisissures à l'intérieur, tandis que les huit autres
mirent de quatre à neuf mois pour subir la même transformation. De plus, une des huit s'était conservée
intacte après cet intervalle. Dans la seconde série d'expériences, il y eut une seule exception. Dans la troisième
les bouchons de liège furent abandonnés et remplacés
par des bouchons de verre. Un certain nombre de bouteilles, contenant des décoctions de thé, de bœuf et de
foin, furent remplies d'air ordinaire ; d'autres, avec de
l'air filtré. Dans chacune des premières, des moisissures
apparurent bientôt, ce qui n'eut pas lieu dans aucune
des dernières. Somme toute, ces expériences ruinent
finalement la doctrine que le docteur Bennett prétend
défendre.

Dans tous ces cas négatifs, l'air fut envoyé, à travers
les tubes en U et les bulles, dans l'infusion bouillante.
Le docteur Bennett fit une quatrième série d'expériences
dans laquelle avant d'insuffler l'air, il laissait les bouteilles se refroidir. Il fit alors passer de l'air filtré dans
les fioles et, après quelque temps, il trouva des moisissures dans toutes. Quelle est la conclusion à tirer de
cette expérience ? Non pas, d'après M. Bennett, que le
liquide bouillant employé dans ses premières opérations
avait détruit les germes, mais que l'air, qui, avant que
les fioles fussent cachetées, avait été porté à une température de 212°, est, dans ces conditions, trop raréfié pour
entretenir la vie. Cette conclusion est si remarquable
qu'elle mérite d'être citée dans les termes mêmes de son

auteur. « Il est facile de concevoir », dit-il, « que l'air soumis à la température de l'ébullition est si raréfié qu'à peine mérite-t-il le nom d'air et qu'il est plus ou moins impropre à entretenir la vie animale ou végétale. »

Des chiffres contraires pourraient être cités ici, mais ils ne sont pas même nécessaires. Il est un fait, c'est que j'habite pendant une portion considérable de l'année dans un milieu de moindre densité que celui décrit par le docteur Bennett comme méritant à peine le nom d'air. Les habitants des hauts châlets alpestres, avec leurs troupeaux et les herbes qui les nourrissent font la même chose, pendant que le chamois élève ses petits dans une atmosphère encore plus distendue. D'autre part, le monde des insectes montre parfois une exhubérance remarquable à des hauteurs alpestres.

Dans une cinquième série d'expériences, seize bouteilles furent remplies d'infusions. Dans quatre d'entre elles, qui n'avaient pas été chauffées, on introduisit de l'air ordinaire et l'on constata que des moisissures s'y développèrent peu de temps après. Dans quatre autres, contenant une infusion bouillante, de l'air ordinaire fut également envoyé et aucune moisissure n'y prit naissance. Dans un troisième groupe de quatre, qui avait été soumis à l'ébullition, puis refroidi, de l'air filtré fut pompé — ici encore les moisissures ne purent être constatées. Enfin, dans les quatre dernières bouteilles renfermant une infusion bouillante, de l'air filtré fut insufflé et aucune moisissure n'apparut. Ainsi, sur les quatre cas, les moisissures ne se manifestèrent que dans une infusion froide en contact avec de l'air ordinaire.

Le docteur Bennett ne tire pas de ses expériences la conclusion qu'elles indiquent si nettement. Au contraire, il y trouve une défense de la théorie des générations spontanées. Il était si fortement convaincu que ses germes ne pouvaient passer à travers les tubes à potasse et à acide sulfurique que la présence des moisissures, même dans l'infime minorité des cas où l'air avait été envoyé à travers ces tubes, fut pour lui la preuve évidente de leur origine spontanée. Et il explique l'absence de la vie dans beaucoup de ses expériences à l'aide d'une interprétation qui ne supporte pas un instant la critique. Sachant, comme nous le savons maintenant, que des particules peuvent passer impunément à travers les alcalis et les acides, les résultats du docteur Bennett sont précisément ceux qu'on doit attendre. En réalité, leur harmonie avec les faits récemment découverts, est une preuve de la conscience et de la précision avec lesquelles les expériences ont été exécutées.

Les précautions employées par Pasteur dans l'exécution de ses recherches et sa prudence dans les déductions qu'il en tire seront parfaitement convaincantes pour tous ceux, qui, par la pratique des recherches expérimentales, se sont rendus compétents à juger les travaux de cette nature. Le savant français trouva des germes dans le mercure utilisé pour isoler son air et il ne fut jamais sûr qu'ils n'étaient pas attachés aux instruments employés ou à sa propre personne. Ainsi, lorsqu'il ouvrit ses fioles hermétiquement fermées sur la mer de Glace, il avait l'œil sur la lime destinée à en détacher le col et il se tenait soigneusement sous le vent dès que les bouteilles étaient ouvertes. Usant de ces soins, il trouva, dans dix-neuf cas sur vingt, l'air du Glacier incapable d'engendrer la vie ; tandis que des fioles semblables décachetées au milieu de la végétation de la plaine furent aussitôt parsemées d'éléments vivants. M. Pouchet répéta les expériences de Pasteur dans les Pyrénées, ayant la précaution de tenir les bouteilles au-dessus de sa tête et obtint des résultats différents. Mais de grands soins auraient été nécessaires pour faire de ce procédé une réelle précaution. Le rayon lumineux nous permettra encore de juger de l'effet qu'elle est susceptible de produire. Faisons brûler du papier à l'ouverture d'une cloche en verre, de façon que la fumée monte et la remplisse. Un rayon envoyé à travers cette cloche forme une trace brillante dans la fumée. Si on place le poing au-dessous, un vent vertical, d'une violence surprenante eu égard à la faible élévation de température, se dégage de la main déplaçant par un air comparativement sombre la fumée illuminée. A moins d'une attention spéciale, il est possible qu'un vent semblable se soit dégagé du corps de M. Pouchet vers la bouteille, pendant qu'il tenait celle-ci au-dessus de sa tête. S'il en était ainsi la précaution de M. Pasteur de se tenir sous le vent serait annulée.

Qu'on me permette encore d'attirer ici l'attention sur un autre résultat de Pasteur, dont la cause et la signification me furent un jour révélées par le rayon lumineux. Il prépara vingt et une bouteilles, chacune contenant une décoction de levure filtrée et claire. Il fit bouillir cette décoction de façon à détruire les quelques germes qu'elle pouvait contenir, et pendant que l'espace surmontant le liquide était rempli de vapeur pure, il scella ses flacons à l'aide du chalumeau. Enfin, il en ouvrit dix dans les caves profondes et humides de l'Observatoire de Paris et les onze autres dans la cour de cet établissement. Parmi les premières, une seule montra subséquemment des traces de vie. Les neuf bouteilles restantes ne développèrent point d'organismes d'aucune sorte. Au contraire, ils apparurent rapidement dans les autres fioles constituant le groupe de onze.

Eh bien ! voici une expérience faite à Paris sur laquelle nous pouvons jeter quelque lumière à Londres. Forçons notre rayon lumineux à traverser une grande bouteille remplie de l'air de cette chambre chargé de ses germes et de sa poussière, le rayon la percera d'outre en outre. Mais voici une autre bouteille semblable, qui forme une brèche à l'intérieur du même rayon. Elle contient de l'air *non filtré* et pourtant aucune trace lumineuse n'est visible. Pourquoi? Par pur accident, j'avais trébuché, sur la première bouteille, dans notre laboratoire où elle était restée au repos pendant quelque temps. Agissant sous l'influence de cette idée, je plaçai d'abord, l'une à côté de l'autre, trois bouteilles remplies de l'air chargé de ses atomes. Elles sont maintenant optiquement vides. Nos premières expériences ont prouvé que les particules, sources de la vie, s'attachent à la ouate. Dans l'expérience actuelle, les particules ont été amenées, par de faibles courants d'air, établis par de légères différences de température, en contact avec la surface intérieure avec laquelle elles adhèrent. L'air de ces fioles a déposé sa poussière, ses germes, et se trouve pratiquement libre de matières en suspension.

J'avais fait construire une chambre dont la moitié inférieure était en bois, sa moitié supérieure étant limitée par quatre fenêtres vitrées. Cette chambre s'amincissait graduellement, formant un tronc de cône au sommet. Elle mesurait en plan trois pieds sur deux pieds, six pouces; sa hauteur était de cinq pieds dix pouces. Le 6 février, elle fut fermée, chaque crevasse, qui pouvait être cause d'un déplacement quelconque d'air, étant soigneusement recouverte avec du papier. Le rayon électrique révéla d'abord la poussière dans la chambre comme il le faisait dans l'air du laboratoire.

L'appareil fut examiné presque journellement et une diminution sensible des matières en suspension constatée au fur et à mesure que l'on avançait. Au bout d'une semaine, la chambre était optiquement vide, n'exhibant plus aucune trace de substances capables de disperser la lumière. Tel doit avoir été le cas dans les caves tranquilles de l'Observatoire de Paris. Si nous pouvions envoyer notre rayon électrique à travers l'air de ces caves, sa trace serait sans aucun doute invisible, montrant ainsi l'indissoluble association de la dispersion de la lumière par l'air et de son pouvoir d'engendrer la vie.

Je passerai maintenant à une application du rayon lumineux qui me semble plus intéressante qu'aucune de celles jusqu'ici décrites. Ma référence à l'interprétation du professeur Lister, relativement au fait que l'air ayant traversé les poumons est incapable de produire la putréfaction, est encore présente à votre esprit. « La raison pour laquelle », dit-il, « l'air introduit dans la cavité pleurale à travers un poumon blessé, possède des effets tout différents de celui pénétrant directement du dehors à travers une blessure constamment ouverte, fut pour moi un mystère jusqu'à ce que j'appris par la théorie des germes que c'était tout simplement parce que l'air des poumons devait être filtré par les bronches, dont une des fonctions est d'arrêter les particules de poussière inhalées et de les empêcher d'entrer dans les cellules à air. »

Voici un soupçon qui porte la marque du génie, mais qui a besoin de vérification. Si, au lieu des mots « l'air devait être filtré » nous étions autorisés à écrire « il est parfaitement certain que l'air est filtré », la démonstration serait complète. Une semblable démonstration est facile avec le rayon lumineux. Un soir, vers la fin de 1869, pendant que je répandais divers gaz purs à travers la trace d'un rayon, la pensée me vient d'employer mon haleine au lieu de gaz. Je remarquai alors, pour la première fois, la teinte extraordinairement noire produite par l'air exhalé « *vers la fin de l'expiration* ». Permettez-moi de répéter l'expérience en votre présence. Je remplis mes poumons d'air ordinaire et respire par un tube de verre au travers du rayon. La condensation de la vapeur d'eau de l'haleine se manifeste par la formation d'un nuage lumineux blanc de texture délicate. Nous supprimons le nuage en séchant l'air avant son arrivée dans le tube; ou, plus simplement encore, en chauffant le tube de verre. La trace lumineuse est, pour un moment, ininterrompue par l'haleine parce que les poussières revenant des poumons suppléent, en grande partie, aux particules déplacées. Après quelque temps, cependant, un disque obscur apparaît, dont le ton se fonce graduellement jusqu'à ce que, vers la fin de l'expiration, le rayon semble percé par un trou extrêmement noir dans lequel il est impossible de discerner des particules quelconques. Ainsi, l'air plus profond des poumons est absolument libre de matières en suspension. Il est donc dans les conditions requises par l'explication de Lister. Cette expérience peut se répéter un nombre quelconque de fois avec le même résultat. Je pense qu'elle doit être considérée comme le juste couronnement à la fois de l'exactitude des vues du savant professeur d'Édimbourg et de l'impuissance, à l'égard du développement vital, de l'air optiquement pur [1].

L'essai qui précède, autant qu'il se rapporte à la

1. Le Dr Burdon Sanderson appelle l'attention sur l'importante observation de Brauell, d'après laquelle, le contagium d'un animal en état de

théorie attribuant les maladies épidémiques au développement de la vie parasitique, faisait partie d'un discours lu à l'Institution Royale en janvier 1870. En juin 1871, après un court rapport sur la polarisation de la lumière par les matières nébuleuses, j'essayai de revenir sur ce sujet en me plaçant au point de vue suivant : Quelle peut être l'utilité pratique de ces curiosités? Si nous excluons l'intérêt attaché à l'observation de faits nouveaux et le rehaussement de cet intérêt par la science où ces faits deviennent souvent la base de lois, ces curiosités sont en elles-mêmes de peu de valeur. Elles seraient en tout cas incapables d'ajouter quoique ce soit à notre bien-être général. Mais, quoique totalement dépourvues d'utilité par elles-mêmes, elles peuvent attirer l'attention dans une voie où elle ne serait pas entrée et devenir ainsi la source de conséquences pratiques. En regardant notre poussière illuminée, par exemple, nous pouvons nous demander ce que c'est et, non plus comment elle agit sur un rayon lumineux, mais sur notre propre corps. La question prend alors un caractère pratique. Nous trouvons, après examen, que cette poussière est principalement composée de matières organiques en partie mortes, en partie vivantes. Ce sont : des fragments de paille, de chiffons déchirés, du noir de fumée, du pollen, des spores de champignons et les germes d'une foule d'autres choses. Mais, qu'ont tous ces objets à faire avec l'économie animale? Permettez-moi de vous signaler un fait sur lequel mon attention a été attirée récemment par M. G. H. Lewes, qui m'écrivait en ces termes :

gestation et souffrant d'une fièvre splénique ne se communique pas au sang du fœtus. Le placenta agit ici comme un filtre et retient les particules infectieuses.

« Je désire appeler votre attention sur les expériences
de von Recklinghausen pour le cas où elles ne seraient
pas parvenues à votre connaissance. Ce sont de frappantes confirmations de ce que vous avez dit sur les
relations existant entre les poussières et les maladies.
Au printemps dernier, lorsque j'étais au laboratoire du
savant professeur de Wurtzbourg, j'examinai avec lui
du sang qu'on avait extrait du corps depuis trois semaines, un mois et cinq semaines et qui était conservé
dans de petites coupes de porcelaine sous des cloches
de verre. Ce sang vivait et croissait. Non seulement on y
observait les mouvements amœboïdes des corpuscules
blancs, mais il y avait des preuves évidentes de la
croissance et du développement de ces corpuscules. Je
vis aussi un cœur de grenouille qui avait été arraché
depuis plus d'une semaine et qui battait encore. Il
existe d'autres exemples de la même vitalité persistante
ou absence de putréfaction. Von Recklinghausen ne
l'attribue pas à l'absence de germes — le mot germes
ne fut même pas prononcé dans notre entretien. Mais
lorsque je lui demandai comment il se représentait la
chose, il me dit que le mystère entier de son opération
consistait à mettre le sang à « *l'abri des saletés* ». Les
instruments employés étaient chauffés au rouge avant
de s'en servir ; le fil était d'argent et fut semblablement
traité. Les coupes de porcelaine quoique non mises à
l'abri de l'air étaient cependant à l'abri des courants.
Von Recklinghausen me dit encore qu'il avait souvent
des déceptions et qu'il les attribuait aux particules de
poussière ayant échappé à ses précautions ».

Le professeur Lister, qui a fondé sur la séparation ou
la destruction de ces poussières une importante méthode de chirurgie, nous explique l'effet de leur intro-

duction dans le sang des blessures. Ce sang se putréfie, devient fétide, et lorsque l'on examine plus intimement ce que cette putréfaction signifie, on trouve la substance attaquée fourmillant de vie infusorielle, dont les germes ont été extraits de la poussière atmosphérique.

Nous sommes assurément maintenant en présence de questions pratiques et, avec votre permission, je reviendrai, pour un moment, sur un sujet qui a récemment occupé une bonne part de l'attention publique.

A l'égard des formes les plus inférieures de la vie les opinions sont, et ont depuis longtemps été, divisées en deux camps, les uns soutenant que nous n'avons qu'à soumettre de la matière absolument morte à certaines conditions physiques pour en faire sortir des choses vivantes; les autres (sans limiter toutefois le pouvoir de la matière), affirmant que l'on n'a jamais vu, « *de nos jours* », la vie s'élever indépendamment d'une vie préexistante. La question dépend de deux facteurs : le fait et l'intelligence qui l'interprète. Ce peut donc être simplement un état mental ou un travers de mon esprit, qui m'amène, dans cette longue discussion, à voir d'un côté des faits douteux et une logique défectueuse et de l'autre un ferme raisonnement et les connaissances requises pour de minutieuses expériences. Mais, au point de vue pratique, qu'avons-nous à faire avec la génération spontanée? Examinons. Il y a de nombreuses maladies de l'homme et des animaux qui sont, on peut le démontrer, le produit de la vie parasitique ; et ces maladies peuvent prendre la plus terrible forme épidémique, comme dans le cas des Vers à soie dont nous avons parlé ci-dessus. Il est donc important au plus haut point de savoir si les parasites en question se sont spontanément développés ou s'ils ont été amenés du dehors. Les moyens de prévention, si pas de guérison, seront tout différents dans les deux cas.

Mais, ce n'est pas tout. A côté de ces faits universellement admis, il existe une grande théorie, qui croît chaque jour en force et en clarté, gagnant à la fois les praticiens habiles et les profonds penseurs du monde médical, théorie suivant laquelle les maladies contagieuses seraient généralement de ce caractère parasitique. Si j'avais quelque sujet de regretter de vous avoir exposé cette théorie, il y a plus d'un an déjà, ce regret serait maintenant exprimé. Je retirerais, soyez-en sûr, les quelques mots prononcés en sa faveur, si ces mots avaient pu vous induire en erreur. Mais, depuis l'époque à laquelle je fais allusion, rien ne s'est présenté pour ébranler ma conviction sur sa véracité. Permettez-moi de vous indiquer brièvement les raisons sur lesquelles s'appuient ses partisans. De leurs virus respectifs, vous pouvez planter la fièvre typhoïde, la scarlatine ou la variole. Quelle récolte en retirerez-vous ? Aussi sûrement qu'un chardon provient d'une semence de chardon, qu'une figue vient d'une figue, le raisin du raisin, l'épine de l'épine, aussi sûrement le virus typhoïde s'accroît et se multiplie dans la fièvre typhoïde, le virus scarlatin dans la scarlatine, le virus variolique dans la variole. Quelle conclusion suggèrent ces faits ? Que la chose que nous nommons vaguement virus est dans tous ses but et objet une semence. Excluant la notion de vitalité, il nous est impossible, en effet, de trouver, dans le domaine entier des sciences chimiques une action qu'on puisse paralléliser avec ces phénomènes de multiplication et de reproduction. Seule la théorie des germes est capable de les expliquer.

Dans le cas de maladies épidémiques, ce n'est donc plus sur de l'air vicié ou des égouts malsains que le médecin de l'avenir fixera d'abord son attention, car il saura que cet air vicié et ces égouts malpropres ne peuvent rien créer ; il s'attaquera au contraire, aux germes des maladies et s'occupera seulement ensuite de l'air impur qui, tout en étant inoffensif par lui-même, est susceptible cependant de communiquer aux germes une énergie plus grande dans leur développement. Vous trouverez sans doute que je m'engage ici dans une voie dangereuse, que je mets en avant des vues qui peuvent être en opposition avec une pratique salutaire. Il n'en est rien. Si vous désirez juger l'impuissance de la pratique médicale dans le traitement des maladies contagieuses, lisez le discours prononcé à l'anniversaire de Harvey, par M. William Gull en 1871. De telles maladies défient le médecin. Elles poursuivent leur cours et le plus qu'on peut faire contre elles consiste en soins préventifs. Ceci, d'ailleurs, concorde parfaitement avec leur origine vitale. Car si les semences des maladies contagieuses sont elles-mêmes des choses vivantes, il est difficile de les détruire, elles ou leur progéniture, sans inclure leur habitat vivant dans la même destruction.

On a dit et on le répétera bien certainement encore que je quitte mon propre métier en parlant de ces différentes choses. Je ne le crois pas. Je m'occupe d'une question sur laquelle, seuls les esprits, accoutumés à peser la valeur d'une preuve expérimentale, sont compétents à décider et à l'égard de laquelle, au moins dans son état actuel, ils sont aussi capables de se former une opinion que sur les phénomènes du magnétisme et de la chaleur rayonnante. La théorie des germes, a-t-on dit, appartient au biologiste et au médecin, Où sont, demanderai-je en réponse, où sont le biologiste et le médecin dont les recherches sur ce sujet puissent un seul instant être comparées à celles du chimiste Pasteur? On ne peut prétendre limiter à la profession médicale la réception de découvertes faites en dehors d'elle. Je ne saurais mieux conclure qu'en vous lisant l'extrait suivant d'une lettre à moi adressée par le docteur W. Budd, de Clifton, aux connaissances et à l'énergie duquel la ville de Bristol doit beaucoup au point de vue des mesures hygiéniques.

« Pour ce qui est de la théorie des germes », dit-il, « c'est une question au sujet de laquelle j'ai depuis longtemps tous mes apaisements. A dater du jour où je me mis à penser à ce sujet, je n'ai jamais douté un moment que la cause spécifique des fièvres contagieuses doit consister en organismes vivants.

Il est impossible, d'ailleurs, de faire aucune constatation portant sur l'essence ou le caractère distinctif de ces fièvres, sans se servir de termes indissolublement liés à la notion de la vie. Prenez les écrits des adversaires les plus acharnés de la théorie des germes et, dans la proportion de dix contre un, vous les trouverez parsemés de mots tels que: propagation, self-propagation, reproduction, self-multiplication etc. Qu'on fasse comme l'on veut, si on a quelque chose à dire des maladies contagieuses on ne peut éviter l'usage de ces termes ou de leurs équivalents exacts. Or tandis qu'elles sont parfaitement applicables aux choses vivantes, dont elles expriment les qualités, ces expressions n'ont plus, autant que je sache, aucun sens lorsqu'elles s'adressent aux agents chimiques. »

CHAPITRE II

ÉTAT OPTIQUE DE L'ATMOSPHÈRE EN RELATION AVEC LA PUTRÉFACTION ET L'INFECTION[1]

§ 1.

INTRODUCTION.

Des recherches sur la décomposition des vapeurs par la lumière, commencées en 1868 et continuées en 1869[2], recherches dans lesquelles il était nécessaire d'employer de l'air optiquement pur, me conduisirent à soumettre à l'expérience les matières en suspension dans l'atmosphère. Une section de peu d'étendue fut consacrée à ce sujet dans un mémoire publié dans les *Philosophical Transactions* pour 1870[3].

Je trouvai, à cette époque, que l'air des chambres de Londres, qui est toujours pourvu de nombreuses particules et aussi de matières trop fines pour pouvoir être décrites sous ce nom, je trouvai, dis-je, que cet air, après avoir été filtré à travers de la ouate fortement tassée, ou après avoir été calciné, soit par le passage à travers un tube de platine chauffé au rouge, soit en l'amenant soi-

---

1. Philosophical Transactions. part. I, 1876.
2. Proc. Roy. Soc. vol. xvii.
3. Vol. clx. p. 357.

gneusement au-dessus du dard de la flamme d'une lampe à esprit-de-vin, ne montrait, lorsqu'il était examiné à l'aide d'un rayon lumineux concentré, aucune trace de matières maintenues mécaniquement en suspension. La portion de l'espace occupée par le rayon ne pouvait être distinguée des parties adjacentes.

Ainsi donc se trouvait démontré que la partie purement gazeuse de notre atmosphère est incapable de disperser la lumière.

Je découvris ultérieurement que, pour rendre ainsi l'air optiquement pur, il suffisait de l'abandonner à lui-même pendant un temps convenable dans une petite chambre bien close ou dans un vase approprié. Les matières en suspension s'attachent graduellement au sommet et aux côtés de cette chambre, ou tombent au fond, laissant derrière elles un air dépourvu de toute puissance de dispersion. Envoyé à travers cet air, le rayon, même le plus concentré, ne parviendrait pas à rendre sa trace visible.

Je mentionne le *dessus* et les *côtés* aussi bien que le fond de la chambre parce que la pesanteur n'est pas le seul agent, peut-être pas même l'agent principal, dans cette séparation des matières en suspension. Il est pratiquement impossible d'entourer un vase clos d'une température absolument uniforme ; et, où des différences de température existent, si petites qu'elles soient, des courants d'air ne tardent pas à s'établir. Au moyen de ces faibles courants, les particules en suspension sont graduellement amenées en contact avec toutes les surfaces environnantes. Elles adhèrent à celles-ci et, aucune distribution nouvelle n'ayant lieu, ces matières disparaissent enfin totalement.

Le parallélisme frappant de ces résultats avec ceux

obtenus dans les excellentes recherches de Schwann[1], de Schrœder et Dusch[2], de Schrœder seul[3] et de Pasteur[4], en ce qui concerne la question de la *génération spontanée*, me conduisit à conclure que le pouvoir de disperser la lumière et celui d'entretenir la vie allaient de pair dans l'air atmosphérique.

Cette conclusion fut confirmée par une expérience, facile à reproduire, et de la plus haute signification. Le professeur Lister[5] a attiré l'attention sur ce fait que l'air ayant passé à travers les poumons a perdu son pouvoir de causer la putréfaction. Cet air peut être mélangé librement avec le sang d'une blessure interne sans s'exposer à des conséquences fâcheuses ; et, ce chirurgien, véritable homme de science, eut la pénétration d'attribuer cette immunité à la puissance de filtration des poumons. Antérieurement à ma connaissance de cette hypothèse, j'avais démontré, en 1869, son exactitude de la manière suivante :

Conduisant, dans une chambre sombre et dans de l'air chargé de ses poussières, un puissant rayon lumineux, et respirant à travers un tube de verre (le tube employé fut un verre de lampe chauffé pour prévenir la condensation de l'haleine) à travers le foyer, j'observai d'abord une diminution de la lumière dispersée ; mais, vers la fin de l'expiration, la trace blanche du rayon fut brisée par une brèche parfaitement noire, dont la teinte tranchée était due à l'absence totale, dans l'air expiré, de matières quelconques capables de disperser la lumière. L'appa-

---

1. Pogg. Ann. 1837, vol. xli, p. 184.
2. Ann. der Pharmacie, vol. lxxxix, p. 232.
3. *Ibid.* vol. cix, p. 35.
4. Ann. de Chim. et de Phys. 5ᵉ série, vol. lxiv, p. 83.
5. Introductory Lecture before the University of Edinburgh.
6. Proc. Roy. Inst. vol. vi, p. 9.

reil dont je me servis est représenté dans la figure 1, où *g* est le verre de lampe chauffé et *b* la brèche noire coupée hors du rayon à son point le plus brillant. Les portions plus profondes des poumons se montrèrent ainsi être remplies d'air optiquement pur, qui, comme on le sait, est incapable d'engendrer les organismes formant l'essence du processus de putréfaction, ainsi que Schwann l'a démontré[1]. Il semblait que cette méthode si simple d'examen ne manquerait pas d'être utilisée par

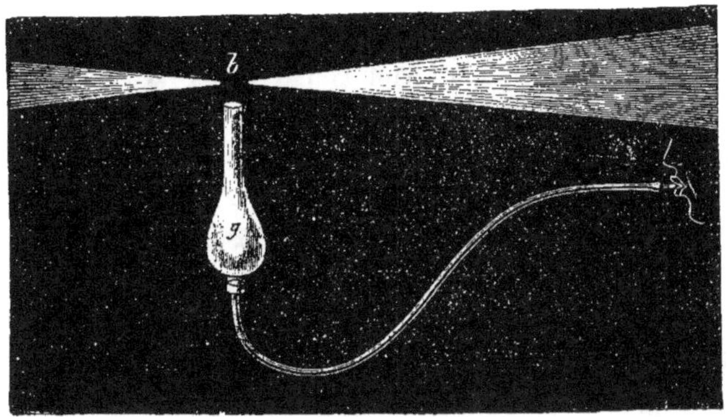

Fig. 1.

les chercheurs travaillant dans cette direction. Ils avaient procédé jusqu'ici moins par l'observation directe que

1. « Aucune putréfaction, » dit Cohn, « ne peut se produire dans une substance azotée, si elle est conservée à l'abri du contact de bactéries nouvelles, après que celles qu'elle pouvait contenir ont été détruites. Mais la putréfaction commence aussitôt que des bactéries, même dans le plus petit nombre, ont été, accidentellement ou intentionnellement, introduites. Elle progresse en proportion directe de la multiplication de ces petits êtres et est retardée lorsqu'ils ne possèdent qu'une faible énergie vitale, (par exemple sous l'influence d'une basse température): enfin elle se termine par toutes les causes qui arrêtent le développement des bactéries ou les tuent. Tout milieu qui leur est funeste est donc antiseptique ou désinfectant. » (*Beiträge zur Biologie der Pflanzen*, zweites Heft. 1872, p. 205).

par l'induction, étant en général incapables d'observer les caractères physiques du milieu dans lequel leurs expériences se passaient. Mais on n'a pas beaucoup cherché à mettre la méthode en pratique et c'est pourquoi je pensai convenable de consacrer moi-même quelque temps cette année (1875) pour montrer d'une manière plus complète son efficacité.

Je désirais aussi éclaircir dans mon esprit et, si possible, dans celui des autres, l'incertitude et la confusion qui entourent maintenant la doctrine de la génération spontanée. Pasteur a prononcé à son égard le mot de *chimère* et exprimé la ferme conviction que, partant, il est possible de supprimer dans l'avenir toutes les maladies parasitiques. Il est donc de la plus haute importance, pour le monde médical et, après lui, pour l'humanité entière, de savoir si l'illustre philosophe français est dans le vrai. Mais les travaux de Pasteur, qui ont été si longtemps considérés comme des modèles par la plupart d'entre nous, ont été, dans ces derniers temps, sujets à de nombreuses attaques. Ses déductions furent critiquées et des expériences contradictoires exécutées en tels nombre et variété et avec une telle apparence d'exactitude que beaucoup ont commencé à douter de lui. Ces contradictions ne se sont pas seulement élevées de personnes étrangères à la science, mais aussi d'éminents biologistes de notre propre pays et d'Amérique. L'état de l'opinion médicale en Angleterre est, d'ailleurs, correctement représenté dans un numéro récent du *British medical Journal*. Ce recueil, en réponse à la question : De quelle manière le contagium est-il engendré et propagé ? dit que, « malgré une somme de travail presque incalculable, les résultats actuellement obtenus, spécialement à l'égard du mode de génération du contagium, sont peu concluants. Les observateurs ne sont pas même d'accord si ces particules ténues, dont nous venons de relater la découverte, et les autres germes des maladies, sont toujours le produit de corps semblables préexistants ou si, sous certaines conditions favorables, elles n'arrivent pas à l'existence *de novo*. »

Dans le but de diminuer, autant que possible, l'incertitude dont il vient d'être question, je me permets, sans autre préface, de soumettre à la Société royale et spécialement à ceux qui étudient l'étiologie des maladies, la description suivante du mode de procéder adopté dans mes recherches et les résultats auxquels il a conduit.

§ 2.

MÉTHODE D'EXPÉRIENCE

Je fis construire une chambre, ou boîte, dont la façade était vitrée, toutes les autres parties étant en bois. Sur la face d'arrière est une petite porte, qui s'ouvre et se ferme sur charnières, pendant que dans les côtés sont insérées deux vitres se faisant vis-à-vis. Le sommet est percé dans le milieu d'un trou, de deux pouces de diamètre, fermé hermétiquement par un bouchon de caoutchouc. Le bouchon est, à son tour, percé d'une ouverture par laquelle passe le tube d'une longue pipette se terminant au-dessus par un petit entonnoir.

Un collet circulaire en étain, de deux pouces de diamètre et d'un pouce et demi de profondeur, entoure la pipette, et l'espace compris entre eux est bourré de ouate humectée de glycérine. De cette façon, la pipette, en se mouvant de haut en bas, n'est pas seulement guidée et serrée par le caoutchouc, mais elle passe aussi à travers une sorte de *boîte à étoupes* garnie de ouate visqueuse. La largeur de l'ouverture fermée par la gomme assure, d'ailleurs, une amplitude assez considérable au jeu latéral de l'extrémité inférieure de la pipette. Dans deux autres petites ouvertures situées dans

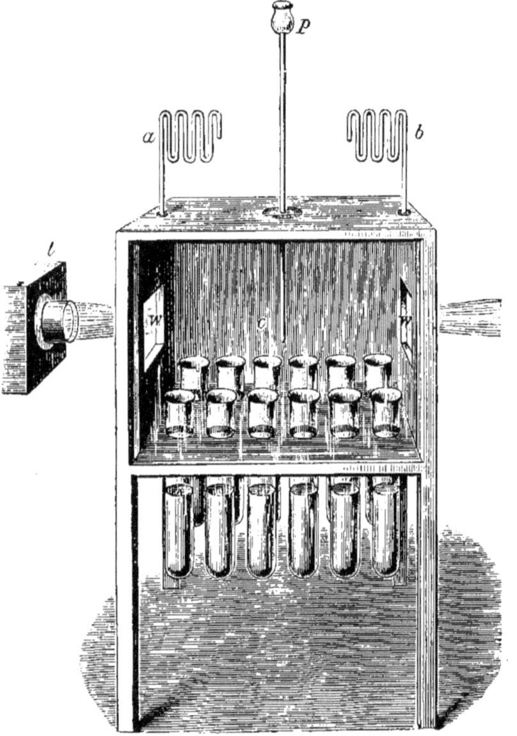

Fig. 2.

le plafond de la chambre sont enfoncées les extrémités de deux petits tubes destinés à faire communiquer l'espace intérieur avec l'atmosphère. Ces tubes sont plusieurs fois repliés et leur bout libre dirigé vers le bas de manière à retenir les particules entraînées par les faibles courants causés par les variations de température entre l'air extérieur et celui de la boîte.

Le fond de la chambre est percé de deux séries de trous, six sur chaque rang, dans lesquels sont fixés douze tubes à essais destinés à contenir le liquide qui doit être exposé à l'action de l'air optiquement pur.

L'appareil est représenté figure 2, où *ww* sont les fenêtres latérales, par lesquelles on voit le rayon révélateur passer de la lampe *l* à travers la boîte *c*; *p* est la pipette; *a* et *b* les tubes pliés mettant en communication l'air intérieur avec l'atmosphère. Les tubes à essais traversent le fond de la boîte et se voient au-dessous.

Le 10 septembre 1875, cette boîte fut fermée. Le rayon concentré, perçant les deux fenêtres, montra l'air intérieur chargé de matières en suspension. Le 13, la chambre fut examinée de nouveau. Avant d'y pénétrer et après sa sortie, le rayon laissait une trace brillante dans l'air, tandis qu'il s'évanouissait à l'intérieur. Trois jours de repos avaient donc suffi pour déterminer la séparation de toutes les matières en suspension sur les surfaces intérieures où elles étaient retenues par un revêtement de glycérine, dont on les avait intentionnellement enduites.

§ 5.

MODE D'ACTION SUR L'URINE.

La pipette étant plongée dans les tubes, de l'urine fraîche fut projetée successivement dans huit d'entre eux le 15 septembre. Chaque tube fut à demi rempli de ce liquide; puis, ils furent tous plongés dans une solution saline en ébullition et soumis eux-mêmes à l'ébullition pendant cinq minutes. De la vapeur d'eau s'éleva dans la chambre, où elle se condensa en grande partie, la portion non condensée s'échappant, à une basse température, à travers les tubes pliés *a* et *b*. Avant que la solution saline fût retirée, de petits bouchons furent enfoncés dans ces tubes pour prévenir le retour, dans la chambre refroidie, de l'air susceptible de ramener avec lui des particules. Cependant aussitôt que la température intérieure fut descendue au niveau de l'extérieure, les tampons de ouate furent enlevés.

Les faces de cette chambre étaient des carrés d'un pouce de côté. Elle contenait donc mille six cent soixante-six pieds cubes d'air, qui étaient en contact avec le liquide des tubes. On ne supprima point la communication avec l'air extérieur et l'air ne fut point modifié, soit par la calcination, soit même par la filtration. Ni ouate, ni fermetures hermétiques ne furent utilisées. Son propre affaissement fut le seul moyen employé pour le débarrasser de ses matières en suspension.

En même temps, une seconde série de huit tubes fut aussi remplie d'urine et soumise à l'ébullition. La seule différence entre les deux groupes était que ces derniers tubes furent placés sur un support à côté de la chambre contenant les premiers et exposés à l'air ordinaire du laboratoire.

Pour les distinguer aisément, j'appellerai les tubes enfermés dans la chambre *tubes protégés* et ceux ouverts dans l'air ordinaire *tubes exposés*.

Le 17 septembre, tous les tubes protégés étaient brillants et clairs, tandis que tous les tubes exposés étaient manifestement troubles. En outre, des traces de moisissures furent constatées à la surface du liquide exposé.

Ces taches devinrent chaque jour plus grandes et, finalement, formèrent une couche épaisse au sommet de chaque colonne liquide. En même temps la couleur de l'urine passait du xérès pâle au brun-rouge. Ces expériences m'impressionnèrent au plus haut degré.

Le 27 septembre, je me pourvus d'un microscope d'un pouvoir grossissant de douze cents diamètres et avec l'aide de cet instrument, le trouble du liquide se résolut en amas de bactéries douées d'un mouvement extrêmement actif. Cohn explique très correctement l'opacité. L'indice de réfraction des bactéries étant légèrement différent de celui du milieu ambiant, une déviation de la lumière en est la conséquence. Cette dispersion et l'opalescence qu'elle produit sont, cependant, pratiquement indépendantes du mouvement des bactéries.

Depuis la date sus-indiquée, le liquide exposé fut fréquemment examiné, tant à l'œil nu qu'au microscope. Pour le premier, il est fortement trouble; pour le second, fourmillant de vie. Son odeur est putride. *Pendant tout ce temps, les tubes protégés présentèrent un liquide parfaitement conservé en apparence.* Durant quatre mois, ce dernier est resté aussi transparent et aussi riche en couleur que le plus brillant xérès amontillado.

Le 1ᵉʳ octobre, une autre expérience identique en principe à celle que nous venons de décrire, fut mise en route. On se servit d'urine fraîche et l'on prit une chambre beaucoup plus petite que celle dont nous avons parlé plus haut. La capacité de la nouvelle boîte était de quatre cent cinquante et un pieds cubes; et, au lieu de douze tubes, trois seulement furent placés dans son fond d'une manière étanche.

De même que pour ceux de la chambre plus grande, on remplit également ces tubes avec une pipette et on les soumit à l'ébullition pendant cinq minutes dans une solution saline. A côté d'eux, furent placés trois autres tubes contenant exactement le même liquide, traité exactement de la même manière, mais exposé à l'air ordinaire. Le 5, tous les tubes exposés étaient troubles, et furent, par l'examen au microscope, trouvés fourmillant de bactéries. Leur couleur avait passé du xérès au brun orange. Le 25, ils furent examinés de nouveau et l'on constata que les bactéries étaient encore présentes. Deux mois après cette dernière date, l'infusion, diminuée par l'évaporation, maintenait, avec une persistance remarquable, la vie bactéridique.

Pendant que ce processus de putréfaction se passait à l'extérieur, les tubes ouverts dans l'air optiquement pur de la chambre restèrent parfaitement clairs et libres de vie.

La grande chambre représentée dans la figure 2 et décrite plus haut fut la première utilisée; le liquide y est indiqué par le dessinateur comme remplissant seulement une petite portion des tubes à essais. Cette faiblesse du volume est, en partie, due à l'évaporation. Des tubes à essais de un à deux pouces de diamètre furent, dans les expériences subséquentes, presque remplis avec l'infusion. Comme dans le premier cas, ces tubes furent quelquefois gardés jusqu'à ce qu'une lente évaporation à travers les tubes pliés les eût réduits au tiers ou au quart de leur volume primitif. Chaque opération était donc, en réalité, une série d'expériences, s'étendant pendant des mois entiers, sur des infusions de différentes forces, celles de la fin atteignant le plus haut degré de concentration.

4.

INFUSION DE MOUTON.

Une nouvelle chambre fut construite, destinée à contenir 6 tubes à essais. Celle-ci, semblable en tous points aux deux autres, avait une face vitrée, des fenêtres latérales et une porte d'arrière. Sa capacité était de 857 pouces cubes. Elle fut fermée le 21 septembre et trouvée libre de matières en suspension le 24. Du maigre de mouton fut mis à digérer pendant 4 heures dans de l'eau à la température de 120° F [1]. L'infusion fut alors soigneusement filtrée et introduite dans les six tubes à essais par une pipette faisant partie intégrante de la chambre.

Le jus de mouton était d'une belle couleur rouge : mais, par l'ébullition, son albumine se coagula et entraîna, en se précipitant, la matière colorante avec elle. Le liquide surnageant était parfaitement clair. L'écume était considérable au commencement de l'ébullition. À côté de cette nouvelle chambre fut placé un support contenant six tubes à essais remplis de la même infusion mais exposés à l'air ordinaire.

Le 27, toutes les fioles extérieures étaient sensiblement troubles ; le 28, elles furent trouvées remplies de bactéries, qui, le 30, formaient des amas étonnants. Le 15 octobre, les tubes furent examinés de nouveau et l'on constata que la vie n'y avait point diminué. Ils restèrent ainsi jusqu'au 30 novembre.

Durant tout ce temps, l'infusion en contact avec l'air

---

1. Température recommandée par les partisans de la génération spontanée.

privé de particules resta aussi claire que de l'eau dis-
tillée et entièrement libre de vie.

Le 14 novembre, j'infectai un des tubes clairs, en introduisant à travers la pipette quelques gouttes de l'infusion exposée le 12 novembre et que deux jours avaient suffi à rendre turbide. Le 15, l'infusion inoculée montra des signes de trouble et le 16 la putréfaction s'y était activement développée, le liquide étant fortement boueux et plein de vie.

Des expériences furent faites subséquemment sur une seconde infusion de mouton avec une chambre à air optiquement pur. Dans ce cas, l'infusion fut bouillie avant son introduction et l'albumine précipitée par filtration. Le liquide clair fut chargé le 1er octobre, bouilli pendant cinq minutes dans une solution saline et abandonné à l'air de la chambre. Une seconde série de tubes exposés contenant la même infusion semblablement traitée fut placée à côté des tubes protégés. Le 4, tous les tubes extérieurs étaient boueux et fourmillaient de bactéries. Schrœder et Cohn ont montré que des couleurs différentes sont produites par les différentes espèces de ces petits êtres. Dans les trois tubes exposés, dont il est question ici, le pigment était jaune vert.

Plus de trois mois après sa préparation, l'infusion des tubes protégés, considérablement diminuée par l'é-vaporation, était aussi claire que le premier jour.

§ 5.

INFUSION DE BŒUF.

Un beefsteak ayant été privé de sa graisse fut coupé en morceaux et mis à digérer pendant trois heures à la

température de 120° F. Le liquide fut alors séparé,
bouilli et filtré. Il était clair et aussi incolore que de
l'eau pure. Le 4 octobre on l'introduisit dans trois tubes
protégés par une chambre de 451 pieds cubes de capacité. On le soumit à l'ébullition pendant cinq minutes
dans une solution saline. Trois tubes exposés contenant
la même infusion furent placés à côté des tubes protégés. Le 5, les tubes exposés montrèrent des signes
d'opalescence. Le 6, ils étaient troubles et remplis de
bactéries d'une couleur verte. Ils conservèrent pendant des mois leur aspect boueux, leur couleur et leur
vie fourmillante.

*Tandis que l'infusion de bœuf exposée se putréfiait
de cette manière, toutes les infusions protégées restèrent
parfaitement fraîches et claires.*

§ 6.

INFUSION D'ÉGREFIN.

L'égrefin fut coupé et mis à digérer le 24 septembre ;
il fut ensuite introduit dans six tubes protégés. Comme
celle du mouton, son albumine se coagula à l'ébullition
et tomba au fond, laissant au-dessus un liquide parfaitement limpide. Six tubes exposés remplis de la même
infusion furent placés à côté des six tubes protégés.

Le 27, les tubes exposés étaient tous troubles et fourmillaient de bactéries. Le 29, un de ces tubes montra
une belle couleur verte ; trois autres tubes montrèrent
également cette même couleur mais plus tard. La vivacité des organismes était extraordinaire et leurs formes
variées. Ils glissaient rapidement, allant et venant à
travers le liquide, se choquant, reculant et pirouettant,

rendant ainsi très difficile à admettre la nature végétale que leur assignent les meilleurs micrographes.

Pendant près de trois semaines, les tubes protégés restèrent parfaitement clairs. Pour gagner de la place, la chambre fut déplacée subséquemment et, bientôt après, un des six tubes devint trouble et se peupla d'organismes dont les germes devaient s'être détachés des parois de la boîte et avoir été projetés dans le tube.

En effet, pendant plus d'un mois, cette seule fiole infectée resta en compagnie des cinq autres saines. L'air, contenant les produits gazeux de la putréfaction avait libre accès dans toutes, mais il n'y eut pas d'extension de l'infection. Aussi longtemps que les organismes eux-mêmes furent tenus écartés des fioles, le gaz développé par la putréfaction n'eut pas de pouvoir infectant.

Le 14 novembre, j'introduisis dans deux des tubes parfaitement clairs une infusion d'égrefin, qui, après l'ébullition, avait été exposée deux jours à l'air. Le 15, les deux tubes avaient manifestement succombé à l'infection. Le 16, la maladie, si je puis m'exprimer ainsi, en avait complètement pris possession. L'un d'eux n'avait reçu qu'une goutte ou deux de l'infusion putride, tandis qu'une quantité dix fois plus forte avait été projetée dans l'autre. Néanmoins, le 16, tous deux parurent également troubles. L'infection agit exactement comme le virus de la variole, dont une petite quantité produit à la longue le même effet qu'une grande.

§ 7.

INFUSION DE NAVET.

La décoction de navet avait pour moi un intérêt spécial par suite du rôle important qu'elle joue dans les expériences des hétérogénistes[1]. Je la choisis donc de préférence et me proposai de vérifier si les observations faites avec cette infusion étaient exactes. ,

Les conditions posées relativement à la force de la solution, la température à maintenir pendant la digestion et le temps pendant lequel celle-ci devait durer furent scrupuleusement observés. Le navet fut coupé en tranches minces et mis à digérer pendant quatre heures dans un gobelet d'eau plongé dans un bain du même liquide à la température exacte de 120° F. La décoction fut alors soigneusement filtrée, introduite au moyen d'une pipette dans sa chambre et bouillie pendant cinq minutes. Six tubes protégés furent remplis de cette infusion le 24 septembre, tandis que six autres tubes étaient placés sur un support et exposés à l'air ordinaire du laboratoire.

Le 27, les tubes exposés étaient distinctement troubles et, à l'examen microscopique, furent trouvés peuplés de bactéries. Les tubes protégés, au contraire, étaient parfaitement clairs. Un peu d'eau distillée avait été ajoutée à l'un des deux tubes extérieurs. La matière germinative, quelle qu'elle soit d'ailleurs, devait être très abondante dans l'eau, car le tube auquel ce liquide fut ajouté dépassa de beaucoup les deux autres dans la rapidité du développement de la vie. Le 30, ce tube contenait des essaims de bactéries de petite taille, mais d'une étonnante activité. Les autres tubes étaient également chargés d'organismes; toutefois ces derniers étaient plus grands et plus lents et aussi de beaucoup moins nombreux que ceux du tube où on avait ajouté de l'eau. Le 5 octobre quelques-uns des tubes exposés commencèrent à s'éclaircir, les bac-

<hr>

1. Bastian, *Beginnings of Life*. vol. i, p. 557.

téries tombèrent au fond, sous forme d'un épais sédiment, comme si elles mouraient d'inanition.

Pendant ces changements, les tubes protégés restèrent inaltérés, le liquide de chacun d'eux étant aussi clair que le jour de son introduction.

Dans ce cas, j'étais spécialement désireux de vérifier les résultats par une contre-épreuve. Deux autres chambres furent donc préparées pour contenir trois tubes chacune et, au lieu d'une porte, un panneau mobile fut placé sur le derrière. Après deux ou trois jours de repos, les deux chambres furent trouvées libres de matières en suspension et, le 1er octobre, l'infusion de navet fut introduite et bouillie pendant cinq minutes dans une solution saline.

Dans la première expérience, la température de digestion avait été maintenue en gardant le gobelet contenant l'infusion dans un bain d'eau chaude. Dans ce cas, le navet fut découpé dans un plat et placé devant un foyer. Un pouvoir occulte, mais réel, semblable à celui décrit pour les rayons actiniques[1], peut, je pense, être attribué à la chaleur rayonnante. C'est pourquoi je répétai à la lettre le mode de digestion suivi par les hétérogénistes modernes.

Contre ces chambres, fut placée une série de trois tubes exposés contenant exactement le même liquide. Le 4 octobre, les tubes exposés étaient tous troubles et fourmillaient de bactéries. Dans deux des tubes, elles étaient nettement plus nombreuses et plus vivantes que dans le troisième. De telles différences entre des tubes sensiblement contigus et contenant la même infusion sont fréquentes. En outre, le 9, les deux tubes les plus

—————

1. Nature, vol. iii, p. 247.

activement chargés furent en partie couronnés par de
magnifiques touffes de *Penicillium glaucum*[1]. Celles-ci
se développèrent graduellement jusqu'à ce qu'elles couvrissent la surface entière d'une épaisse couche visqueuse
qui doit avoir sérieusement intercepté l'oxygène nécessaire à la vie des bactéries, car elles perdirent alors leur
pouvoir translatoire et tombèrent au fond en laissan
clair le liquide entre elles et la surface.

Une autre différence, indiquant des divergences dans
la vie invisible de l'air, fut mise en évidence par ces
tubes. Le liquide trouble des deux tubes couronnés de
moisissures était incolore, montrant à peine une teinte
grise. L'autre, celui du milieu, contenait un pigment
jaune vert brillant et je ne vis à sa surface aucune trace
de moisissure. Il ne s'éclaircit jamais, mais son trouble
persista et sa vie bactéridique se maintint pendant des
mois entiers après qu'elle avait cessé dans les autres
tubes. Il ne peut pourtant pas y avoir de doute que des
spores de moisissures soient également tombés dans ce
tube, mais, dans la lutte pour l'existence, les bactéries
colorées avaient eu le dessus. Six autres tubes semblablement exposés donnèrent naissance à de la boue grise;
et tous devinrent prodigieusement recouverts de moisissures sous lesquelles les bactéries, mourant ou passant
à l'état de repos, tombèrent au fond et laissèrent sur-
nager le liquide clair.

*Jusqu'au 31 octobre, la pureté des six tubes protégés
resta inaltérée.*

Ici, une expérience complémentaire fut faite. Il restait
à montrer que ces infusions claires soumises à un repos
prolongé n'avaient pas subi de changements susceptibles

---

1. Moisissure ordinaire

d'arrêter leur aptitude à développer et à entretenir al
vie. En conséquence, le 15 octobre, le petit panneau de
derrière d'une des chambres fut enlevé et, avec trois
pipettes nouvelles, un échantillon fut pris dans chacun
des trois tubes. L'étude la plus consciencieuse ne révéla
pas la moindre chose vivante. Laissant alors l'air du
laboratoire pénétrer dans la chambre, on constata que
le lendemain, le rayon lumineux décelait la présence de
matières en suspension.

L'accès de ces matières était d'ailleurs la seule condition de la production de la vie; car le 17, tous les tubes
étaient boueux et fourmillant de bactéries.

Une expérience semblable faite ultérieurement montra
quelques-uns des pièges tendus à l'observateur. La
chambre, déjà indiquée comme contenant six tubes
remplis d'une infusion de navet, conserva cette infusion
claire pendant un mois. Le 21 octobre, la porte d'arrière
de la chambre fut ouverte et des échantillons retirés pour
l'examen au microscope. Le premier tube observé ne
montra pas signe de vie, ainsi que je m'y attendais. Avec
une autre pipette, je pris un échantillon du second tube.
Ici, à mon étonnement, le développement de la vie était
monstrueux. Il avait de nombreux organismes globu-
laires, qui exécutaient des mouvements rotatoires d'une
agilité extraordinaire. Il y avait aussi une foule innombrable de bactéries allant et venant en tous sens. Un
observateur sérieux, qui ne tire ses déductions que lentement, ne peut immédiatement les abandonner; et, en
ce cas, quelque temps était nécessaire pour me convaincre
qu'une erreur n'avait pas été commise. Cependant, je
ne trouvai rien et étais préparé à accepter la conclusion
que, dans l'infusion bouillie, la vie avait apparu, en
dépit de sa clarté. Mais pourquoi dans l'infusion de

navet protégée, qui avait été examinée le 15 octobre, aucune trace de vie n'avait-elle pu être décelée? En ce cas, la transparence parfaite était accompagnée d'une absence complète de bactéries. La même action sur la lumière qui permet à ces petits êtres de se montrer sous le microscope, doit pourtant être celle qui produit le trouble. Pourquoi, en outre, la vie serait-elle absente du premier des trois tubes? J'observai celui-ci de nouveau et y trouvai de faibles, mais certains, signes de vie. Ceci augmenta ma perplexité. Un troisième tube en montrait aussi des traces. Je revins au second où elle avait été si abondante et remarquai que dans son intérieur, les organismes étaient devenus aussi rares que dans les autres. Je m'adressai alors aux trois tubes de la première série, les vérifiant à plusieurs reprises et rencontrant quelquefois çà et là une bactérie, quelquefois ne rencontrant rien. Il me fut impossible de retrouver la première et luxuriante exhibition de vie. Doutant de mon habileté comme micrographe, je pris des spécimens des trois tubes et les envoyai au professeur Huxley, avec prière de vouloir être assez bon de les examiner.

Le 22, l'observation fut étendue à la totalité des tubes. Des bactéries vivantes furent constatées d'abord dans l'un d'eux; mais, plus tard, pas un des six tubes ne présenta des traces de vie malgré l'étude la plus minutieuse. Le soir du 22, je reçus une note du professeur Huxley me disant qu'un examen soigneux des échantillons à lui envoyés ne lui avait révélé aucune chose vivante.

Les pipettes employées pour enlever l'infusion des tubes à essais étaient des fragments de tubes en verre, d'un faible diamètre, lesquels avaient été effilés à une extrémité et étaient munis à l'autre d'un petit tube de caoutchouc qui ne les quittait jamais. Ce dernier avait été trouvé très commode pour permettre de plier les pipettes de façon à pouvoir les introduire jusqu'au fond des tubes à essais. Mes soupçons tombèrent immédiatement sur ce caoutchouc. Je le lavai et soumis l'eau de lavage à l'examen microscopique, mais ceci ne mena à rien. De l'eau distillée avait aussi été employée pour nettoyer les pipettes et, le matin du 25, j'arrivai au laboratoire avec la ferme intention de l'examiner. Toutefois, avant de plonger la pipette dans l'eau, j'en inspectai la pointe. Une toute petite goutte y avait été retenue de la veille par capillarité. Celle-ci fut soufflée sur un porte-objet, couverte et placée sous le microscope. Une étonnante exhibition de vie fut ma récompense. Ainsi mis sur la voie, je regardai toutes mes pipettes et en trouvai encore deux munies de leurs gouttes résiduelles à l'extrémité : toutes deux fournirent un champ plein de vie. Les bactéries s'y mouvaient, allant et venant en tous sens, se tortillant et exécutant des rotations extrèmement rapides. Des monades galopaient également dans le champ du microscope. L'exhibition de vie, que j'obtins de ces petites gouttes de liquide, ne pouvait être distinguée de celle qui m'avait si fort étonné le 21. Manifestement, le phénomène alors observé était dû à l'emploi d'une pipette malpropre. Il était également évident que, dans des recherches de cette nature, l'observateur est exposé aux plus graves erreurs par le moindre manque de soin.

La chambre dont on s'est servi ici avait été ouverte dans le but d'éprouver l'aptitude des infusions situées à son intérieur à développer et à entretenir la vie. *Pendant quatre semaines, elles s'étaient conservées parfaitement claires*. Mais, deux jours après l'ouverture de la porte et l'entrée de l'air du laboratoire, tous les six tubes étaient troubles et fourmillaient de bactéries. Quelques-unes d'entre elles étaient très longues et leurs mouvements extrèmement remarquables.

La même chambre fut de nouveau soigneusement nettoyée, fermée et mise au repos jusqu'à ce que les matières en suspension eussent disparu. Le 17 novembre, on introduisit une infusion fraîche de navet par la pipette et on la soumit à l'ébullition dans un bain d'huile, aprèsquoi elle fut abandonnée à l'air de la chambre.

Après plusieurs mois, l'infusion était restée aussi claire, dans tous les six tubes, que le jour de son introduction.

Six autres tubes, exposés, remplis de la même manière, devinrent troubles en peu de jours et se couvrirent ultérieurement d'une couche épaisse de *Penicillium*.

§ 8.

INFUSION DE FOIN.

On a accordé à cette infusion une puissance de génération spontanée semblable à celle attribuée à la décoction de navet. Le foin étant haché en menus morceaux fut mis à digérer pendant quatre heures dans l'eau maintenue à une température de 120° F. Le 24 septembre, l'infusion fut introduite dans sa chambre et bouillie pendant cinq minutes. Six tubes protégés furent remplis du liquide pendant que six autres tubes chargés de la même infusion furent placés sur un support en dehors de la chambre.

Le 27, les fioles intérieures étaient claires ; les extérieures, légèrement troubles. Le 28, des taches de moisissures apparurent sur toutes les surfaces exposées.

L'infusion, dans un des tubes extérieurs, avait été diluée dans de l'eau distillée et, dans celui-là, le développement de la vie fut beaucoup plus rapide que dans les cinq autres ; cependant, le 28, tous contenaient des bactéries.

Le 29, j'observai un organisme plus grand se mouvant rapidement à travers le champ du microscope. La goutte le contenant avait été prise dans l'infusion diluée. Le 30, plusieurs de ces monades furent vues gambadant parmi les bactéries plus petites, paraissant brillantes ou sombres suivant qu'elles s'élevaient ou qu'elles s'enfonçaient dans le liquide dont une goutte était pour elles un océan. Des essaims de bactéries furent observés le 2 octobre. Leurs mouvements de translation étaient si rapides, si variés, si apparemment guidés par un but, qu'il était difficile de croire qu'elles pussent être autre chose que des animaux. Le 15, il y eut merveilleuse apparition d'infusoires plus grands, qui parurent avoir chassé les bactéries de leur habitat, car très peu de celles-ci étaient visibles. L'impossibilité où je fus de retrouver ces organismes plus grands en pareil nombre me conduisit à conclure que j'étais tombé accidentellement sur une de leurs colonies. L'expérience des pipettes malpropres, déjà décrite, indiquait cependant une autre source.

Pendant que trois jours suffirent à corrompre la pureté et à remplir les 6 tubes exposés de bactéries, *les 6 protégés restèrent plus de trois mois aussi clairs et aussi sains qu'ils l'étaient le jour où l'infusion fut versée.* Pas une trace de moisissure sur la surface d'aucun d'eux, pas une trace de trouble dans la masse liquide.

Dans une autre chambre contenant trois tubes à

essais, une très forte infusion de foin fut introduite le
1er octobre. On la fit bouillir pendant cinq minutes et
on l'abandonna à l'air de la chambre. Trois tubes semblables furent placés sur un support et exposés à l'air
du laboratoire. La couleur de l'infusion était très foncée,
mais tout à fait transparente. La solution de l'un des
tubes extérieurs fut diluée avec de l'eau distillée. Le 1er,
l'infusion de ce tube était trouble, les autres exposés
restant clairs. La matière germinative invisible avait
donc envahi d'une façon quelconque l'eau distillée et
l'avait rendue infectieuse. L'infusion diluée contenait
des multitudes de bactéries, beaucoup immobiles, mais
beaucoup aussi se mouvant rapidement. Le 4 octobre,
tous les tubes fourmillaient de bactéries. Ils continuèrent à être boueux jusqu'à la mi-novembre, époque
à laquelle je les utilisai pour des expériences sur l'infection.

*Pendant tout ce temps, les tubes protégés restèrent
inaltérés.*

A l'égard de l'infection, il peut être constaté ici que la
la plus petite tache d'une infusion végétale, contenant
des bactéries, infecte toutes les infusions animales et
vice versâ. L'éclat d'une bulle attaque l'infusion atteinte
par ses projections. Il va sans dire que c'est l'enveloppe
et non pas le gaz de la bulle qui produit ce résultat,

D'autres expériences, faites en 1875, sur des infusions de foin, acides, neutres et alcalines, placées en
contact avec l'air purifié de diverses manières, amenèrent
le même résultat négatif.

§ 9.

INFUSION DE SOLE.

Le poisson fut découpé et mis à digérer pendant trois heures dans de l'eau maintenue à 120° F. Le 17 novembre, la solution fut introduite dans une chambre contenant trois tubes à essais et bouillie pendant cinq minutes. Trois autres tubes suspendus en dehors de la cage furent exposés à l'air ordinaire du laboratoire.

Les trois tubes exposés furent faiblement mais distinctement nébuleux le 19. Le 22, ils étaient tous fortement troubles. Çà et là apparurent alors sur deux d'entre eux des taches de *Penicillium*, tandis que le troisième tube, celui du milieu, se conservait intact. Ce tube central contenait la forme pigmentée de bactéries qui a fréquemment montré un singulier pouvoir de résistance aux moisissures. Pendant près de deux mois, il écarta avec succès leur développement, tandis que ses deux voisins étaient couverts d'une épaisse couche de *Penicillium*.

Durant tout ce temps, l'infusion protégée continua à rester aussi claire et aussi incolore que de l'eau distillée.

§ 10.

INFUSION DE FOIE.

Le 10 novembre, l'infusion fut préparée par le procédé de digestion déjà si souvent décrit, le liquide introduit dans une chambre contenant trois tubes protégés et bouilli pendant cinq minutes dans une solution saline. En même temps, trois tubes contenant la même infu-

sion étaient suspendus contre la chambre mais exposés
à l'air ordinaire. Le 15, les bactéries se montrèrent
nombreuses dans les tubes exposés et, bientôt après, tous
trois devinrent fortement boueux et putrides, condition
qu'ils conservèrent pendant plusieurs mois.

*Les tubes protégés, au contraire, gardèrent, durant
tout ce temps, l'aspect d'un liquide jaune brillant aussi
transparent et aussi frais qu'il l'était le jour de son introduction dans la chambre.*

§ 11.

INFUSIONS DE LIÈVRE, DE LAPIN, DE FAISAN ET DE COQ DE BRUYÈRE.

En égard au nombre considérable de cases employées
et dans un but d'économie, la forme des chambres fut
modifiée ultérieurement. La partie bombée d'une grande
cloche en verre fut enlevée de façon à la convertir en un
cylindre ouvert à ses deux extrémités. Celui-ci fut placé
droit sur un support en bois et cimenté soigneusement
dessus. A travers le support passaient trois grands tubes
à essais fixés d'une manière étanche. Au sommet du cylindre était soudé un large plateau de bois traversé par
une pipette enfoncée d'abord dans un bouchon de caoutchouc, puis dans un stuffing-box de ouate humectée de
glycérine[1]. L'air intérieur de la cloche était mis en connexion avec l'atmosphère au moyen des tubes pliés
ouverts déjà décrits. Dans les premières expériences

---

1. Dans les premières expériences, la gomme formait le fond du stuffing-box. Mais comme des particules s'en détachaient quelquefois par le
mouvement de la pipette, les positions du caoutchouc et de la ouate
furent renversées pour éviter cet inconvénient.

faites avec ces chambres, divers défauts de construction se révélèrent durant l'ébullition des infusions. Cependant, peu à peu, j'appris à les rendre aussi *sûres* que les cases en bois. Ayant laissé s'effectuer la séparation des matières en suspension, j'introduisis, le 30 novembre, dans quatre de ces appareils, des infusions de lièvre, de lapin, de faisan et de coq de bruyère. Ces infusions furent bouillies comme d'ordinaire et abandonnées à l'air de la chambre. Au dehors étaient suspendus trois tubes à essais de même volume et contenant la même infusion que ceux du dedans.

Les cloches furent examinées le jour de Noël et les résultats obtenus furent les suivants :

Faisan. — Les trois tubes intérieurs parfaitement limpides; les trois exposés troubles et couverts de *Penicillium*.

Coq de bruyère. — Dans les mêmes conditions que le faisan.

Lièvre. — Comme le coq de bruyère et le faisan.

Lapin. — Les trois tubes intérieurs couverts de touffes particulièrement belles de *Penicillium*, quelques-unes d'entre elles s'enfonçant profondément dans le liquide. En outre, dans deux des trois tubes, le mycelium florissait au-dessous. Tous les tubes extérieurs étaient troubles comme précédemment et couverts de moisissures. Sommes-nous enfin en présence d'un cas de génération spontanée? Sans preuve ultérieure, aucun observateur consciencieux ne tirera une telle conclusion. Opposés à ce cas isolé, se dressent tous les autres mentionnés dans ces pages, et leur effet direct sur l'esprit est de réclamer l'examen le plus scrupuleux avant d'admettre cette exception comme réelle. C'est ainsi que je fus amené à reconnaître que, des quatre cloches, celle contenant l'infusion de lapin, et celle-là seulement, avait cédé à la chaleur de l'ébullition. Comme nous l'avons dit, cette cloche avait été fixée sur son support avec du plâtre et du ciment qui devinrent si friables pendant l'ébullition que la vapeur put s'échapper par leurs fissures. Dès lors, tout s'explique, car les crevasses, qui pouvaient permettre la sortie de la vapeur, devaient également être suffisantes pour occasionner des rentrées d'air, à la présence duquel étaient dues, sans aucun doute, les touffes de *Penicillium*.

Je ne me contentai pourtant point de cette simple induction et j'essayai de nouveau l'infusion de lapin en plaçant trois tubes frais dans l'une des cases en bois d'abord décrites. Cette infusion fut introduite et bouillie le 5 janvier 1876, pendant que trois autres tubes remplis du même liquide étaient exposés le même jour à l'air du laboratoire. Les trois tubes protégés restèrent clairs durant trois mois, les trois tubes exposés se chargèrent de bactéries.

Saumon. — La matière colorante de la chair de ce poisson n'affecte en aucune façon son infusion ; en vérité, je n'ai jamais vu un exemple meilleur de l'absence primordiale de toute couleur ou opalescence, ainsi que de la persistance de ces conditions par le contact avec l'air privé de particules. L'infusion de saumon fut introduite, le 15 décembre, dans une chambre cylindrique, où elle continua à montrer pendant des mois entiers la brillante transparence qu'elle possédait d'abord. De leur côté, trois tubes exposés devinrent troubles et se couvrirent de moisissures en peu de jours.

Houblon. — Un tube de cette infusion fut simplement protégé par un verre de lampe bouché et cimenté hermétiquement à ses deux extrémités. A travers le bouchon inférieur passait, étanche, le tube à essais ; pendant qu'à travers le supérieur étaient enfoncés la pipette et les tubes pliés destinés à mettre en communication l'air intérieur avec l'atmosphère. L'infusion fut préparée et introduite le 28 octobre. En peu de jours, le tube extérieur était trouble et couvert de moisissures ; le tube protégé, au contraire, resta clair pendant plusieurs mois.

Thé et café. — Un tube de chacune de ces substances fut protégé par un verre de lampe semblable à celui employé pour l'infusion de houblon. Tous deux furent préparés le 28 octobre, des tubes exposés étant suspendus en même temps à proximité. Le thé protégé resta clair, tandis que le thé exposé, devint trouble et se couvrit de moisissures. D'autre part, tous deux, le café exposé et le café protégé, se troublèrent et furent couronnés de *Penicillium*.

Les remarques déjà faites à l'égard de l'infusion de lapin trouvent ici leur application. Ce cas n'est pas fait pour servir à l'adoption hâtive de la génération spontanée, mais appelle, au contraire, de nouvelles observations. J'examinai l'état de l'appareil. La pipette utilisée pour introduire le café (et celle-ci seule parmi les trois employées dans ces expériences) reposait contre le bord intérieur du tube contenant l'infusion. Celle-ci, en partie évaporée, s'était condensée de nouveau et avait coulé le long de la pipette de manière à former une petite goutte au point de contact avec ce tube. Cette goutte avait, en quelque sorte, lavé la surface externe de la pipette, entraînant avec elle les matières qui pouvaient y être attachées. Un peu de cette eau de condensation arrivant dans l'infusion était clairement l'origine de la vie observée. Cependant, le témoignage le plus sûr était la répéti-

tion de l'expérience dans des conditions qui excluraient
cette source d'erreur. En conséquence, le 27 décembre,
deux tubes, protégés par des verres de lampes, furent
préparés, deux autres tubes de l'infusion étant exposés à
l'air. Les premiers restèrent clairs pendant plusieurs
mois ; les derniers devinrent troubles et se couvrirent de
Penicillium en quelques jours.

§ 12.

INFUSIONS DE MORUE, DE TURBOT, DE HARENG ET DE MULET.

Dans le but d'établir un parallèle entre les expériences
faites dans l'air dépourvu de particules et dans l'air ordinaire, avec celles faites dans des tubes hermétiquement
fermés, qui seront décrites plus loin, j'ajouterai aux
autres substances déjà citées les poissons inscrits en tête
de ce paragraphe.

Le mulet fut introduit dans sa chambre le 5 janvier.
Cependant, par la chaleur du laboratoire, cette case s'é-
tait crevassée et l'eau de condensation avait lentement
coulé le long des fuites jusque dans le fond. Les autres
cases furent réparées aussi parfaitement que possible et
les infusions introduites à leur intérieur le 4 janvier,
chacune d'elles étant munie comme précédemment de
trois tubes exposés pour la comparaison avec les trois
tubes protégés. Le matin du 6, l'infusion de turbot
exposée était claire dans tous les tubes ; quelques heures
après, deux des trois tubes devinrent nébuleux.
Le 7, les bactéries les avaient totalement envahis. Tous
les tubes de morue non-abrités furent nébuleux le 6,
troubles le 7 et couverts d'une couche savonneuse le 8.
Les trois tubes de hareng exposés devinrent également

nébuleux le 6, la nébulosité se transformant ensuite en un trouble épais. Le mulet donna naissance aux mêmes phénomènes. *Pendant plus de trois mois, des tubes protégés, même dans la chambre imparfaite qui contenait l'infusion de mulet, restèrent aussi clairs qu'ils l'étaient le jour de leur introduction.*

A ces infusions de poissons, doivent être ajoutées deux autres d'anguilles et d'huîtres. Deux tubes de chacune d'elles, protégés par des verres de lampe, furent remplis le 29 décembre. Ils se conservèrent inaltérés. Deux autres paires de tubes préparés de la même manière et exposés à l'air du laboratoire devinrent troubles et se couvrirent de *Penicillium*.

§ 15.

INFUSIONS DE POULET ET DE REINS.

Le 4 janvier, trois tubes d'infusion de poulet furent introduits dans une chambre et bouillis pendant cinq minutes. Trois tubes semblables furent en même temps exposés à l'air. Le 6, tous les tubes extérieurs étaient nébuleux, la nébulosité devenant plus dense les jours suivants, pendant que des disques de *Penicillium* commençaient à se former sur les surfaces exposées.

Quant aux reins, j'éprouvai de grandes difficultés à en obtenir une infusion claire. Le liquide après qu'il avait passé à travers une douzaine de filtres était encore tout à fait boueux. Après un labeur considérable et par l'emploi de deux cents filtres, j'arrivai enfin à séparer les matières maintenues mécaniquement en suspension. L'infusion claire ainsi obtenue fut introduite dans sa chambre, à laquelle trois tubes exposés furent attachés, le 4 janvier. Le 7, ces derniers étaient sensiblement nébuleux et, le 8, ils l'étaient très distinctement pendant que des taches de moisissures se déposaient sur tous. Les tubes protégés, au contraire, ont maintenu pendant des mois entiers leur transparence immaculée [1].

La totalité de mes expériences, sur la corrélation existant entre la dispersion de la lumière et la présence des bactéries et des moisissures, n'est pas relatée ici. Le merlan peut être ajouté au poisson et le porc à la viande examinés tandis que beaucoup d'autres substances ont été employées un plus grand nombre de fois que je n'ai jugé nécessaire de l'indiquer. Je variai également la méthode d'ébullition de diverses manières, qu'il serait trop long de rapporter. Cependant, l'une d'elles réclame, à mon avis, une référence en passant.

§ 14.

ÉBULLITION PAR UNE SOURCE INTERNE DE CHALEUR.

Deux grands tubes à essais furent fixés d'une manière étanche dans la même chambre. Le 8 novembre, après que les matières en suspension furent séparées, j'y introduisis des infusions de foin et de navet. Deux fils de cuivre étamés plongeaient profondément dans chaque infusion. Ils étaient réunis au-dessous avec une spirale de platine et mis, d'autre part, en connexion avec une batterie voltaïque extérieure. On fit passer le courant. Après quelque temps, l'ébullition commença et on la

---

1. Les reins ont été cités par le Dr Bastian comme une des substances avec lesquelles la réalité de la génération spontanée peut être démontrée. Cependant, il ne mentionne pas le trouble extraordinaire de la solution qui me causa tant d'ennuis.

maintint pendant cinq minutes pour chaque tube. Deux autres tubes contenant la même infusion furent bouillis de la même manière et suspendus ensuite à l'extérieur de la chambre renfermant les deux tubes protégés.

Dans une autre case, je plaçai deux tubes chargés d'infusions de bœuf et de mouton. La disposition de l'appareil et la marche de l'opération furent les mêmes que celles décrites pour le foin et le navet.

Examinés quelques mois après, les tubes exposés des quatre infusions furent trouvés troubles et couverts de *Penicillium*, tandis que les quatre tubes protégés restèrent inaltérés. Durant l'ébullition quelques flocons se détachèrent d'eux-mêmes de la surface étamée des fils de cuivre. Mais, dans les tubes protégés, ils tombèrent au fond laissant le liquide surnageant clair. Des fils de platine auraient sans doute été meilleurs.

§ 15.

DISCUSSION PARTIELLE DES RÉSULTATS.

Ainsi, par des expériences répétées un grand nombre de fois avec de l'urine, du mouton, du bœuf, du porc, du foin, du navet, du thé, du café, du houblon, de l'égrefin, de la sole, du saumon, de la morue, du turbot, du mulet, du hareng, des anguilles, des huîtres, du merlan, du foie, des reins, du lièvre, du lapin, du poulet, du faisan, du coq de bruyère, nous avons pu établir que le pouvoir de l'air atmosphérique de développer la vie bactéridique et son pouvoir de disperser la lumière vont de pair. Sans plus tarder examinons ce que cela signifie.

On a fréquemment insisté sur la nécessité d'employer de fortes infusions si on veut réaliser les phénomènes de la génération spontanée. Je rappellerai à cet égard ce que nous avons déjà fait remarquer dans les pages précédentes : que les infusions utilisées étaient très concentrées à l'origine et que, de plus, on leur permettait de s'évaporer avec une extrême lenteur jusqu'à ce que leur degré de concentration devînt trois ou quatre fois ce qu'il était en commençant. Chaque expérience fut ainsi convertie en un nombre indéfini d'expériences sur des infusions de différentes forces. Jamais, selon moi, les conditions relatives à la concentration ne furent plus complètement remplies et jamais la réponse de l'expérience à la nature ne fut mieux définie et plus satisfaisante. En outre, les températures auxquelles les solutions ont été soumises, embrassent toutes celles indiquées jusqu'ici comme effectives, s'étendant en réalité au delà dans les deux directions[1]. Elles varient de la limite inférieure de 50° à la limite supérieure de plus de 100° F. Des températures plus élevées furent même appliquées dans d'autres expériences qui seront décrites subséquemment. À l'égard du nombre des infusions, plus de cinquante chambres, dont l'air était dépourvu de particules, chacune avec son système de tubes, furent essayées. Il n'y a pas l'ombre d'un doute dans tous les résultats. Dans chaque cas, nous avons eu, à l'intérieur de la chambre, limpidité et bonne odeur parfaites, — au dehors, putréfaction et son odeur caractéristique. En aucune circonstance, il ne peut y avoir la moindre présomption qu'une infusion, privée de la vie qui lui est propre par la chaleur, puis placée en

---

1. Voyez Proc. of Roy. Soc., vol. xxi. p. 150, où la température de 70° est indiquée comme favorable à la génération spontanée.

contact avec de l'air purifié, ait un pouvoir quelconque d'engendrer la vie à nouveau.

Si on me demandait comment je me suis assuré que les tubes protégés ne contenaient pas de bactéries, je répondrais d'abord que, par l'observation microscopique la plus minutieuse, j'ai été incapable d'en trouver. Bien plus, je dirais que je suis en mesure de l'affirmer, car les rayons électrique ou solaire sont, en cette circonstance, des moyens de recherche beaucoup plus puissants que le microscope. Dans les pages précédentes, j'ai décrit plus d'une fois la clarté de mes infusions protégées, après des mois d'exposition, comme au moins égale à celle de l'eau distillée. Ceci n'est point une exagération, car je n'ai jamais vu d'eau distillée aussi limpide que mes infusions protégées. Lorsque, pendant des mois, un liquide transparent défie ainsi la scrutation du rayon lumineux, se maintenant libre de toute tache susceptible de disperser la lumière, comme le font les bactéries; quand, en outre, une infusion contiguë préparée précisément de la même manière, mais exposée à l'air ordinaire, devient d'abord opalescente, puis trouble et arrive finalement par interrompre le rayon lumineux par une dispersion irrégulière, je pense que nous sommes autorisés à conclure que les bactéries sont aussi certainement présentes dans l'une qu'elles sont absentes dans l'autre. (*Voy.* la note 1 à la fin de ce mémoire.)

Pour la juste interprétation des faits scientifiques, quelque chose de plus que la rigueur de l'observation est nécessaire, une vue très perçante étant parfaitement compatible avec un faible jugement. C'est pourquoi je pris soin de faire examiner toutes mes infusions par des biologistes rompus, non seulement à toutes les difficultés du microscope, mais également versés dans toutes les méthodes du raisonnement scientifique. Leur conclusion uniforme est que ce serait certainement affaiblir la force de démonstration de mes expériences que de faire appel au microscope pour les confirmer.

§ 16.

PARTICULES EN SUSPENSION DANS L'AIR ET DANS L'EAU ; LEUR RELATION AVEC LES BACTÉRIES.

Examinées à l'aide des rayons électrique ou solaire concentrés, les matières en suspension dans l'air se résolvent en :

1° Particules d'une grosseur suffisante pour que leurs mouvements individuels puissent être suivis à l'œil nu ;

2° Particules beaucoup plus ténues, qui ne peuvent être distinguées des atomes, et parmi lesquelles se meuvent les précédentes comme dans un milieu.

Au point de vue de la production des couleurs, l'action de ces petites particules a été étudiée par Brücke dans son mémoire « Sur les couleurs des milieux troubles [1] » Le travail du professeur Stokes « Sur le changement de réfrangibilité dé la lumière [2] » renferme quelques remarques sur leurs relations avec la polarisation. Enfin, je me permettrai d'attirer l'attention sur mes propres publications : « Sur quelques nouvelles réactions chimiques de la lumière » et « Sur la couleur bleue du ciel » publiés dans les *Proceedings of the Royal Society* pour 1868-69, ainsi qu'à un mémoire « Sur l'action des raies de haute réfrangibilité sur les matières gazeuses » dans les *Philosophical Transactions* pour 1870.

1. Pogg. Ann., LXXXVIII, p. 363.
2. Philosophical Transactions, vol. CXLII, p. 529, 530.

M. Sorel, lord Rayleigh et M. Bosanquet se sont également occupés de ces recherches. Résumons en quelques mots l'état de la question pour autant qu'elle se rattache à notre sujet.

Lorsqu'on examine la trace d'un faisceau parallèle, traversant l'air *ordinaire*, avec un prisme de Nicol placé dans une direction perpendiculaire au rayon, sa plus grande diagonale étant verticale, une portion de la lumière provenant des matières les plus ténues, se trouvant polarisée, est éteinte. D'un autre côté, les particules les plus fortes, qui ne polarisent pas la lumière, éclairent avec une intensité d'autant plus grande que le milieu dans lequel elles sont plongées est plus obscur.

Les particules individuelles des matières en suspension les plus ténues sont très probablement hors de l'atteinte du microscope. Dans tous les cas, on peut démontrer expérimentalement qu'il existe des particules agissant d'une manière identique sur la lumière et qui pourtant sont ultra-microscopiques.

Il y a quelques jours, par exemple, je remplis d'eau distillée un vase en forme de cloche renversée et, pendant que j'agitais vivement son contenu au moyen d'une baguette de verre, j'y versai, goutte à goutte, une solution de mastic dans l'alcool. La proportion employée fut moindre que celle indiquée par Brücke, n'étant que d'environ 10 grains de gomme pour 1000 grains d'alcool. La cloche fut ensuite placée sous un châssis vitré à la hauteur de l'œil. Elle était d'une belle teinte bleue, cette couleur provenant entièrement de la lumière dispersée par les particules de mastic. Regardée horizontalement à travers un prisme de Nicol ayant son plus petit diamètre vertical, la lumière bleue arrivait librement à l'œil. Tournant alors la grande diagonale verticale, la lumière dispersée était totalement éteinte et le vase semblait rempli d'eau pure.

J'essayai l'effet d'un filtre puissant sur ces particules, et je trouvai qu'elles passaient sensiblement à travers quarante feuilles du meilleur papier[1].

J'examinai alors le liquide, à l'intérieur duquel elles étaient maintenues en suspension, à l'aide d'un microscope d'une puissance grossissante de 1200 diamètres. Elles défièrent les plus fortes lentilles, le milieu dans lequel elles nageaient étant aussi uniforme que de l'eau distillée pure.

La façon dont se comportent les matières en suspension dans l'air prouve qu'elles sont, en partie, composées de substances de ce caractère excessivement ténu. Le rayon concentré les révèle collectivement longtemps après qu'il a cessé de les distinguer individuellement. En outre, ce sont, pour la plupart, des particules organiques — au moins pour les chambres de Londres, les seules que j'ai examinées — qui peuvent être détruites par la combustion. En présence de tels faits, les arguments quelconques contre la théorie des germes, basés sur ce qu'ils sont hors de la portée du microscope, n'ont plus aucune valeur.

Nous sommes ici en présence d'une question d'une importance considérable et qu'il convient d'éclaircir. On a parlé avec dédain de « germes potentiels », de « germes hypothétiques », parce que le microscope ne parvenait pas à les mettre en évidence. Cependant, de sagaces écrivains ont tiré de leurs expériences la conclusion parfaitement légitime que des germes peuvent exister là où le microscope est impuissant à les révéler. Ces

____

1. Il existe pourtant des filtres qui les arrêtent.

conclusions ont été considérées, dans un certain monde, comme un pur travail d'imagination ne reposant sur aucune base sérieuse. Mais nous possédons, en quelque sorte, un instrument dépassant de beaucoup le microscope en puissance : nous voulons parler du rayon lumineux concentré. En le dirigeant dans le milieu, qui refuse à donner aucune indication à un instrument plus grossier, nous découvrons que ce milieu est bondé de particules, non pas hypothétiques, non pas potentielles, *mais réelles et en nombre infini*, montrant ainsi au microscope qu'il existe un monde au delà de sa portée.

Nous avons relaté dans les paragraphes 6 et 8 nos expériences sur l'infection d'infusions claires par d'autres contenant des bactéries visibles. Mais, pour que l'infection soit sûre, il n'est pas nécessaire que les bactéries soient visibles. J'ai répété maintes et maintes fois les expériences du Dr Burdon Sanderson sur le pouvoir infectant de l'eau distillée ordinaire, dans laquelle il serait impossible de constater, à l'aide du microscope, une seule bactérie. Et pourtant l'eau, fournie au laboratoire de l'Institution Royale par MM. Hopkins et Williams, est sensiblement aussi infectieuse qu'une infusion fourmillant de bactéries. Les vases sont ici la source de l'infection.

L'expérience la plus sérieuse, qui ait peut-être jamais été faite sur cette matière est celle exécutée par le Dr Burdon Sanderson sur de l'eau que j'avais préparée moi-même. En 1871, j'étais à la recherche d'un moyen de priver d'une manière complète l'eau de ses particules en suspension. Ce liquide fut obtenu à des degrés divers de pureté, mais jamais entièrement pur. Connaissant le pouvoir merveilleux qu'a l'eau de rejeter les matières étrangères dans le phénomène de la cristallisation, l'idée me vint d'examiner le liquide résultant de la fusion de la glace la plus transparente. Sur ma demande, mon préparateur disposa alors l'appareil suivant :

A travers la table d'une pompe à air, passait, étanche,

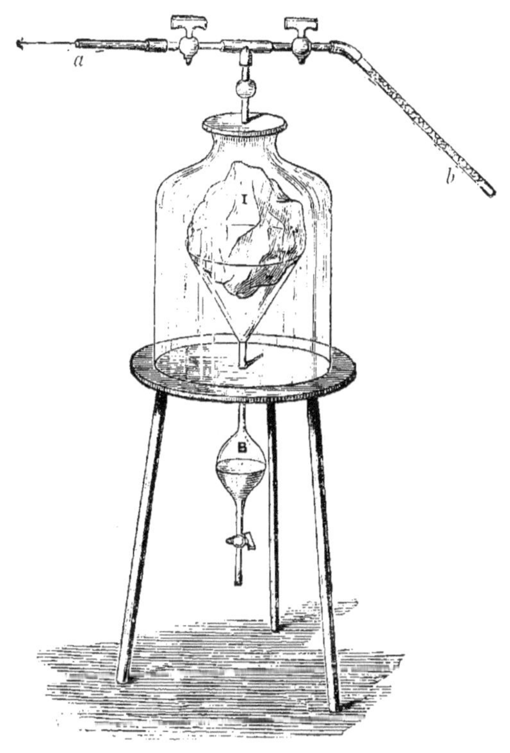

Fig. 5.

a Tube se rendant vers la pompe à air; b tampon de ouate.

le col d'un grand entonnoir, auquel fut ensuite attaché une petite boule de verre. Avant de les réunir ensemble, toutes les parties de l'appareil avaient été scrupuleusement nettoyées. Dans l'entonnoir fut placé un bloc de glace I choisi pour sa transparence et ayant un volume de 1000 pouces cubes ou environ. Au-dessus de la glace était fixé un récipient étanche, à l'intérieur duquel l'air fut renouvelé plusieurs fois, sa place étant chaque fois prise par de l'autre air soigneusement filtré à travers la ouate. La glace transparente se trouvait donc entourée d'air privé de particules. On s'arrangea alors de façon à la faire fondre et l'eau de fusion s'écoula au-dessous dans la petite boule de verre qui fut ainsi remplie et vidée à diverses reprises. On prit l'eau provenant tout à fait du cœur du bloc de glace et on la soumit à l'action du rayon concentré. C'était le liquide le plus pur que j'aie jamais vu — probablement même que l'œil humain ait jamais vu ; cependant il contenait encore des myriades de particules ultra-microscopiques. La trace du rayon le traversant était du bleu le plus délicat, la lumière bleue étant parfaitement polarisée. Elle put être totalement éteinte par le prisme de Nicol, le rayon passant alors à travers le liquide comme dans un vide. Une comparaison de cette lumière avec celle fournie par le mastic, dont il a été question ci-dessus, montra que les particules de la glace étaient de beaucoup plus petites. Aucun microscope, en conséquence, n'aurait pu les déceler[1]. Cette eau fut pourtant démontrée, par le Dr B. Sanderson, être aussi infectieuse que celle d'un tonneau ordinaire.

Infinitésimales comme elles sont, les particules peuvent cependant être séparées du liquide dans lequel elles sont tenues en suspension par des moyens mécaniques.

---

1. J'ai essayé de préciser quelque peu nos connaissances sur la petitesse de ces particules dispersives in « Fragments of science », art. Utilité scientifique de l'imagination. Voyez, d'ailleurs, la note sur les observations de M. Dallinger à la fin de ce mémoire.

Des filtres en terre poreuse, tels que les vases d'une pile de Bunsen, ont été mis à profit avec succès dans les recherches du Dr Zahn, du professeur Klebs et du docteur Burdon Sanderson. En outre, dans de nombreuses circonstances, il a été prouvé qu'à l'égard de l'infection des animaux vivants la poterie poreuse intercepte la contagion. A l'animal vivant, peut être substituée une infusion organique ou la solution de Pasteur. Non seulement, l'eau de glace, l'eau distillée et l'eau de tonneau sont ainsi privées de leur puissance d'infection, mais encore, en plongeant le vase poreux dans une infusion fourmillant de vie bactéridique, l'enlevant ensuite et lui permettant de s'égoutter lentement par la pression atmosphérique, le liquide filtré est débarrassé à la fois de ses bactéries et des germes ultra-microscopiques qu'il maintient en suspension. Les particules de mastic, précédemment décrites et qui passaient à travers un nombre infini de papiers-filtres, sont de même interceptées par le vase poreux.

Ces matières germinatives abondent dans tous les étangs, les courants, les rivières. Toutes les portions de terre humides en sont bondées. De plus, chaque surface mouillée, qui a été séchée par le sol ou par l'air, contient au-dessus d'elles les particules que le liquide évaporé tient en suspension. Emportées par le vent loin de leur lieu d'origine, elles se répandent dans l'atmosphère et ainsi se trouve expliquée leur universelle distribution. Sans doute, elles s'attachent parfois à d'autres particules plus grossières, organiques et inorganiques, qu'elles laissent à la longue derrière elles. Mais point n'est besoin de tels supports pour les charrier, car elles sont elles-mêmes douées d'un pouvoir de flottaison en rapport avec leur extrême petitesse et la légèreté spécifique de la matière dont elles sont composées.

Je n'affirme d'ailleurs en aucune façon que les bactéries développées, qui requièrent pour leur nutrition autre chose que ce que l'eau ordinaire est parfois en état de leur donner, que ces bactéries, dis-je, ne puissent être emportées à travers l'atmosphère. Il peut y avoir des cas favorables de croissance et de dispersion des organismes adultes. S'ils retiennent après dessiccation le pouvoir de se reproduire est une autre question. En tout cas, on doit, je pense, avoir constamment présent à l'esprit ce fait que les bactéries complètes et les matières atmosphériques dont elles dérivent sont choses différentes. J'ai soigneusement cherché des bactéries dans l'air, mais je n'en ai jamais trouvé et je ne sache pas qu'elles y aient été signalées jusqu'à présent. Qu'elles prennent naissance de matières qui n'ont pas encore assumé cette forme est, comme nous l'avons montré, susceptible de démonstration. Une infusion organique bouillie et abritée des particules atmosphériques restera claire pendant un temps indéfini, tandis qu'un fragment de verre, qui a été exposé à l'air et sur lequel on n'a pu reconnaître de traces de bactéries, développera en deux ou trois jours une vie luxuriante dans l'infusion.

Nous avons maintenant à nous occuper un peu plus intimement de ces particules étrangères à l'atmosphère, mais flottant en elle, qui, ainsi que nos expériences nous l'ont révélé, doivent être considérées comme l'origine de toute vie bactérique. Nous aurons aussi à les examiner comme existant dans l'eau, où elles se trouvent en multitude innombrable et à laquelle elles sont tout aussi étrangères que les poussières à l'air. Leur existence, d'ailleurs, n'est pas plus douteuse que si elles pouvaient être senties entre les doigts ou vues à l'œil nu. Supposons qu'elles augmentent de volume, de façon non seulement à se trouver à portée du microscope, mais encore à tomber sous nos sens. Nous n'en serions pas plus avancés, car nous ne connaîtrions pas si ce sont des germes, des particules de matières organiques mortes, ou des poussières minérales. Mais prenons un vase rempli de terre arable, un pot à fleur par exemple, et mélangeons cette terre avec nos particules inconnues. Quarante huit heures après, des touffes et des feuilles de plantes ou d'herbes bien définies apparaissent au-dessus. Supposons, en outre, que l'expérience répétée cent fois ait amené cent fois le même résultat invariable. Qu'en conclurons-nous? Regarderons-nous les plantes vivantes, soit comme le produit de poussières mortes, soit comme le produit de particules minérales? ou les regarderons-nous comme les rejetons de semences vivantes? La réponse n'est pas douteuse : nous considérerons l'expérience du pot à fleur comme éclairant notre ignorance antérieure. Nous regarderons le fait de la production des plantes ou des herbes comme la preuve positive que les particules semées étaient bien les semences des plantes qui en sont crûes. Il serait tout simplement monstrueux de conclure qu'elles y sont venues par *génération spontanée.*

Ce raisonnement s'applique mot à mot au développement des bactéries aux dépens des poussières en suspension dans l'air et en l'absence desquelles la vie bactéridique ne peut être engendrée. Ceci me semble parfaitement logique, et c'est pourquoi il m'est impossible de comprendre comment la notion, que les bactéries tirent leur origine de poussières mortes, ait encore cours actuellement parmi la majeure partie des membres du corps médical.

On a dit de ceux que les preuves en faveur de la génération spontanée ne pouvaient convaincre qu'ils semblaient vouloir croire de préférence à toute infraction aux lois naturelles plutôt que d'admettre la doctrine[1]. C'est, à mon avis, le contraire qui a lieu. Les lois naturelles sont le recueil de l'expérience. Or, il n'y a pas l'ombre d'une expérience capable de montrer que la poussière morte, et non la semence vivante, est la source de la multitude qui prend naissance dans nos infusions, lorsqu'elles sont imprégnées des particules flottant dans l'atmosphère.

§ 17.

EXPÉRIENCES RÉCENTES SUR L'HÉTÉROGÉNÈSE.

La stérilité uniforme des infusions bouillies, lorsqu'elles sont mises à l'abri des matières en suspension dans l'air, stérilité qui a été décrite dans les pages précédentes, prouve qu'elles ne contiennent pas de germes capables d'engendrer la vie. Notre hétérogéniste le plus avancé affirme, il est vrai, qu'une température de $140°$ F réduit, dans tous les cas, les germes à l'état de mort actuelle ou potentielle et il se base ingénieusement sur ce fait pour expliquer, par la génération spontanée, l'apparition de bactéries dans une solution qui avait été portée à une température de $212°$. « Nous savons, dit-il, que des infusions bouillies de navet ou de foin, exposées à l'air ordinaire, à l'air filtré, à l'air calciné, sont plus ou moins aptes à fourmiller de bactéries dans un espace de deux à six jours[2]. »

1. Transactions of the pathological Society, vol. xxvi, p. 273.
2. Evolution and the Origin of Life.

Nous nous heurtons, dès le début, à une difficulté. La seule preuve que nous ayons de la mort des bactéries à la température de 140° F est que la vie n'apparaît point dans un liquide qui a été porté à cette température, tandis que *dans un autre liquide* la vie se manifeste deux jours après qu'il a été chauffé à 212°. Au lieu de conclure que dans l'un d'eux la vie est détruite et dans l'autre pas, il admet que la température de 140° F est celle de mort pour tous deux; et, ceci étant, la vie observée dans la seconde solution est nécessairement un cas de génération spontanée. Une grande partie des raisonnements les plus convaincants du docteur Bastian reposent sur cette base, et des présomptions de cette nature le guident dans ses expériences les plus sérieuses. Il trouve, par exemple, qu'une solution minérale ne développe pas de bactéries lorsqu'elle est exposée à l'air et il en conclut qu'une infusion organique peut être abandonnée, dans les mêmes conditions, sans danger d'infection. Mettant cette idée en pratique, il expose une infusion de navet qui, bientôt, fourmille de bactéries *engendrées spontané-ment* d'après l'hypothèse précédente. Telles sont la chaîne et la trame de quelques-uns des arguments les plus importants que ce savant a développés devant la Société Royale.

Mais, en supposant même que tous les faits rapportés par le docteur Bastian soient exacts, la déduction logique à en tirer serait très différente de la sienne. Dans un essai ultérieur, sa position sera plus nettement définie. Je passerai, pour le moment, à l'examen de ses expériences.

§ 18.

EXPÉRIENCES FAITES AVEC DE L'AIR FILTRÉ.

Une cloche contenant environ 700 pouces cubiques d'air fut solidement cimentée sur une plaque de bois revêtue de résine et supportée par trois pieds[2]. A travers la tablette passaient, étanches, trois tubes (A, B, C, fig. 4) qu'avant de cimenter la cloche on avait remplis aux trois quarts, l'un, d'une infusion de foin, un autre d'une infusion de navet et le troisième d'une infusion de mouton. Le 2 novembre, l'air chargé de particules fut pompé hors de l'appareil et remplacé par d'autre air lentement filtré à travers un tube garni de ouate fortement tassée. La cloche

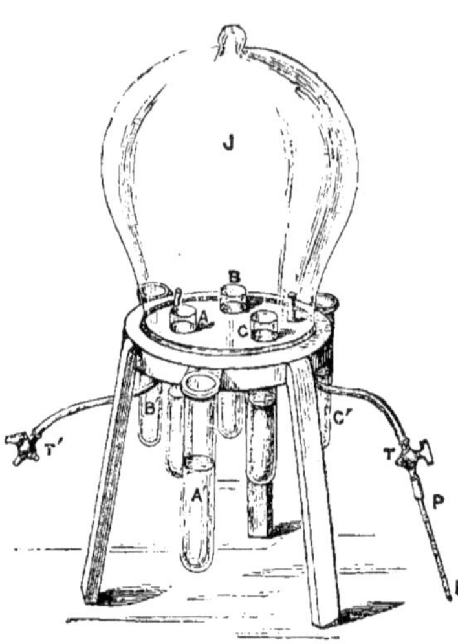

Fig. 4.

fut ainsi vidée et remplie jusqu'à ce que l'examen le plus scrupuleux, au moyen du rayon concentré, ne révélât plus de matières en suspension à son intérieur. Les infusions furent alors bouillies pendant cinq mi-

1. Deux cercles en fer feuillard furent fixés concentriquement sur cette table, laissant entre eux un espace d'environ un pouce. La partie annulaire fut remplie de ciment chaud dans lequel on enfonça la cloche également chaude. Tout l'intérieur du petit cercle avait été préalablement garni de la même matière.

nutes, puis abandonnées à l'air pur. Durant l'ébullition,
une petite quantité de liquide avait passé par-dessus
les bords d'un des tubes sur la surface résineuse et
se trouvait à proximité de l'ouverture des deux autres.
Nous ferons remarquer, à cet égard, que la matière germinative n'est jamais complètement absente d'une telle
surface et qu'en ce cas particulièrement ce n'est point
notre faible courant d'air qui aurait pu l'enlever. Trois
tubes exposés contenant la même infusion furent placés
en même temps dans le voisinage des tubes protégés.

En trois jours, les tubes exposés devinrent troubles et
chargés de vie; *tandis que pendant trois semaines les
infusions en contact avec l'air filtré restèrent parfaitement claires.*

Au bout des trois semaines, c'est-à-dire le 25 novembre, je dis à mon préparateur de renouveler l'air de la
cloche. Il le pompa dehors et, pendant qu'il permettait à de nouvel air de rentrer à travers le filtre de ouate,
mon attention fut appelée sur quelques petites taches
rondes de *Penicillium* couronnant le liquide qui avait
passé par-dessus la résine. Je fis immédiatement la
remarque que l'expérience était dangereuse, car l'air
rentrant ne manquerait pas de détacher quelques-uns
des spores du *Penicillium* et de les répandre à l'intérieur
de la cloche. C'est pourquoi je fis remplir celle-ci très
lentement afin de rendre la perturbation minimum.
Cependant, le jour suivant, une touffe de mycelium fut
observée au fond d'un des trois tubes, savoir celui qui
contenait l'infusion de foin. Elle devint bientôt assez
grande pour en remplir une portion considérable. Pendant près d'un mois, les deux tubes contenant les infusions de navet et de mouton maintinrent leur transparence immaculée. Enfin, en décembre, l'infusion de

mouton qui était dans le voisinage dangereux de la moisissure, montra une touffe de *Penicillium* à sa surface. L'infusion de bœuf continua à rester claire pendant une quinzaine de jours encore. Le froid de l'hiver m'amena à ajouter un troisième foyer à gaz aux deux qui chauffaient antérieurement le laboratoire. La chaleur de ce foyer agit sur un côté de la cloche et le lendemain l'infusion de bœuf contenait un mycelium. En cette circonstance, les petites taches de *Penicillium* eussent pu échapper à l'attention et, s'il en avait été ainsi, nous nous serions trouvés en présence de trois cas de génération spontanée plus convaincants qu'aucun de ceux invoqués jusqu'à ce jour pour soutenir cette théorie.

L'expérience fut reprise subséquemment sur une plus grande échelle. Douze grands tubes à essais furent enfoncés dans une tablette de bois revêtue d'une forte couche de ciment. Pendant que ce dernier était encore chaud, on y plongea les bords d'une sorte de cloche géante. De même que précédemment, la cloche fut vidée et remplie à plusieurs reprises, des précautions étant prises pour que le nouvel air soit filtré à travers un tampon de ouate. Les tubes à essais contenaient des infusions de foin, de navet et de mouton, trois de chaque, douze en tout. Durant deux mois, elles restèrent aussi claires et aussi transparentes que le jour de leur introduction, tandis que douze tubes semblables, préparés en même temps et précisément de la même manière, suspendus sur la tablette en dehors de la cloche, furent en moins d'une semaine chargés de mycelium, de moisissures et de bactéries.

Un des tubes protégés fut accidentellement brisé et son ouverture rapidement bouchée avec de la ouate, pas assez rapidement pourtant pour qu'un peu d'air extérieur

pût entrer dans l'appareil. L'évaporation des infusions
suivit son cours et la vapeur se condensa au sommet de
la cloche, d'où elle coula le long des parois entraînant
avec elle les matières qui pouvaient y être attachées. Une
sorte de mare se forma ainsi au-dessus du ciment. Après
un intervalle de trois mois, celle-ci se couvrit de disques
de *Penicillium*, par les spores duquel une ou deux infusions furent rapidement envahies et développèrent de
magnifiques touffes de mycelium.

§ 19.

EXPÉRIENCES AVEC DE L'AIR CALCINÉ.

Six ans déjà se sont écoulés [1], depuis que j'ai montré
que les matières en suspension dans l'air pouvaient être
séparées par l'action d'un fil de platine chauffé au blanc.
Je me servis de cette méthode dans les circonstances
suivantes. L'appareil employé est représenté figure 5.
Une cloche en verre est placée sur une tablette en bois
supportée par un trépied. A travers cette tablette passent
trois grand tubes à essais presque remplis de l'infusion
à examiner. Une spirale de platine, P, réunit les extrémités de deux fils de cuivre verticaux qui passent à
travers le support et se continuent au dehors. La cloche
est entourée vers le bas par un collier d'étain laissant
entre eux un espace d'environ un demi-pouce. Cet espace
est rempli avec de la ouate fortement tassée. Mettant en
connexion les fils de cuivre avec une batterie de quinze
éléments, on fit passer le courant. La spirale P fut
portée au blanc et on la maintint dans cet état pendant

1. Proc. Roy.. Inst. vol. vi, p. 4 et 5.

cinq minutes. Des expériences ont démontré, en effet, que ce temps était suffisant pour la destruction entière des matières en suspension. La spirale étant chauffée, l'air se dilatait et sortait de la cloche; inversement, quand on interrompait le courant, la température s'abaissait et il y avait une rentrée d'air, mais seulement d'air privé de ses particules, car il devait auparavant traverser la ouate.

Les trois premières substances mises en contact avec de l'air calciné de cette manière furent du jus de prunes,

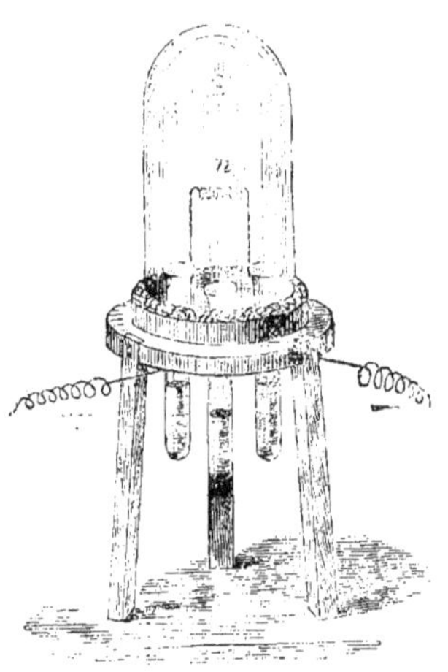

Fig. 5.

du jus de poires et une infusion de levure. Toutes trois furent bouillies pendant cinq minutes, et *durant six mois elles restèrent sans aucune tache ou trouble.* D'autres tubes semblablement bouillis et placés au-dessous d'une cloche contenant de l'air avec ses matières en suspension étaient depuis longtemps tombés en moisissure et en pourriture.

On a cité, parmi les substances particulièrement aptes à la génération spontanée, les infusions de navet et de foin rendues légèrement alcalines. Je désirai vérifier le fait. En conséquence, le 26 novembre, quatre cloches furent préparées, deux contenant une forte infusion de navet et de foin neutre, deux autres renfermant les mêmes solutions, mais légèrement alcalinisées par de la potasse caustique. Je ne pus observer le développement spontané de la vie. Les tubes montrent encore actuellement la même clarté et la même couleur qu'ils possédaient le jour où ils furent bouillis. Des tubes scellés contenant la même infusion restèrent également clairs; tandis que les spécimens exposés à l'air du laboratoire tombèrent en pourriture.

Les expériences avec l'air calciné furent aussi exécutées sous une autre forme et sur une plus grande échelle. Une cloche, semblable à celle déjà décrite, fut cimentée de la même manière sur une table de bois à travers laquelle passaient douze grands tubes à essais. Les infusions, de même que précédemment, furent faites avec du foin, du navet, du bœuf et du mouton. L'air étant retiré de la cloche au moyen d'une bonne pompe à air, fut remplacé par d'autre air qui avait traversé lentement un tube de platine chauffé au rouge. Essayé au moyen d'un rayon solaire, l'air calciné fut trouvé tout à fait libre de matières en suspension. Pendant deux mois, aucune tache ne troubla la limpidité des infusions y exposées, tandis qu'une semaine de séjour à l'air ordinaire suffit pour réduire douze infusions semblables, suspendues à la table de bois en dehors de la cloche, à l'état de boue putréfiée.

§ 20.

EXPÉRIENCES DANS LE VIDE.

L'appareil employé ici fut le même que celui choisi dans la première expérience avec l'air filtré, la seule différence consistant en ce que la cloche, en vue de rendre le vide plus parfait, était de dimensions plus petites. Elle fut cimentée d'une manière étanche sur une table de bois à travers laquelle passaient trois grands tubes à essais remplis aux deux tiers environ d'infusions de bœuf, de mouton et de navet. La cloche fut vidée six fois de suite, étant remplie chaque fois avec de l'air soigneusement filtré à travers de la ouate. Pendant que cet air était en contact avec les infusions, celles-ci furent portées à l'ébullition à l'aide d'une solution saline. Le récipient fut ensuite vidé aussi parfaitement qu'une bonne pompe à air peut le faire, tandis que trois tubes étaient suspendus à l'extérieur pour la comparaison.

Ici encore les infusions protégées restèrent aussi claires que le jour de leur introduction, non seulement après que les infusions exposées se furent chargées de vie, mais même après que celles-ci furent totalement évaporées.

Tels sont les essais auxquels j'ai soumis l'affirmation que « des solutions de navet et de foin exposées à l'air filtré, à l'air calciné, sont plus ou moins aptes à se remplir de bactéries et de vibrions dans le cours de cinq à six jours. » Ces résultats, et d'autres qui pourraient y être ajoutés, ne laissent aucun doute dans mon esprit sur la façon, dont l'air privé de ses matières en suspension, se comporte; elle est absolument la même, que la séparation ait eu lieu par filtration et calcination ou par tassement. Une fois réellement stérilisée, une infusion en contact avec de l'air optiquement pur reste stérile.

§ 21.

LA THÉORIE DES GERMES DANS LES MALADIES CONTAGIEUSES.

C'est dans ses rapports avec la théorie des germes dans les maladies contagieuses que la doctrine de la génération spontanée revêt son caractère le plus grave. Les travaux de Pasteur appelèrent les premiers mon attention sur ce sujet, pendant que, grâce aux conversations et aux écrits du regretté docteur Budd, je fus initié ultérieurement à la partie plus spécialement médicale de cette question [1].

Rien, en vérité, n'occupe actuellement les esprits à un pareil degré ; rien n'a donné matière à plus de discussions. « Comment se fait-il, dit le docteur Burdon Sanderson [2], que ces bactéries, qui devaient exister il y a une demi-douzaine d'années déjà, aient fait alors si peu parler d'elles, et que, maintenant, elles tiennent une place si considérable dans la littérature médicale anglaise ou allemande? Comment ont-elles pu donner naissance à des discussions aussi vives à l'Académie des sciences en France? » Le docteur Sanderson indique l'influence de Lister, en Angleterre, et de Hallier, en Allemagne, sur ce mouvement qui travaille aujourd'hui comme un ferment le monde médical. Mais nous ne sommes redevables à personne plus qu'à lui-même et à ses collègues de nos connaissances sur la pathologie de la contagion.

« En 1870, écrit M. John Simon dans un de ses excellents rapports au Conseil privé, j'eus l'honneur de vous présenter les premiers travaux du docteur Sanderson sur ce sujet. A cette époque, les conclusions générales qu'il fut possible de tirer furent les suivantes : 1° les éléments de forme caractéristique, que le microscope avait montrés en abondance dans divers produits en état de putréfaction, sont des formes organiques douées du

1. On sait que le Dr Budd fut le premier de nos compatriotes qui considéra la théorie de la « *vitalité de la contagion* » à un point de vue vraiment philosophique. Ses efforts furent couronnés de succès, car cette théorie gagne chaque jour du terrain.

2. British medical Journal, 16 janvier 1873.

pouvoir de se reproduire par elles-mêmes et en aucune façon congénériques des animaux sur lesquels on les trouve, mais bien plutôt de nature végétale inférieure ; 2° ces organismes vivants sont probablement l'essence de la contagion des maladies... Ces vues ont depuis beaucoup gagné en netteté par suite des investigations faites par le docteur Sanderson dans le cours des années 1871 et 1872 sur le contagium ordinaire septique ou ferment. Car dans ce ferment semble exister une force qui, agissant désintégrativement sur la matière organique, peut, d'une part, causer la putréfaction de ce qui est mort et, d'autre part, engendrer les processus fébrile et inflammatoire de ce qui est vivant. »

A une réunion de la Société pathologique, tenue le 6 avril 1875, la théorie des germes dans les maladies fut formellement introduite comme sujet de discussion et les débats continuèrent dans les réunions suivantes avec beaucoup de science et un réel caractère sérieux. La conférence était attendue par un grand nombre de membres distingués du corps médical, dont quelques-uns furent profondément influencés par les arguments y développés. Aucun d'eux d'ailleurs ne discuta les faits mis en avant contre la théorie en cette occasion. Le *leader* des débats, et aussi l'orateur le plus remarquable, fut le docteur Bastian, auquel échut la tâche de répondre à toutes les questions posées. La coexistence des bactéries et des maladies contagieuses fut admise ; mais au lieu de considérer ces organismes comme étant « probablement l'essence, ou une partie inséparable de l'essence » du contagium, le docteur Bastian soutint que c'étaient des produits pathologiques, spontanément engendrés dans le corps après qu'il avait été rendu malade par le contagium réel. Le docteur Bastian croit que le groupement des particules ultimes de la matière pour former des organismes vivants est une opération requérant aussi peu l'action d'une vie antécédente que le groupement nécessité par la formation *d'autres composés chimiques plus ou moins complexes*. Une telle affirmation tombe ou se soutient, d'ailleurs, suivant les preuves que son auteur est susceptible de fournir; et, d'après cela, le docteur Bastian fait appel aux lois naturelles et au témoignage de l'expérience pour démontrer l'exactitude de ses vues. Il semble tout à fait convaincu de la gravité de son sujet et s'exprime en ces termes presque solennels : « Dans le but de résoudre cette question, nous préparerons une infusion d'un tissu animal quelconque, de muscle, de rein ou de foie; nous le placerons dans une fiole, dont le col a été étiré et rétréci dans la flamme du chalumeau, nous soumettrons le liquide à l'ébullition, nous scellerons l'ampoule et, la plaçant dans un endroit chaud, nous attendrons le résultat ainsi que je l'ai fait souvent. Après un temps variable, l'infusion, préalablement bouillie et qui se trouve à l'intérieur du flacon hermétiquement fermé, fourmille de bactéries et d'organismes proches parents — et cela quoique le liquide ait perdu un grand nombre de ses qualités par l'exposition à la température de 212° F et soit, par conséquent, selon toute probabilité, beaucoup moins apte à engendrer des unités vivantes indépendantes, que les liquides non chauffés ne le sont dans les tissus[1]. »

Nous sommes ici en présence, pour nous servir des termes du docteur Bastian, « d'une question formant la base de la pathologie de la classe la plus importante et la plus fatale des maladies humaines ». Examinons-en

1. Transactions of the pathological Society of London, 1875, p. 272.

la solution telle qu'il la décrit lui-même dans l'extrait
ci-dessus.

§ 22.

EXPÉRIENCES FAITES AVEC DES VASES HERMÉTIQUEMENT CLOS.

Je commençai mes expériences avec des tubes hermétiquement clos le 5 octobre 1875. La forme des tubes
après la fermeture est représentée figure 6. Chacun
d'eux contenait environ une once de liquide. Ils furent
bouillis seulement pendant trois minutes dans un bain
d'huile et scellés durant l'ébullition, non avec un chalumeau, mais avec la flamme beaucoup plus efficace de
la lampe à esprit-de-vin.

Foin. — Quatre tubes furent chargés, à la date précitée, d'une forte infusion, quatre d'une faible. Les huit
fioles sont restées claires jusqu'à présent.

Navet. — Deux sortes de navets furent choisis dans
ces premières expériences. Deux tubes furent chargés
d'une forte infusion et deux d'une
infusion faible d'un navet dur et
sain ; tandis que deux autres paires
de tubes furent remplies d'infusions d'un navet doux et coton-
neux. Tous ces tubes sont restés
transparents jusqu'à présent. D'autre part, deux ou trois jours d'exposition à l'air du laboratoire suffirent à rendre ces infusions né-

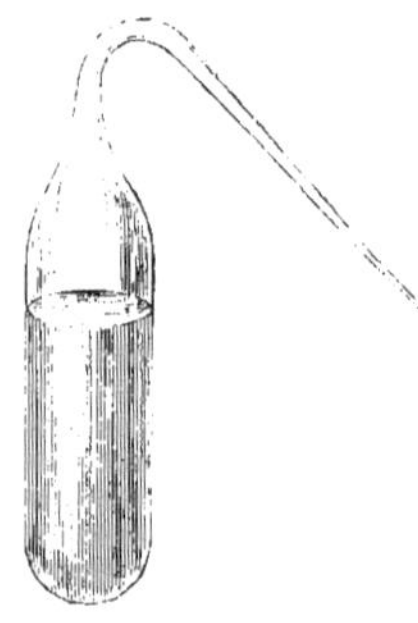

Fig. 6.

buleuses et fourmillantes de vie.

Le 8 octobre, vingt et un tubes furent chargés d'infusions des substances suivantes :

Maquereau.	Farine d'avoine,
Bœuf,	Malt,
Anguille,	Pomme de terre.
Huître.	

Il y avait trois tubes de chaque infusion. Tous restèrent inaltérés, au moins jusqu'à présent.

Je n'avais jamais vu antérieurement un aussi bel
exemple de l'action dichroïtique, qui produit les couleurs
du ciel, que dans le cas de l'infusion d'huître. A la
lumière réfléchie, elle présentait une belle teinte bleue,
tandis qu'elle était jaune à la lumière transmise. Ce
phénomène était dû à l'action des particules en suspension, qui défiaient également le grossissement du microscope et la filtration ordinaire. A angle droit avec un
rayon transmis, l'infusion donnait abondamment naissance à de la lumière polarisée. Les particules en suspension dans l'infusion de pomme de terre produisirent
un effet quelque peu semblable, mais bien loin d'égaler
en beauté celui de l'infusion d'huître. Il ne fut pas
possible de séparer, par la filtration ordinaire, les infusions de malt et de farine d'avoine de leurs matières en
suspension ; malgré cela, toutes deux restèrent exactement comme elles étaient à l'origine.

Ces expériences ont été faites avant que le volume des
Transactions of the pathological Society, contenant la
discussion rapportée ci-dessus, ait été en ma possession [1].
Dès que je l'eus, je retournai à mes tubes, cherchant
une confirmation de ce que j'avais vu précédemment.
Le 12 novembre, trente-six tubes furent chargés,
bouillis et hermétiquement scellés ; le 15, cinquante-
sept ; le 16, trente et un et le 17, six autres tubes

1. Je suis redevable à la complaisance du Dr Bastian d'un extrait du
Compte rendu de la discussion dont il s'agit.

furent pareillement traités. Cela faisait donc en tout 150.
J'essayai en outre de multiplier les chances de génération spontanée en faisant les infusions avec les matières
les plus diverses. Le tableau suivant donne les noms des
substances sur lesquelles j'ai opéré, le nombre de tubes
scellés et la date de la fermeture :

Poulet.	6 tubes	12 novembre.
Mouton	6 —	—
Canard sauvage.	6 —	—
Bœuf	6 —	—
Hareng	6 —	—
Égrefin	6 —	—
Mulet	6 —	15 novembre.
Morue.	6 —	—
Faisan.	6 —	—
Lapin	6 —	—
Lièvre	6 —	—
Bécasse	6 —	—
Perdrix	6 —	—
Pluvier	5 —	—
Foie.	4 —	—
Cœur	6 —	—
Langue de mouton	6 —	16 novembre.
Cerveau de mouton	5 —	—
Ris de veau	6 —	—
Humeur aqueuse de bœuf. . .	2	—
Cristallin de bœuf.	5 —	—
Poumons de mouton.	5 —	—
Tripes.	6 —	—
Sole	6 —	17 novembre.

Les tubes furent plongés par groupes de six à la fois
dans un bain d'huile, bouillis pendant trois minutes,
puis scellés.

Plus de cent de ces fioles étaient nettement transparentes et libres de tout trouble au début et elles restèrent
ainsi jusqu'à présent. Dans quelques cas, cependant, il
ne fut pas possible d'écarter complètement la nébulosité
par filtration. J'ai déjà rapporté l'opalescence de l'infu-

sion d'huîtres qui apparaissait invariablement. La même chose se reproduit, mais encore plus prononcée avec l'infusion du cristallin de bœuf. Je n'ai rien rencontré jusqu'ici pour imiter aussi parfaitement l'éclat de la véritable opale que cette infusion. La filtration à travers cent feuilles de papier fut tout à fait impuissante à écarter les particules en suspension auxquelles cette opalescence est due. Quelques-unes des autres infusions restèrent troubles après filtration sans montrer pour cela ce phénomène. Les poumons de mouton en sont un excellent exemple. En outre, dans nombre de cas où la filtration répétée ne suffisait pas à arrêter les matières en suspension, un repos de quelques semaines les entraînait au fond et laissait le liquide surnageant clair. De plus, je ferai remarquer que certaines infusions de lapin ont manifesté une opalescence très nette, tandis que plusieurs autres sont restées parfaitement claires. La même remarque s'applique aux infusions de navet, dont quelques-unes ont été trouvées aussi limpides que de l'eau distillée, tandis qu'en général elles présentent une opalescence dont on ne peut se débarrasser par filtration.

Ces dernières observations sont tout à fait en harmonie avec les premières. De cette multitude de fioles, pas une seule n'offre les conditions qu'on déclare faciles à observer[1]. Si la génération spontanée est une vérité scientifique, sûrement, au milieu d'occasions si multiples et si variées, elle aurait dû s'exercer. On ne peut alléguer, d'ailleurs, que les infusions employées furent *modifiées* par l'ébullition, car des tubes exposés contenant les mêmes infusions, traitées absolument de la même

---

1. Le groupe de fioles fut soumis à l'inspection des membres de la Société Royale, le 18 janvier 1876.

manière, se résolurent avec la rapidité habituelle en essaims de bactéries.

§ 25.

CONDITIONS RELATIVES A LA TEMPÉRATURE ET A LA FORCE DES INFUSIONS.

Dans le cours de ces expériences, j'ai cherché, le mieux que j'ai pu, à remplir toutes les conditions indiquées par les hétérogénistes comme essentielles au succès. A l'égard de la chaleur, une température de 90° F était la moyenne dans notre laboratoire ; cette température put s'élever à 100° F. les jours où le temps était doux et dans des positions favorables à l'intérieur. Comme le docteur Bastian a accordé une grande importance à la chaleur et que la plupart de ses résultats ont été obtenus à des températures de 15 à 30° inférieures aux miennes[1], je pensai qu'il serait préférable de me placer dans les mêmes conditions que lui. Les tubes scellés qui s'étaient montrés stériles à l'Institution Royale furent suspendus dans des boîtes abondamment perforées, de façon à permettre la libre circulation de l'air chaud, et placés, sous la surveillance d'un préparateur intelligent, dans les Bains turcs, Jermyn Street. La Chambre d'ablutions de l'établissement fut trouvée être particulièrement convenable pour notre but ; les boîtes y furent donc suspendues. Le docteur Bastian accorde de deux à six jours pour la génération des organismes dans les tubes hermétiquement clos. Les miens restèrent dans la chambre pendant 9 jours. Des thermomètres placés

---

1. Proc. Roy., Soc. vol. XXI, p. 150. Voyez aussi « Beginnings of Life », vol. I, p. 354.

dans les boîtes et consultés deux ou trois fois par jour montrèrent que la température varia de 101° minimum à 112° maximum. A la fin des neuf jours, les infusions étaient aussi claires qu'au commencement.

Je les fis alors transporter dans une salle plus chaude, la température de 115° ayant été mentionnée comme favorable à la génération spontanée. Pendant quinze jours nos températures oscillèrent autour de ce point, tombant une fois à 106°, atteignant 119° en trois occasions, 118° en une autre et 119° en deux. Le résultat fut identique à celui que je viens de rapporter. Les températures les plus élevées se montrèrent incapables de développer la vie [1].

Cinquante-six observations, comprenant toutes deux le maximum et le minimum du thermomètre furent faites pendant que les tubes occupaient leur première position dans la salle d'ablutions et soixante-quatorze pendant qu'ils occupaient la seconde. J'en ai le tableau complet devant moi et je pourrais la donner, mais je suppose que l'indication des températures maximum et minimum est suffisante.

La demande du docteur Bastian relativement à ces hautes températures est tout à fait récente, comme je l'ai déjà fait remarquer. Avant ma communication du 13 janvier à la Société Royale, il avait travaillé avec succès à des températures plus basses que celles employées par moi à Albemarle Street. Je suivais pourtant ses prescriptions, mais, prenant soin de bouillir et d'enfermer le liquide convenablement, ses résultats refusaient de se montrer dans mes expériences. Apprenant cela, il a élevé une objection relative à la température

---

1. Je prie MM. les Directeurs des Bains de recevoir ici mes meilleurs remerciements pour leur obligeance en cette occasion.

et a introduit une nouvelle condition. Je m'y suis conformé et cependant la situation ne s'est pas améliorée pour lui.

En ce qui concerne la concentration, j'ai déjà indiqué dans les paragraphes 5 à 16 de ce mémoire la grande diversité présentée à cet égard par toutes mes infusions, pendant leur lente évaporation. Mais les conditions prescrites furent ici remplis et au délà, car la force d'une infusion est regardée comme fixée par sa densité; or, j'ai précisément travaillé avec des infusions de même densité que celles employées par le docteur Bastian. J'étais spécialement désireux de me placer dans la même situation des expériences décrites et invoquées, je crois, inconsidérément par le docteur Burdon Sanderson in vol. VII, p. 180, de *Nature*. On y verra que, quoique les efforts du docteur Bastian n'aient pas toujours été couronnés de succès, le docteur Sanderson considère comme prouvé que des essaims de bactéries apparaissent parfois dans des tubes hermétiquement fermés. Je n'ai pu arriver à reproduire ce résultat avec des infusions purement liquides. Des infusions de foin et de navet, précisément de la même force et de la même nature que celles employées dans les expériences en question, furent préparées, bouillies dans un bain d'huile, soigneusement scellées et soumises à une température convenable. Dans des expériences multipliées, elles restèrent uniformément stériles [1] !

1. Cent vingt fioles, hermétiquement scellées, contenant des infusions animales et végétales, et dont quelques-unes remontent à deux ou trois ans sont maintenant devant moi. Elles ne montrent pas signe de vie bactéridique.

§ 24.

PUISSANCE DE DÉVELOPPEMENT DES INFUSIONS ET DES SOLU-TIONS : GERMES DE L'AIR COMPARÉS A CEUX DE L'EAU.

Désirant ne faire aucune expérience, soit avec de l'air purifié, soit à l'abri de l'air, sans exposer les mêmes infusions à l'air ordinaire, je me proposai d'établir la comparaison avec les substances mentionnées aux pages 107 et 108. Cent tubes à essais, d'un diamètre d'un pouce et de trois pouces de profondeur, furent divisés en un certain nombre de groupes, chaque groupe étant rempli de la même infusion. Ces groupes étaient, d'ailleurs, suffisamment nombreux pour embrasser toutes les sub-stances figurant aux tableaux en question. Exposés à l'air impur, ils furent attaqués avec des degrés divers de ra-pidité et de vigueur; mais, en peu de jours, tous, sans exception, devinrent boueux et fourmillants de vie. Entre toutes, les infusions de lièvre et de faisan présentèrent le plus grand contraste. Les tubes contenant la première étaient déjà atteints depuis longtemps que les seconds se trouvaient à peine envahis. En outre, la putrescibilité du faisan fut surpassée par celle de la bécasse, de la perdrix et du pluvier. Le cœur de mouton examiné fut aussi très lent à se putréfier. Nous ne donnerons ici qu'un seul exemple de cette différence dans le pouvoir de développer la vie.

Le 15 novembre, trente tubes, contenant des infusions de perdrix, de faisan, de bécasse, de lièvre, de cœur de mouton, et de morue, cinq tubes de chaque, furent ex-posés à l'air du laboratoire avec quatre tubes de plu-vier, trois de mulet, et trois de foie. Le 15, le 16 et le

22, le nombre de ceux envahis par les bactéries était le suivant :

	le 15	le 16	le 22
Perdrix.	0	5	tous
Faisan .	0	1	—
Bécasse	2	5	—
Lièvre .	2	4	—
Cœur .	0	1	—
Morue .	2	4	—
Pluvier.	1	2	—
Mûlet .	1	2	—
Foie .	1	5	—

Ils furent sans doute tous infectés avant le 22, mais je n'ai pas eu la précaution d'y regarder.

Ainsi donc, les deux premiers jours aucun changement visible ne se produisit dans l'infusion de faisan, tandis que dans deux des tubes de lièvre la putréfaction avait sévi rigoureusement. Trois jours d'exposition ne firent céder qu'un seul des tubes de la première infusion; quatre de la seconde avaient été atteints pendant le même temps. Leur différence se manifesta également par le quantum des moisissures développées à leur surface. Quelques jours après leur préparation, cinq tubes de faisan furent fortement couverts de *Penicillium*, tandis que, à une seule exception, qui pouvait à peine être considérée comme en étant une, tous les tubes de lièvre en étaient exempts maintenant leurs Bactéries inaltérées.

Cependant, les propriétés de l'infusion de lièvre peuvent avoir été dues, non à une différence spécifique, mais aux circonstances précédant la mort de l'animal. Les recherches du docteur Brown-Séquard ont montré que, suivant les cas, des tissus identiques peuvent présenter des tendances très différentes à la putréfaction. Dans des cochons d'Inde, soumis immédiatement après la mort à un courant magnéto-électrique, il trouva que

la rapidité de la putréfaction correspondait à la violence
de la tétanisation. Il attira aussi l'attention sur l'influence de l'exercice musculaire dans la rigidité cadavé-
rique et la putréfaction, prouvant combien l'une et
l'autre apparaissent rapidement dans les bestiaux surmenés et le gibier chassé à mort. Tous les chasseurs
savent en effet qu'un lièvre tué restera sain et souple
pendant un jour entier, tandis que le même animal
chassé devient rigide en une heure ou deux. En septembre 1851, deux moutons qui avaient été surmenés
pour atteindre une foire, furent mis à mort par section
des artères carotides. « La putréfaction, dit le docteur
Brown-Séquard, se manifesta avant la fin du jour, c'est-
à-dire en moins de huit heures après la mort[1]. » Les
propriétés du lièvre sur lequel j'ai opéré peuvent donc
être la conséquence de ce qu'il a été tué par un lévrier
au lieu de périr d'un coup de fusil. Il sera intéressant
de rechercher, à cet égard, jusqu'à quel point les propriétés d'un tissu animal sont transmises à son infusion.
Cette question sera examinée dans des recherches ulté-
rieures[2].

Les observations que nous venons de rapporter ne
laissent pas que de jeter un certain doute dans l'esprit
quand on veut tirer des conclusions de la conduite des
infusions pour déterminer la distribution des germes
dans l'air. On peut en effet démontrer la présence de ceux-
ci dans des cas où les solutions ne sont pas aptes à favoriser leur développement. Quant à la quantité et à la

1. Croonian Lecture. Proc. Roy. Soc. 1862, vol. xi, p. 210.
2. Vingt-cinq fioles contenant une infusion de faisan furent comparées
durant le mois de décembre avec vingt-cinq autres contenant une infusion de lièvre. Les différences considérables d'abord observées ne se re-
produisirent ni dans la rapidité du développement des Bactéries, ni dans
l'aptitude à supporter la croissance du *Penicillium*.

qualité des germes atmosphériques, le lièvre et le faisan peuvent conduire à des conclusions différentes. Une considération, importante dans la pratique, sera bien à sa place ici. Dans une des premières séries de recherches, dont il a enrichi la science médicale, le D' Burdon Sanderson exposa à l'air la « solution de Pasteur » qui est capable de développer vigoureusement et de nourrir des bactéries lorsqu'elles lui sont communiquées par inoculation. Il faisait barboter l'air à travers le liquide et ne voyant la vie apparaître en aucun cas, il conclut à l'absence complète des bactéries et de leurs germes et indiqua l'eau comme étant leur habitat exclusif. D'autres savants arrivèrent au même résultat et, dans ses livres et mémoires, de même que dans la discussion à la Société pathologique déjà rapportée, le D' Bastian s'appuie sur ce fait pour justifier l'interprétation qu'il a assignée à ses expériences. Ainsi il allègue très justement que si l'air est entièrement libre de matières susceptibles de donner naissance aux bactéries, leur apparition ne peut être due, ni à l'air, ni à quelque chose de contenu dans l'air, mais à un pouvoir inhérent aux infusions. La génération spontanée est la seule conclusion logique du fait que « la matière germinative dont dérivent les bactéries n'existe pas dans l'air ordinaire ». Cependant, les expériences rapportées dans ce mémoire constituent, ce me semble, une démonstration oculaire du rôle respectif joué par l'infusion et l'air. Une pincée de spores, prise entre les doigts et semée dans un milieu convenable, ne peut pas indiquer plus clairement, en produisant la récolte appropriée, l'origine de cette récolte, que les expériences avec le rayon lumineux n'indiquent l'origine de nos essaims de bactéries. Le D' Sanderson est maintenant, je n'en doute pas, bien à même de reconnaître que sa première conclusion était fondée sur une erreur d'interprétation. D'ailleurs, dans une conférence faite à Owens College (Manchester), conférence qui a été publiée dans le *British medical Journal* du 16 janvier 1875, il modifie considérablemet ses vues à cet égard. Il croit maintenant que les bactéries s'attachent à ces minces particules, qui, à peine visibles à la lumière ordinaire, apparaissent comme des atomes d'une clarté éblouissante dans les rayons solaire ou électrique. En fait, dans ses premières expériences, la stérilité n'était pas due à l'absence des germes de bactéries dans l'air, mais plutôt à l'inaptitude ou à la lenteur de sa solution minérale à les développer.

A l'égard du rôle joué par les *atomes* visibles, je ne puis que répéter ici ce que j'ai dit précédemment, que, tandis que les particules plus grossières pouvaient à peine exister au milieu des germes ténus des bactéries sans s'en charger elles-mêmes, dans une certaine mesure, il n'y a pas de raison de penser que ces particules sont indispensables à leur diffusion. S'ils sont attachés ensemble, la sécheresse et l'humidité de l'air sont également partagés par tous deux. En outre, les germes flottent dans l'air plus facilement que les particules plus grossières et, sans aucun doute, lorsqu'ils sont convenablement illuminés, ils répandent une portion de cette lumière changeante, dont nous avons déjà parlé, et dont la polarisation parfaite indique assez clairement la petitesse des masses qui la dispersent.

L'existence de la matière germinative des bactéries dans l'eau a été démontrée par les expériences du Dr Burdon Sanderson. Mais les germes de l'eau, on doit se le rappeler, sont dans des conditions très différentes, à l'égard de l'aptitude au développement, de ceux de l'air. Dans l'eau, ils sont déjà mouillés et prêts à passer, sous certains conditions favorables, à l'état d'organisme fini. Dans l'air, au contraire, ils sont plus ou moins desséchés et requièrent une période de préparation plus ou moins longue pour les amener au point de départ des germes aquatiques[1]. La rapidité du développement dans une infusion infectée soit par une goutte de liquide contenant des bactéries, ou par une goutte d'eau distillée, est extraordinaire. Le 4 janvier, je plongeai un fil de verre presque aussi fin qu'un cheveu dans une infusion nébuleuse de navet et j'en introduisis la pointe dans un tube à essai contenant une infusion de mulet rouge. Douze heures après, le liquide primitivement clair, était complètement trouble. Un second tube à essai contenant la même infusion, fut infecté avec une simple goutte d'eau distillée fournie par MM. Hopkin et Williams; douze heures également suffirent à troubler l'infusion ainsi traitée. La même expérience faite avec une infusion de hareng amena le même résultat. En hiver, plusieurs jours d'exposition à l'air chaud étaient nécessaires pour produire cet effet avec les germes atmosphériques.

Le 31 décembre, je préparai une forte infusion de navet par la digestion dans l'eau distillée à la température de 120° F. Elle fut répartie entre quatre grands tubes à essais. Dans le premier, on la laissa telle quelle; dans le second, on la fit bouillir pendant cinq minutes, et, dans les deux autres, on la fit également bouillir; mais après

---

1. Le processus par lequel un germe atmosphérique se mouille serait un intéressant sujet d'investigation. Un couvre-objet de microscope sec peut flotter sur l'eau pendant une année; il en est de même d'une aiguille, quoique sa densité soit presque huit fois celle de l'eau. S'il n'y avait pas quelque relation spécifique entre la matière du germe et le liquide dans lequel il tombe, l'humectation serait tout simplement impossible. Antérieurement à tout développement, il doit y avoir un échange de matière entre le germe et son entourage, et cet échange doit évidemment dépendre du liquide choisi.

refroidissement, on l'infecta avec une goutte d'infusion
de bœuf contenant des bactéries. En vingt-deux heures,
le tube non bouilli et les deux infectés étaient nébuleux,
le premier étant le plus trouble des trois. L'infusion
non bouillie était particulièrement limpide après la
digestion ; pour le navet, c'était tout à fait exceptionnel
et, quelque soin qu'on prît, le microscope ne put révéler
une seule bactérie vivante à son intérieur ; des germes
s'y trouvaient donc, qui, convenablement nourris, purent
en moins d'un jour passer à l'état d'essaims de bactéries
sans nombre. Cinq jour ne suffirent pas à produire un
effet approximativement égal dans le tube bouilli non
infecté, qui était de même exposé à l'air du laboratoire.
Je pense qu'il ne peut y avoir de doute que les germes
de l'air diffèrent eux-mêmes grandement entre eux à
l'égard de l'aptitude à développer la vie. Quelques-uns
sont frais, d'autres vieux ; quelques-uns sont secs, d'autres
humides. Infectée par de tels germes, la même infusion de-
mandera des temps différents pour se remplir de bactéries.
Et cette remarque, je n'en doute pas, s'applique egale-
ment aux différents degrés de rapidité, suivant lesquels
les maladies épidémiques affectent les différents peuples.
Chez quelques-uns, la période d'éclosion, si je puis
m'exprimer ainsi, est longue ; dans d'autres, elle est
courte, ces différences dépendant du plus ou du moins
d'aptitude à la contagion [1].

1. Dans l'avenir, les médecins réuniront probablement ces remarques avec
la constation suivante du Dr Murchison : « Dans cette maladie protéenne,
qu'on nomme fièvre typhoïde, dit-il, j'ai eu fréquemment l'occasion
d'observer une similitude remarquable dans le développement et même
dans les complications suivant la source du virus. » *Trans. Path. Soc.*
vol. xxvi, p. 515.

§ 25.

DISTRIBUTION DES GERMES DANS L'AIR.

Pendant les premières observations rapportées dans cet essai, environ cent tubes ou fioles furent distribués irrégulièrement dans les salles d'expériences et exposés à l'air ordinaire. Actuellement, ils s'élèvent presque à mille : pas un n'a échappé à l'infection. Peu de jours suffirent à troubler ces infusions et à les remplir de vie bactéridique. Je plaçai des tubes en divers points de l'Institution Royale, sur le toit de la maison, au dehors, dans la bibliothèque, dans ma chambre à coucher, dans la cuisine, dans mon cabinet, dans le théâtre, dans la salle des modèles, dans le cabinet de lecture, dans le cabinet du directeur, et dans une cuisine basse. Tous furent atteints de putréfaction avec son corrélatif invariable, les bactéries. Dans les salles sans feu, l'action fut plus lente que dans les chambres chauffées; mais, finalement toutes les infusions furent attaquées.

Relativement à la distribution des bactéries, il séra intéressant, je crois, de résumer les observations suivantes qui ont été faites hors de Londres. Le 27 octobre, un tube contenant une infusion de bœuf fut remis entre les mains de M. Darwin, qui eut la bonté de le placer dans son cabinet à Down et d'observer ses changements. En trois jours cette infusion devint nébuleuse et peuplée de bactéries. Le même résultat fut obtenu à l'air libre. M. F. Darwin fut assez bon d'exposer, pour moi, une solution dans le jardin de son père. Le temps était froid, ce qui retarda le développement de la vie ; cependant, le tube qui avait été exposé le 2 novembre, devint nébuleux et fourmillait de bactéries le 9. Dans le cabinet de sir John Lubbock, même observation. De Sherwood, près Turnbridge Wells, des infusions de poulet et de canard sauvage me furent retournées par M. Siemens profondément troubles et bondées de bactéries. De Pembroke Lodge, Richmond Park, M. Russell me renvoya des tubes de navet, de bœuf et de mouton fourmillants de vie. Une infusion de bœuf, exposée à Heathfield Park, Sussex, pendant une semaine, me revint de chez Mme Hamilton, boueuse et remplie de bactéries. De l'hôpital de Greenwich, M. Hirst m'envoya des tubes de bœuf, de mouton et de navet peuplés de vigoureuses bactéries. Le docteur Hooker fut assez bon de se charger de trois séries de tubes à Kew, chaque série comprenant bœuf, mouton et navet. L'une fut placée dans la serre à une température de 45 à 50°, une dans son cabinet à la température de 45 à 60° ; et la troisième dans la salle aux Orchidées (la plus chaude du jardin) à la température de 62 à 76°.

Les tubes furent exposés le 4 décembre, tous étant alors clairs. Dans la salle aux Orchidées, le navet devint nébuleux le 7, le bœuf et le mouton le 8, après quoi l'opacité s'accrut rapidement. Dans le cabinet, tous restèrent clairs jusqu'au 9, époque à laquelle le navet se troubla. Le 11, le bœuf était encore clair, tandis que le mouton avait cédé. Le 15, tous étaient atteints. Dans la serre, le navet devint nébuleux le 10 ; les autres le suivirent dans le même ordre décrit plus haut.

Il me semble que l'influence de la température est bien mise en évidence par ces observations. Trois jours suffirent à troubler le navet dans la salle aux Orchidées ; il en fallut cinq dans le cabinet et six dans la serre. Le mouton se couvrit dans le cabinet d'une couche épaisse

de *Penicillium*. Le 15, il avait pris une teinte brun clair
« comme si on lui avait mélangé de l'argile » ; peu après,
l'infusion redevint transparente. *L'argile* était la boue
de bactéries dormantes ou mortes, dont la séparation
fut causée par la formation des moisissures. Je ne trouvai
point de vie active dans ce tube, tandis que les autres
fourmillaient de bactéries. Du Palais de Cristal, à
Sydenham, M. Price m'envoya des tubes de mouton,
bœuf et navet chargés de bactéries. Comme la température était basse la nuit, le développement avait été considérablement retardé.

Ainsi donc les germes de bactéries sont répandus partout dans l'atmosphère.

J'étais cependant désireux d'avoir une idée plus nette
de la distribution de ces germes. Supposons qu'un grand
plateau peu profond soit rempli d'une infusion organique convenable et exposé à l'air. Les germes y tombe-
raient bien certainement ; et si les organismes en résultant pouvaient rester confinés à l'endroit où les germes
sont tombés, nous aurions ainsi une sorte de *carte*
reproduisant la distribution de la vie flottante de l'atmosphère. Mais, dans un tel plateau, ces organismes
ne manqueraient pas de s'entremêler et, partant, nous
n'arriverions ainsi à aucun résultat. Au contraire, nous
obtiendrons de précieux renseignements, si nous divi-
sons l'infusion et si nous la plaçons dans une série de
fioles contiguës exposées à l'air.

Pour réaliser cette idée, je fis construire une caisse
en bois, carrée, dont le fond était percé de cent ouvertures circulaires ; dans chacune de ces dernières j'en-
fonçai un tube à essais de trois pouces de long et d'un
pouce de diamètre, et dont le bord reposait sur le con-
tour de l'ouverture. Il y avait donc dix rangées de tubes,

chaque rangée en contenant dix. Le 23 octobre 1875, trente de ces tubes furent remplis d'une infusion de foin, trente-cinq d'une infusion de navet et trente-cinq d'une infusion de bœuf. Les tubes avec leurs infusions avaient été préalablement bouillis, dix à la fois, dans un bain d'huile.

Cent cercles furent tracés sur un papier de façon à représenter le plateau et, chaque jour, l'état de tous les tubes fut enregistré sur les cercles correspondants. Sept cartes ou recueils semblables furent dressées.

Je me servirai, par la suite, du terme *nébuleux* pour indiquer le premier degré de turbidité, distinct, mais pas très fort. Le mot *boueux* exprimera au contraire un trouble avancé.

§ 26.

LE PLATEAU DE CENT TUBES.

Le 25 octobre, un ou deux des tubes exposés le 23 montrèrent une tendance à céder ; cependant les progrès de la putréfaction furent enregistrés pour la première fois le 26. La figure 7 représentant le premier relevé sera trouvée ci-contre : elle peut être ainsi décrite.

Foin. — Des trente spécimens exposés, un était devenu boueux : le septième dans la rangée du milieu, en comptant du côté où le plateau était proche d'un poêle. Six tubes restèrent parfaitement clairs entre celui qui était boueux et le poêle, montrant ainsi que les différences de chaleur étaient surpassées par d'autres causes. Tous les autres tubes de foin présentaient des taches de moisissures sur le liquide clair.

Navet. — Quatre des trente-cinq tubes étaient très

boueux. Deux d'entre eux se trouvaient dans la rangée la plus proche du poêle; un, distant de quatre rangées, et le dernier, éloigné de neuf. Outre ces quatre, sept autres tubes étaient devenus nébuleux. Sur aucun d'eux ne se présentèrent de taches de moisissures.

Bœuf. — Un des trente-cinq tubes était tout à fait boueux, dans la septième rangée à partir du poêle. Il y avait, en outre, trois tubes nébuleux et sept qui portaient des taches de moisissures.

Règle générale, les infusions organiques exposées à l'air pendant l'automne restèrent claires pendant deux jours au plus. Sans aucun doute, des germes y tombèrent dès le premier, mais ils demandaient un certain temps pour se transformer en organismes. Cette période de clarté peut être appelée *période latente* ; et en réalité, elle correspond exactement à ce qu'on entend sous ce nom en médecine. Vers la fin de la «-période latente», le passage à l'état de maladie, si je puis m'exprimer ainsi, est comparativement brusque; l'infusion passe de la limpidité la plus parfaite à la nébulosité plus ou moins dense en quelques heures.

Ainsi le tube placé chez M. Darwin était clair à 8 h. 55 m. du matin le 19 octobre et nébuleux à 4 h. 50 m. de l'après-midi le même jour. De plus, sept heures après le premier relevé de notre plateau, un changement marqué avait eu lieu. Pour permettre la comparaison nous donnons le second relevé dans la figure 8 placée à coté de la première. La modification, dont nous venons de parler, peut être décrite de la manière suivante :

Au lieu d'un, huit des tubes contenant l'infusion de foin étaient dans un état boueux uniforme. Dix-neuf avaient produit une boue de bactéries, qui étaient tom-

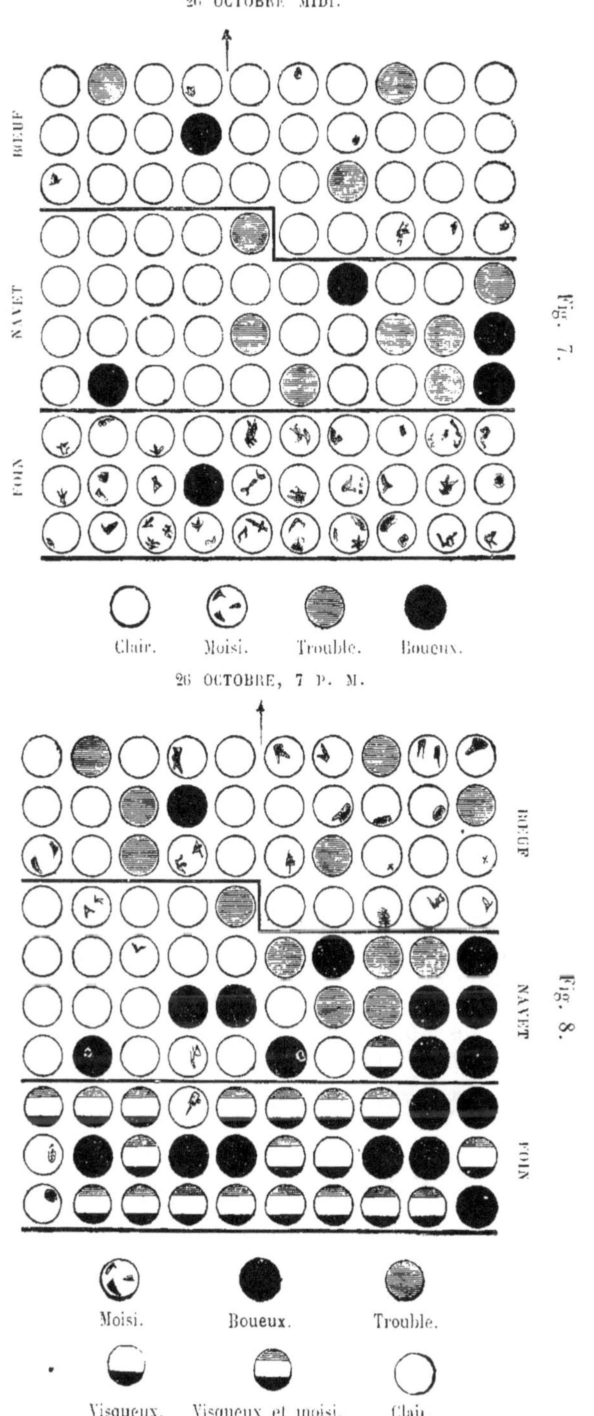

26 OCTOBRE MIDI.
BŒUF
NAVET
FOIN
Fig. 7.
Clair.
Moisi.
Trouble.
Boueux.
26 OCTOBRE, 7 P. M.
BŒUF
NAVET
FOIN
Fig. 8.
Moisi.
Boueux.
Trouble.
Visqueux.
Visqueux et moisi.
Clair.

bées au fond, le liquide s'étant recouvert ultérieurement
de moisissures. Trois tubes seulement restèrent clairs,
mais avec une couche de *Penicillium* à la surface. Les tubes de navet boueux s'étaient accrus de quatre à dix; sept
étaient nébuleux, pendant que dix-huit restaient clairs,
ayant çà et là une tache de moisissures à la surface. Du
bœuf, six étaient nébuleux et un fortement boueux,
pendant que des taches de moisissures s'étaient formées
sur la majorité des tubes restants. Quinze heures après
cette observation, c'est-à-dire le matin du 27 octobre,
tous les tubes contenant l'infusion de foin étaient
atteints, quoiqu'à des degrés divers, quelques-uns
d'entre eux étant beaucoup plus troubles que les autres.
Des tubes de navet, trois seulement restèrent inaltérés
et deux de ceux-ci avaient des moisissures à la surface.
Une seulement des trente-cinq infusions de bœuf se
conserva intacte. En outre, des modifications eurent lieu
dans le tube qui avait été attaqué le premier. La boue
resta grise pendant un jour et demi, puis elle passa au
jaune vert brillant et garda cette couleur jusqu'à la fin.
Le soir du 27, tous les tubes du plateau furent atteints, la
grande majorité avec un trouble uniforme, quelques-uns
cependant avec des moisissures au-dessus et de la boue
au-dessous, le liquide intermédiaire était parfaitement
limpide. Le processus entier porte une ressemblance
frappante à la propagation d'une épidémie à travers une
population, les attaques étant successives et de différents
degrés de violence. Je donne ci-joint, des copies de la
quatrième et de la septième carte avec leurs dates respectives.

Le 51 octobre, je jetai un dernier coup d'œil sur le
plateau de tubes. Tous ceux contenant l'infusion de foin
étaient troubles, quelques-uns plus fortement et aussi

27 OCTOBRE 6,50 P. M.

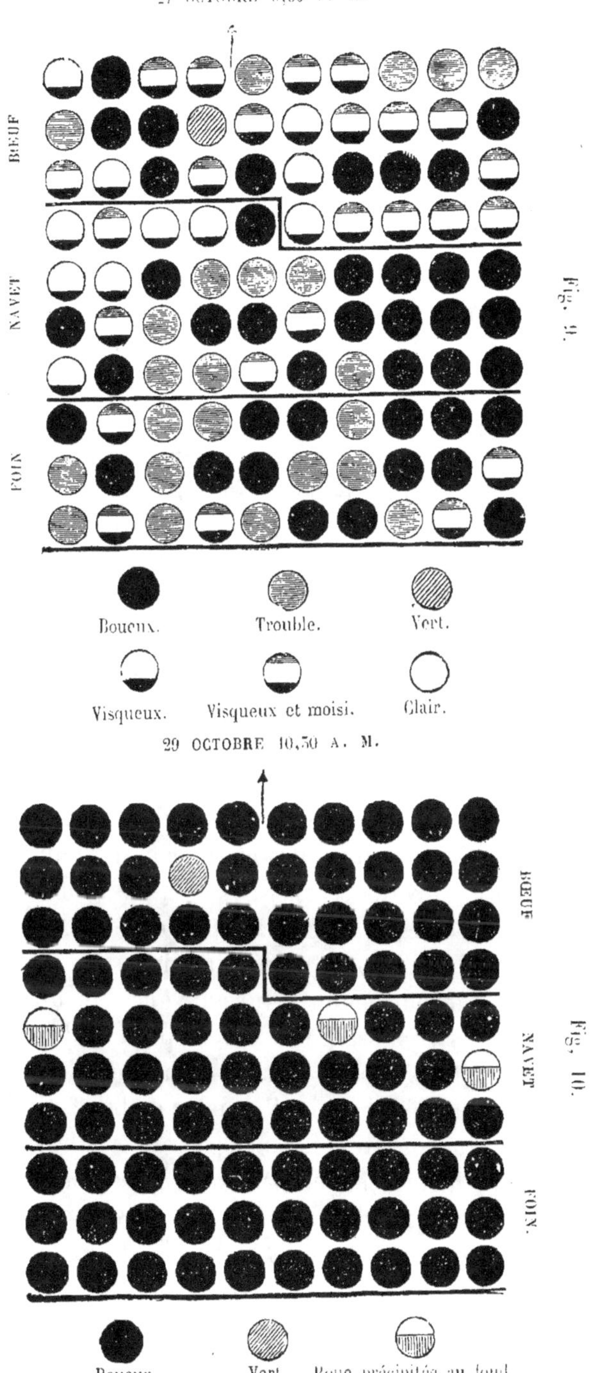
BŒUF
NAVET
FOIN
Fig. 9.
Boueux.
Trouble.
Vert.
Visqueux.
Visqueux et moisi.
Clair.

29 OCTOBRE 10,50 A. M.

BŒUF
NAVET
FOIN
Fig. 10.
Boueux.
Vert.
Boue précipitée au fond.

d'une coloration plus foncée que les autres. Ils étaient
d'abord tous de même couleur. Des trente tubes, quatre
seulement étaient libres de moisissures. Trois de ceux-
ci étaient contigus et le quatrième à une certaine distance des trois autres.

Le *Penicillium* était particulièrement beau. Sa forme
dominante était un disque circulaire vert formé de zones
brillantes et sombres alternant ensemble. Dans quelques
cas, le liquide était couvert d'une couche unique ; dans
d'autres il y avait trois ou quatre disques, chacun d'eux
de ses différentes zones colorées. Je rencontrai aussi des
types réticulés. Trois espèces de *Penicillium* semblaient
lutter pour l'existence; savoir : celle que nous venons
de décrire; une seconde espèce, de mêmes consistance
et couleur, mais formant de petits amas au lieu de
cercles, troisièmement, enfin, une moisissure blanche,
volumineuse, d'aspect laineux, au milieu de laquelle
les deux autres espèces de moisissures existaient parfois sous forme de petits îlots.

Tous les tubes contenant l'infusion de navet étaient
également troubles le 51. Neuf d'entre eux étaient libres
de moisissures. Ceux où elles existaient, ressemblaient
exactement à de petits cocons. Les tubes de bœuf furent
aussi tous turbides le 51 et dix-sept d'entre eux étaient
libres de moisissures. De plus, la moisissure sur le
bœuf était beaucoup moins luxuriante que celle du foin
ou du navet. La puissance de développement du *Penicillium* est la plus grande dans le foin, moindre dans
le navet, la plus faible dans l'infusion de bœuf. Chaque
fois que les moisissures étaient épaisses et cohérentes,
les bactéries mouraient, ou passaient à l'état de repos,
et tombaient au fond semblables à un sédiment. La
croissance de ces moisissures et leur effet sur les bac-

téries sont d'ailleurs très variables. L'infusion de navet, après avoir développé d'abord une vie bactéridique très abondante, se couvre fréquemment de *Penicillium*, qui détruisent les bactéries et éclaircissent toute la partie du liquide comprise entre le sédiment et la surface. De deux tubes placés l'un à côté de l'autre, l'un fut envahi par les bactéries, qui combattirent avec succès les moisissures, et conserva sa surface nette ; ces dernières au contraire prirent possession de l'autre, ce qui amena la destruction apparente des bactéries. J'ai déja montré que ceci était un fait constant pour toutes les infusions : poisson, viande, volaille ou végétaux. En ce moment, par exemple, sur trois tubes placés l'un près de l'autre en une rangée et contenant une infusion de sole, les deux extrêmes sont couverts d'une couche épaisse de moisissures, tandis que le tube central n'a pas la moindre tache à sa surface. Les bactéries, qui produisent un pigment vert, semblent être constamment victorieuses dans leur lutte avec le *Penicillium*.

Les observations qui précèdent, nous mettent à même, je pense, de tirer quelques conclusions intéressantes. Nous pouvons déduire de la façon irrégulière dont les tubes sont attaqués, qu'à l'égard de la *quantité* les germes ne sont pas distribués d'une manière uniforme dans l'atmosphère. Un tube sera, par exemple, d'un jour en retard ou en avance sur ses voisins.

En outre, le choix entre cent d'un tube par les bactéries, qui développent un pigment vert ou inversement, nous montre également qu'à l'égard de la *qualité* la distribution n'est pas non plus uniforme. Les observations suivantes mettent clairement ce fait en évidence : sur vingt-cinq tubes de différentes infusions animales, exposés par groupes de cinq, vers le milieu de novembre, et

tous fourmillants de vie bactéridique, cinq étaient
verts. Ces derniers se répartissaient ainsi : bœuf 2 ;
hareng 1, églefin 1, poulet 1, canard sauvage 0. La
même absence d'uniformité se manifeste dans la lutte
pour l'existence entre les bactéries et le *Penicillium*.
Dans quelques tubes, les premières étaient triomphantes ;
dans d'autres tubes de la même infusion, le contraire
avait lieu. Il semblerait aussi qu'un manque d'uniformité prévaut à l'égard de *l'énergie vitale*. Dans
quelques tubes, les mouvements de bactéries sont extrèmement lents ; dans d'autres, inversement, ils ressemblent
à une pluie de projectiles si rapide et si violente que l'œil
ne peut les suivre qu'avec difficulté. Pesant bien toutes
ces considérations, j'en arrive à conclure que les germes
flottent dans l'atmosphère par groupes ou nuages et
que, constamment, l'air charrie un nuage différent du
précédent. Par conséquent, le contact d'un fluide nutritif avec un nuage de bactéries doit amener un résultat tout autre que son contact avec l'air stérile compris
entre deux nuages consécutifs. Mais, de même que dans
le cas d'un ciel pommelé, les diverses parties du
paysage sont successivement visitées par l'ombre, de
même, à la longue, les tubes de notre plateau sont tou-
chés par les nuages de bactéries, d'où résulte une ferti-
lisation ou infection finale[1].

1. Dans la pratique des hôpitaux, l'ouverture d'une blessure pendant le
passage d'un nuage bactéridique aurait un effet très différent de son
ouverture dans l'intervalle entre deux nuages. Certains caprices, dans
la guérison de blessures pansées, trouvent peut-être ainsi leur explication.

Sous le titre « Rien de nouveau sous le soleil » le professeur Huxley
m'a récemment envoyé le remarquable extrait suivant : « Übrigens kann
man sich die in der Atmosphäre schwimmenden Thierchen wie Wolken
denken, mit denen ganz leere Luftmassen, ja ganze Tage völlig reinen

Le plateau de tubes me fut d'un si grand secours pour concevoir la distribution des germes dans l'air que, le 9 novembre 1875, j'en exposai un second contenant cent tubes remplis d'une infusion de mouton. Le matin du 11, six des dix les plus proches du poêle avaient cédé à la putréfaction ; il en était de même de trois de la série la plus éloignée, tandis qu'à l'intérieur quelques-uns avaient été irrégulièrement attaqués. Sur la totalité, vingt-sept étaient boueux ou nébuleux. C'est ainsi, sans doute, que, dans une atmosphère infectieuse, les individus seraient successivement frappés. Le 12, tous avaient cédé, mais les différences entre eux étaient considérables. Tous contenaient des bactéries, les uns peu, les autres par essaims. Dans quelques tubes, elles étaient paresseuses et languissantes dans leurs mouvements, tandis que dans d'autres elles tourbillonnaient avec une vigueur considérable. Comme toutes les infusions étaient identiques, ces divergences ne peuvent être rapportées qu'à la matière germinative. J'imagine que nous avons également ici le tableau frappant d'une épidémie, la différence dans le nombre de l'énergie des essaims de bactéries correspondant à l'intensité variable de la maladie. Par ces expériences, il devient évident que de deux individus de la même population, qui sont exposés à une atmosphère contagieuse, l'un peut être fortement attaqué, l'autre légèrement, quoiqu'ils soient aussi peu différents entre eux que nos infusions de mouton. Ce que j'ai dit sur l'*état de préparation* du contagium trouve ici son application.

Le parallélisme de ces phénomènes avec les progrès

Luftverhältnisse wechseln.» (Ehrenberg-*Infusions Thierchen*, 1838, p. 525). La coïncidence de la phraséologie est surprenante, car je ne connaissais rien de la conception d'Ehrenberg. Mes « nuages » cependant ne sont que de petites miniatures des siens.

des maladies contagieuses peut encore être poussé plus loin. Le *Times* du 17 janvier 1876, par exemple, contenait une lettre sur la fièvre typhoïde, signée M. D, dans laquelle se trouve rapporté le remarquable fait suivant : « Dans une de ses parties (Edimbourg), réunies ensemble et habitées par la classe inférieure de la population, existent, d'après le rapport à la Corporation pour 1874, 14. 319 maisons — beaucoup sans étages, bâties sur un terrain absolument plat — qui n'ont pas la moindre connexion avec les égouts et, partant, n'ont pas de water-closets. Par conséquent, tous les produits excrémentiels, ou autres débris provenant des habitants, sont réunis dans des seaux ou dans des bassins et restent dans un coin de la chambre à ce destiné jusqu'au lendemain, époque à laquelle on les conduit à la rue et on les vide dans les chariots de la Corporation. Eh bien ! si corrompue et si malpropre que soit cette population, c'est pourtant un fait remarquable que la fièvre typhoïde et la diphthérie sont inconnues dans ces malheureuses cabanes. »

L'analogie de ce résultat avec la façon dont se comportent les infusions est parfaite. Le 30 novembre dernier, par exemple, une certaine quantité de débris animaux, comprenant bœuf, poisson, lièvre, lapin, etc., fut placée dans deux grands tubes à essais ouverts dans une chambre de protection contenant six tubes. Le 15 décembre, alors que les débris se trouvaient dans un état complet de putréfaction, des infusions de merlan, de navet, de bœuf et de mouton furent chargées dans les quatre autres tubes. Je les soumis à l'ébullition et les abandonnai à l'action du gaz putride émis par leurs deux autres compagnons. Le jour de Noël 1875, les quatre infusions étaient limpides. L'extrémité de la pipette fut

alors plongée dans un des tubes contenant les débris en
putréfaction et une quantité de matière, comparable en
petitesse au vaccin tenu sur la pointe d'une lancette, fut
introduite dans le navet. Sa limpidité ne fut pas sensiblement affectée sur le moment, mais, le 26, il était
trouble. Le 27, une goutte du navet infecté fut transmise au merlan. Le 28, la maladie avait entièrement
pris possession de ce dernier. Et cependant, au moment
où je parle, les tubes de bœuf et de mouton sont aussi
transparents que de l'eau distillée. Précisément, comme
dans le cas des habitants d'Édimbourg, aucune quantité
du gaz fétide n'eut le pouvoir de propager l'infection
aussi longtemps qu'un des organismes, qui constituent
le vrai contagium, n'eut pas accès aux infusions.

Dans les expériences, qui viennent d'être décrites,
tous les tubes étaient disposés dans le même plan. Cependant je cherchai aussi à obtenir aussi quelque notion
de la distribution verticale des germes dans l'atmosphère. A cet effet, deux plateaux furent placés l'un au-
dessus de l'autre dans la même charpente. Le plateau
supérieur était soumis à l'action de la totalité de l'air
compris entre lui et le plafond, c'est-à-dire que tous les
germes pouvaient y descendre sur une hauteur d'environ
douze pieds. Le plateau inférieur était couvert par le
premier, un espace de six pouces seulement existant
entre eux. Si le nombre des germes contenus dans l'air
était proportionnel à la hauteur, nul doute que le plateau supérieur ne soit atteint le premier. Ce fut précisément l'inverse qui eut lieu. C'est donc bien moins la
colonne d'air que le repos qui détermine la rapidité de
l'attaque. L'air entre les deux plateaux étant beaucoup
plus tranquille que l'air général de la chambre, les
germes étaient moins sujets à des déplacements et tom-

baient avec plus de facilité dans le plateau inférieur. Ceci nous met, en outre, en possession d'un moyen de déterminer la limite inférieure du nombre de germes contenus dans la chambre où se faisaient les expériences.

Le plancher de la salle mesurait 15 pieds sur 20; sa surface était donc de 43.200 pouces carrés et chaque pouce carré représentait précisément la section d'un de nos tubes à essais. La hauteur de la chambre était de 180 pouces, c'est-à-dire que trente couches de tubes de six pouces auraient pu être placées entre le plancher et le plafond. Il y aurait donc en tout : 1 296 030 tubes. Or, si seulement il tombait un germe par jour dans chaque tube, ce chiffre représenterait le nombre de germes. Si au lieu d'un seul germe en un jour, il en tombait un par heure, le nombre total s'élèverait à 30 000 000. Il est probable d'ailleurs que le temps nécessaire à l'infection est beaucoup moindre qu'une heure. En tout cas, 30 000 000 de germes tombant par jour dans nos trente couches de tubes seraient une estimation extrêmement modérée. D'un autre côté, ceux-ci ne représentent certainement qu'une fraction, une très petite fraction même, des germes présents dans l'air. Dans son adresse présidentielle à l'Association anglaise, à Liverpool, le professeur Huxley supposa que des myriades de germes existent dans l'atmosphère. Plusieurs savants se sont trop hâtés, à mon avis, de ridiculiser cette affirmation, car d'après le calcul, que nous venons de faire, elle est la simple expression d'un fait. En réalité, si nous prenons à la lettre le mot myriade, il est même tout à fait insuffisant à exprimer la multitude des germes de l'air.

§ 27.

QUELQUES EXPÉRIENCES DE PASTEUR; LEUR RAPPORT AVEC LES NUAGES DE BACTÉRIES.

Tout récemment j'ai eu l'occasion de me rafraîchir la
mémoire du travail de Pasteur publié dans les Annales
de chimie pour 1862. Le plaisir, que j'avais éprouvé
lors de sa première lecture, fut ravivé par ce nouvel
examen. Clarté, force, prudence dans les déductions,
habileté expérimentale, toutes ces qualités avaient rarement mieux été utilisées par le savant français que dans
cet impérissable essai. C'est ce qui fait que même dans
les discussions les plus vives, qui ont eu lieu sur la
matière, tous ceux qui, en Angleterre, sont bons juges
dans les recherches expérimentales, n'ont jamais déses-
péré de voir triompher Pasteur. Un exemple frappant
de sa pénétration a une portée immédiate sur la conclusion relative aux nuages de bactéries, conclusion que nous
avons tirée d'une manière indépendante en nous basant
sur les résultats obtenus avec le plateau de cent tubes.
Le 28 mai 1860, Pasteur ouvrit, sur une terrasse, située
à quelques mètres au-dessus du sol, quatre fioles contenant de l'eau de levure. Jusqu'au 5 juin, elles ne subirent aucune modification. A cette date cependant une
touffe de mycelium apparut dans l'une d'elles. Le 6, une
autre touffe fut observée dans une seconde; les deux fioles
restantes demeurèrent intactes et sans organismes. Le
20 juillet, il ouvrit dans son propre laboratoire, six
fioles contenant de l'eau de levure. Quatre d'entre elles
restèrent parfaitement intactes, tandis que les deux
autres se chargèrent promptement de bactéries. De ces

observations, Pasteur conclut à la non-continuité de la cause à laquelle cette soi-disant génération spontanée était due. Cette conclusion est tout à fait d'accord avec la notion de nuages bactéridiques telle qu'elle résulte de mes expériences. En réalité, Pasteur ouvrit quelquefois des fioles au-dessous d'un nuage de bactéries et obtint ainsi la vie; parfois, il les ouvrit dans l'intervalle et arriva à un résultat négatif.

Non dans le but de répéter ses observations, que j'avais oubliées, mais pour une autre raison, j'ouvris le 6 janvier dernier, un certain nombre de tubes scellés à la lampe, dans la même salle de l'Institution royale. Le nom des infusions contenues dans chaque tube, la date de fermeture, leur état avant l'ouverture le 6, et leur condition six jours après, sont relatés dans le tableau ci-contre. Je choisis pour ces expériences des tubes qui contenaient un peu de liquide dans leur partie étirée. Dans chaque cas, le mouvement de ce liquide, lorsqu'on brisa le tube, indiqua une violente rentrée d'air[1].

Ainsi, sur trente et une fioles ouvertes dans le même air, dix-huit restèrent intactes tandis que treize furent envahies par des organismes. Ce fait est évidemment du même caractère que celui rapporté par Pasteur. De telles expériences démontrent à l'évidence, si une démonstration était encore nécessaire, que ce n'est pas l'air, ni une substance gazeuse ou à l'état de vapeur uniformément répandue dans l'atmosphère, qui sont la cause de l'infection, mais quelque substance flottante discontinue. Au lieu de nos tubes, supposons que trente et une blessures aient été ouvertes dans la même salle d'un hôpital; certainement ce qui a eu lieu avec les tubes arriverait

1. Voir le Tableau page suivante.

INFUSIONS	DATE DE FERMETURE.	ÉTAT DES TUBES LE 6 JANVIER	ÉTAT DES TUBES LE 12 JANVIER
Coq de bruyère........	27 novembre.	Clair.	Clair.
Sole	17 —	—	Trouble.
Navet n° 1..........	5 octobre.	—	Penicillium au-dessus.
Navet n° 2...	—	—	Clair.
Foin.....	—	—	Mycelium au fond.
Canard sauvage......	12 novembre.	—	Trouble.
Mouton............	—	—	Nébuleux.
Poulet............	—	—	Clair.
Bœuf.............	—	—	Mycelium au fond.
Églefin	—	—	Clair.
Ris de veau........	16 novembre.	—	Mycelium au fond.
Lapin	15 —	—	Clair.
Cœur............	—	—	Couche épaisse au-dessus.
Faisan............	—	—	Clair.
Mulet	—	—	—
Lièvre............	—	—	—
Bécasse...	—	—	—
Perdrix..........	—	—	—
Pluvier...	—	—	Mycelium dessous.
Morue............	—	—	Clair.
Reins	5 Janvier.	—	Mycelium au fond.
Saumon	15 décembre.	—	Clair.
Merlan	—	—	—
Navet.....	29 décembre.	—	—
Foin, 4 gouttes potasse.	22 novembre.	Clair avec sédiment.	Mycelium au fond.
Foin, 2 — —	—	Clair.	Mycelium au fond.
Foin, 5 — —	—	Clair avec sédiment.	Clair.
Foin, 6 — —	—	—	—
Foie.............	30 novembre.	Clair.	—
Foin.............	18 —	—	—
Foin	—	—	—
Navet	—	—	Boueux.

avec les blessures, quelques-unes recevraient des germes
et entreraient en putréfaction ; d'autres au contraire
pourraient échapper à leur action. Éclairée par la conception. non seulement des germes, mais des nuages de
germes. la conduite différente des blessures, soumises

exactement aux mêmes conditions, cessera d'être un mystère insondable pour le chirurgien [1].

Pendant le cours de ces recherches, quelques biologistes ont été assez bons pour me donner, de temps à autre, leur opinion sur la force probante de mes expériences. Je suis, en outre, redevable au professeur Huxley de l'examen qu'il a bien voulu faire d'un certain nombre de tubes hermétiquement fermés. Trente de ces tubes furent placés entre ses mains et aucun ne fut reconnu être défectueux. Cependant une inspection plus attentive décela à l'intérieur de l'un d'eux un mycelium. Pendant un moment on ne put pourtant découvrir aucun défaut dans le tube ; sa fermeture paraissait être aussi parfaite que celle de ses compagnons stériles. Une fois, cependant, en le secouant, une goutte de liquide sauta dans la figure du professeur Huxley ; il s'aperçut alors qu'un orifice d'une dimension presque microscopique était resté ouvert à la pointe du tube. L'air avait été aspiré au travers par le refroidissement du liquide et de là provenait la corruption. Ce fut le seul tube défectueux

1. « Nous sommes en possession de nombreuses expériences, disait M. Knowsley Thornton (*Trans. of the Pathological Society*, vol. xxvi, p. 515), qui montrent que ce n'est point l'air, ni les gaz y contenus, pas plus qu'aucune matière soluble dans l'eau, qui produisent les modifications dans une blessure ouverte, mais bien quelque chose de *particulaire* : c'est ce quelque chose, qui, après que le patient a passé par une période d'affection plus ou moins constitutionnelle, peut causer la guérison de la blessure, comme il peut produire la septicémie et la mort. Cette matière particulaire doit se composer de germes de bactéries et d'autres organismes inférieurs. » Tout amène à cette conclusion. Je puis dire que je suis complètement d'accord avec M. Thornton dans la distinction qu'il fait entre les *germes* et les *bactéries* développées flottant dans l'air. Il est, à mon avis, de la plus haute importance de bien saisir cette distinction. Lorsqu'on sera bien d'accord sur ce point, nous comprendrons sans doute beaucoup mieux pourquoi un virus diminue en force lorsque les bactéries se multiplient. Une partie de l'énergie du virus consiste précisément dans son passage de l'état de germe à l'état d'organisme défini.

du groupe de trente et le seul aussi qui montra des signes de vie.

L'exposition de ce fait devant la Société Royale, par le professeur Huxley, attira mon attention et m'engagea à répéter l'expérience de mon côté. Un matin de novembre, je décrochai un des tubes hermétiquement fermés du fil où il était suspendu et, le plaçant contre la lumière, j'y découvris, à mon étonnement, un magnifique mycelium. Avant de remettre le tube en place je touchai son extrémité effilée et la trouvai tranchante. Un examen plus minutieux révéla que la pointe avait été brisée ; l'air ordinaire y était entré et le germe du mycelium semé. Deux autres cas, dont un semblable à celui du professeur Huxley, furent ainsi mis en évidence. Dans l'un d'eux, un petit orifice avait persisté après scellement supposé du tube. L'autre cas fut noté au retour de mes tubes placés aux bains turcs. L'un d'eux contenait un luxuriant mycelium. Je remarquai, en même temps, que le liquide avait singulièrement diminué de volume et, en retournant le tube, je m'aperçus qu'il était fendu dans le fond.

Aucun cas de pseudo-génération spontanée ne fut jamais constaté par moi sans qu'il pût être expliqué autrement d'une manière tout à fait satisfaisante.

Dans ces recherches, je me suis appliqué à opérer sur des infusions purement liquides, excluant avec intention les matières telles que le lait, les mélanges de jus de navet et de fromage etc., en un mot tout composé de liquides et de solides. La prochaine section de mon mémoire sera consacrée à des études de cette nature ; j'y examinerai, entre autres, d'une manière complète la *peptone* et les remarquables expériences du docteur William Roberts que je suis en mesure de confirmer à très peu de chose près.

Je suis heureux de pouvoir remercier ici mon excellent préparateur Mr John Cottrell du zèle et de l'intérêt qu'il a montrés durant le cours de mes expériences. Son intelligence à saisir mes idées et son adresse mécanique à les réaliser m'ont rendu d'admirables services. Sans un tel aide, en vérité, tant de choses n'auraient pu être faites en si peu de temps.

Institution Royale, le 5 avril 1876.

C'est pour moi un véritable plaisir d'attirer ici l'attention sur un mémoire du Révérend W. H. Dallinger, pour la connaissance duquel je suis redevable à l'obligence du docteur Lawson, éditeur de « *Popular science Review* ». M. Dallinger et son collègue M. Drysdale sont bien connus pour avoir poussé le microscope au degré extrême de perfection où il est actuellement. Leurs « *Researches into the Life-History of the monads* » sont des modèles de précision et de pénétration scientifique. L'étude de M. Dallinger sur l'état présent de la doctrine de la génération spontanée, ses remarques sur la relation entre les germes des bactéries et le pouvoir grossissant du microscope, sa démonstration que les germes des monades survivent dans un milieu élevé à une température qui détruit l'adulte, et que les particules de mastic précipitées, semblables à celles mentionnées au paragraphe 16 de ce mémoire, ne peuvent être distinguées par un pouvoir grossissant de 15 000 diamètres, constituent une communication des plus intéressantes et des plus importantes.

*Note A. — Action des bactéries sur un rayon
lumineux.*

Pour suivre la croissance graduelle et la multiplication des bactéries par leur action sur un rayon lumineux,
une infusion de bœuf fut préparée le 5 octobre 1875,
placée dans une fiole sphérique d'un volume de
15 pouces cubes et abandonnée à l'air ordinaire. Le 8,
le 9, le 10, le 11, et le 12, d'autres fioles semblables
furent préparées et placées l'une à côté de l'autre. Le
12, elles furent toutes examinées par le rayon électrique
concentré. La plus récente montra la trace du rayon
comme un cône richement coloré en vert. Cette lumière
verte ne fut point modifiée par l'action d'un prisme de
Nicol, qui, cependant, éteignait la lumière ordinaire
dispersée et augmentait ainsi la pureté et la vivacité du
vert. C'était un cas de fluorescence. Dans la seconde
fiole, plus ancienne d'un jour, le rayon fluorescent était,
en grande partie, masqué par la lumière dispersée ;
cette dernière peut pourtant être partiellement éteinte
par un prisme de Nicol, la pureté de la fluorescence se
trouvant ainsi presque rétablie. A travers la troisième fiole,
de deux jours, et à travers la quatrième, de trois jours
plus ancienne, la trace du rayon était encore visible ; à
travers la cinquième elle était tout à fait oblitérée,
tandis qu'à travers la sixième elle était entièrement
brisée, le milieu trouble étant uniformément rempli de
la lumière latéralement dispersée.

Deux de ces fioles étaient d'un jaune vert brillant,
deux laiteuses ou blanches et deux d'une teinte brun-
foncé

Cohn mentionne la couleur bleuâtre de l'infusion par

réflexion et sa teinte jaune par la lumière transmise lorsqu'elle renferme des bactéries. Ceci est dû à une action dichroïtique analogue à celle qui produit la couleur bleue du ciel ainsi que le matin et le crépuscule rouge. Le bleu, pourtant, quoique reconnaissable, n'est pas très prononcé, car les bactéries sont trop grandes pour disperser la lumière à un aussi haut degré de pureté : mais avec une infusion *boueuse* une très belle couleur rouge peut être obtenue par la lumière transmise. J'ai utilisé le trouble bactéridique pour des expériences photométriques. Le 9 octobre, par exemple, j'accompagnai sir Richard Collinson et un comité de l'Elder Brethrey, de Trinity-House, à Charlton, dans le but de comparer ensemble deux lumières montées au Trinity Wharf, à Blackall. Pour imiter une atmosphère brumeuse, j'employai une infusion rendue nébuleuse par les bactéries. Le rayon peut ainsi être graduellement affaibli jusqu'à extinction.

Note B. — Fluorescence des infusions.

Toutes les infusions animales, chair ou poisson, montrèrent la même fluorescence. C'était la même teinte verte au travers, quoiqu'à des degrés divers d'intensité. Avec le canard sauvage, le coq de bruyère, la bécasse, le lièvre, la perdrix et le faisan, la fluorescence était belle, quelquefois extrêmement belle. Dans le lapin, elle était moins belle que dans le lièvre, et chez le lapin de clapier moins belle que chez le lapin de garenne. Les poissons aussi différaient entre eux. Le mulet, par exemple, était plus beau que la morue, le hareng ou l'églefin. Le bœuf, le mouton, le cœur, le foie, montraient tous la même fluorescence verte.

Amenés sur ce sujet, par une série d'expériences

remarquables sur le passage des substances cristallisées
dans les tissus vasculaires et non vasculaires du corps [1],
les Drs Bence Jones et Dupré communiquèrent, en 1867,
à la Société Royale, un mémoire extrêmement intéressant intitulé : « On a fluorescent substance, resembling
quinine, in Animals [2] ». Ils montrèrent alors que « on peut
extraire, de tous les tissus de l'homme et des animaux,
une substance fluorescente qui présente la plus étroite
ressemblance, tant au point de vue chimique qu'au point
de vue optique, avec la quinine ». Ils l'appelèrent, en
conséquence, quinoïdine animale et trouvèrent qu'en
solution diluée la fluorescence produite par la substance animale ne pouvait être distinguée de celle produite par la quinine. Dans les solutions concentrées, au
contraire, la couleur de la lumière était très franche-
chement verdâtre. Cette dernière observation concorde
parfaitement avec les miennes. Dans toutes les infusions
examinées par moi, la lumière fluorescente était nettement verte et ne pouvait être confondue avec la lumière
bleue de la quinine.

La couleur verte est semblable à celle émise par le
cristallin lorsqu'il est frappé par un faisceau de lumière violette [3] ; si on envoie un tel rayon à travers une
infusion quelconque la dégradation du violet au vert est
illustrée d'une manière frappante.

Les observations qui précèdent se rapportent aux infusions bouillies et filtrées. Avant de les soumettre à l'ébullition, quelques-unes d'entre elles étaient d'une bril-

---

1. Proceedings of the Royal Society, vol. xiv, 1865.
2. Ibid. vol, xv, p. 75.
3. En plongeant l'œil dans le rayon de la lampe électrique, transmis à
travers un verre violet, le cristallin est vu avec une teinte bleue par un
second observateur sur l'œil, duquel le rayon tombe. En ce qui me concerne, j'ai observé le phénomène plusieurs fois.

lante couleur rouge ; mais, même dans ce cas, lorsque
la couche de liquide interposée entre l'œil et le rayon,
n'était pas trop épaisse, la fluorescence verte pouvait
être vue à travers le liquide rouge.

CHAPITRE III

NOUVELLES RECHERCHES SUR LA NATURE ET LA VITALITÉ DES ORGANISMES DE LA PUTRÉFACTION[1].

§ 1.

INTRODUCTION.

Le 15 janvier 1876, j'ai eu l'honneur de soumettre à la Société Royale quelques-uns des résultats d'une investigation durant laquelle le pouvoir de produire la vie se montra aller de pair, dans l'air atmosphérique, avec celui de disperser la lumière. La dispersion fut prouvée être due, non à l'air lui-même, mais à des matières étrangères en suspension dans l'air. Il fut, en outre, démontré que l'air placé dans des conditions convenables est soumis à un travail de « *self-purification* », dont le résultat est de le priver à la fois du pouvoir de disperser la lumière et d'engendrer la vie.

La forme des expériences, dont il est question ici, peut se résumer comme suit : des chambres de bois furent construites avec façades vitrées, fenêtres latérales et portes d'arrière. A travers le fond des chambres passaient étanches des tubes à essais, leurs extrémités ouvertes et environ un cinquième des tubes

1. *Philosophical Transactions.* Part. I, 1877.

se trouvant à l'intérieur des chambres. Des dispositions furent prises pour mettre en connexion l'air intérieur avec l'atmosphère au moyen de conduits sinueux. Les chambres étant soigneusement fermées, on les abandonnait au repos pendant quelques jours. Les matières

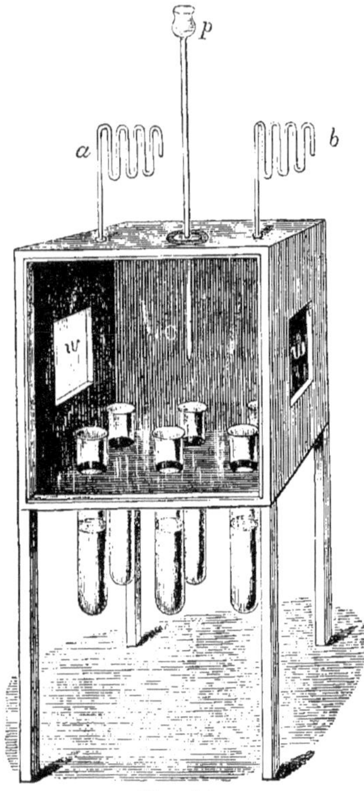

Fig. 11.

flottantes de l'air intérieur se déposaient graduellement jusqu'à ce qu'un rayon lumineux fortement concentré ne parvînt plus à montrer sa trace à travers la chambre. Alors, mais seulement alors, les infusions étaient introduites au moyen d'une pipette passant à travers le plafond de la chambre. Après leur introduction, elles étaient bouillies, dans un bain d'huile ou dans une solution saline[1], pendant cinq minutes et laissées ensuite dans une chambre chaude.

La gravure ci-contre (fig. 11), tirée des « Proceedings » de l'Institution Royale, montre une chambre avec ses six tubes à essais, ses fenê-

---

1. De ce qu'elles étaient chauffées dans un bain d'huile ou dans une solution saline, le professeur Cohn a inexactement déduit que les infusions elles-mêmes étaient élevées au delà de leur point d'ébullition. Les tubes étant ouverts, la température est, par conséquent, indépendante de la cause qui la provoque.

tres latérales *w w*, sa pipette *c*, et ses tubes pliés *ab*.
qui mettent en connexion l'air de la chambre avec l'atmosphère.

Par l'usage de plus de cinquante chambres ainsi
construites, dont beaucoup furent utilisées plusieurs fois,
il fut prouvé, sans aucune exception, qu'une infusion
stérilisée mise en contact avec de l'air optiquement pur
restait stérile. Jamais, sans qu'on puisse en donner une
explication satisfaisante, l'infusion ne montra signe de
vie. Que la stérilité observée n'était pas due à un manque
de puissance nutritive de l'infusion, ceci fut démontré
en ouvrant la porte d'arrière et en permettant à l'air
impur d'entrer dans la chambre. Le contact des matières en suspension avec les infusions était invariablement suivi par le développement de la vie. De nombreux
exemples de ces résultats furent mis sous les yeux des
membres de la Société Royale dans la réunion du
13 janvier 1876.

Antérieurement à la date que je viens de citer, l'intérêt du public avait été excité et, je puis ajouter, une
grande incertitude scientifique avait été produite à cet
égard, à la fois en Angleterre et en Amérique, par les
écrits du Dr Bastian. Ces travaux consistaient, en partie,
de considérations et de réflexions théoriques, qui n'étaient
pas neuves, mais quelquefois très éloquemment soute-
nues, basées sur la doctrine de l'évolution; et en partie
de critiques très vives à l'adresse de ceux, qui, tout en
croyant à la doctrine de l'évolution, refusaient d'admettre le programme de l'auteur[1]. Passant au-dessus
des théories et des critiques, je pense qu'il serait sage
de soumettre les faits bien définis, qui sont à la base

1. Voyez « *Evolution and the Origin of Life*, p. 168, 169.

du système du Dr Bastian, au contrôle de l'expérience stricte et minutieuse.

Ainsi, il a affirmé « que les infusions de navet ou de foin bouillies, exposées à l'air ordinaire, à l'air filtré, à l'air calciné ou mises à l'abri du contact de l'air, sont plus ou moins aptes à fourmiller de bactéries et de vibrions dans l'espace de deux à six jours[1]. » J'essayai, en conséquence, de répéter ses expériences avec de l'air calciné, de l'air filtré, et à l'abri de l'air, mais je ne pus réussir à découvrir cette aptitude à développer les formes vivantes. Il a également affirmé que des infusions de muscles, de reins, ou de foie, placées « dans des fioles dont le col est étiré et rétréci dans la flamme du chalumeau, bouillies, scellées durant l'ébullition, et conservées dans une place chaude, fourmillaient après un temps variable de bactéries et d'organismes alliés[2]. Je me servis de fioles identiques à celles recommandées, employant des infusions de poisson, de viande, de volaille et de viscères, et, le 15 janvier, je fus à même de placer devant la Société Royale cent trente bouteilles, dont chacune était la négation de l'assertion précitée.

Deux objections furent subséquemment élevées contre mes résultats. On soutint que mes infusions n'étaient pas assez concentrées, ni les températures assez élevées. Mais ces deux objections furent renversées par le fait que quarante-huit heures d'exposition à l'air ordinaire dans des conditions identiques suffisaient à remplir les mêmes infusions de vie. Outre ceci, je pus encore prouver que les températures employées par moi étaient précisément celles qui avaient été autrefois mentionnées comme des plus efficaces par mon contradicteur.

1. *Evolution*, p. 94.
2. *Transactions of the Pathological Society*, 1875, p. 272.

D'autres températures, plus hautes qu'aucune employée jusqu'alors, furent ensuite indiquées comme assurant la génération spontanée. J'y exposai mes infusions, mais trouvai qu'elles restèrent aussi stériles qu'avant.

De plus, à l'égard de la concentration, je démontrai qu'en présence de leur évaporation graduelle, mes infusions n'étaient très probablement pas égalées en force par aucune de celles employées par les autres observateurs. Quelques-unes de ces infusions furent conservées jusqu'à ce jour. Concentrées par douze mois d'une évaporation lente et réduites à un cinquième de leur volume primitif, elles montrent encore une pureté égale à celle de l'eau distillée.

Ces résultats ne peuvent laisser le moindre doute que, dans les conditions atmosphériques existant dans le laboratoire de l'Institution Royale, durant l'automne, l'hiver et le printemps de 1875-76, cinq minutes d'ébullition suffisent à stériliser des liquides organiques de toutes natures. Parmi ceux-ci, je citerai : l'urine naturelle, les infusions de mouton, bœuf, porc, foin, navet, églefin, sole, saumon, morue. turbot, mulet, hareng, anguille, huître, merlan, foie, rein, lièvre. lapin. poulet, coq de bruyère et faisan. Une fois convenablement stérilisées et protégées ensuite contre le contact des matières en suspension dans l'air, pas une de ces infusions putrescibles ne manifesta le pouvoir d'engendrer la vie de sa propre énergie.

§ 2.

EXPÉRIENCES DE PASTEUR, DE ROBERTS ET DE COHN.

Au cours des recherches, que je viens d'exposer, je m'étais confiné à l'emploi d'infusions animales ou végétales à l'état naturel, c'est-à-dire d'extraits obtenus à l'aide de l'eau distillée et non rendus artificiellement acides, neutres ou alcalins. J'ai eu cependant l'occasion de répéter, entre autres, quelques-unes des très remarquables expériences, sur les infusions de foin neutralisées, décrites par le Dr William Roberts dans son excellent mémoire inséré dans les « Philosophical Transactions» pour 1874. Je ne puis confirmer les résultats obtenus par ce savant ; car, tandis qu'entre ses mains de telles infusions requièrent quelquefois jusqu'à trois heures d'ébullition pour être stérilisées, dans les miennes, elles se conduisent comme les infusions ordinaires et sont stérilisées en cinq minutes.

Dans la communication préliminaire que je fis à la Société Royale le 13 janvier 1876, je mentionnai cette divergence et indiquai sa cause possible[1]. Mais, l'importance de la question, qui avait été déjà soulevée par Pasteur, et le peu de temps dont je disposais alors, me firent remettre à plus tard toute discussion. On trouvera cette circonstance indiquée dans la conclusion de mon memoire paru dans les « Philosophical Transactions » pour 1876 où la divergence précitée se trouve rapportée mais non éclaircie.

Dans son célèbre mémoire « *Sur les corpuscules organisés, qui existent dans l'atmosphère*[2] », M. Pasteur annonça d'abord que, tandis que les infusions acides avaient leur vie germinale détruite par une température de 100° C., une température plus élevée était nécessaire pour produire le même effet sur les infusions alcalines. Dans ses *Études sur la bière*, publiées dans la première partie de 1876, il répète et démontre cette affirmation.

1. *Proc. Roy. Soc.*, vol. XXIV, p. 178.
2. *Annales de chimie*, 1862, vol. LXIV.

Il trouve que les organismes qui décomposent le vinaigre sont détruits à la température de 100° C. Le vin est rendu inaltérable par une température quelque peu plus élevée. Le moût de bière, sans houblon, réclame une température de 90° C pour être stérilisé et le lait une température de 110°. Les organismes de l'urine fraîche sont détruits à 100° tandis qu'une température plus élevée est nécessaire lorsque l'urine a été neutralisée par le carbonate de chaux[1]. La résistance de l'urine alcalinisée n'est en aucune façon une nouvelle découverte[2].

A mon retour de Suisse, en 1876, je repris mes expériences sur les infusions de foin alcalinisées et reçus, bientôt après, du professeur Cohn, de Breslau, un mémoire[3] qui me rendit doublement désireux d'examiner plus minutieusement la cause de mes divergences avec le Dr Roberts. Le professeur Cohn est, en résumé, du même avis que le Dr Roberts[4], ayant trouvé, durant des

1. Études sur la bière, p. 54.

2. A l'égard des réactions différentes des liquides alcalins et acides, je laissai ce sujet complètement de côté dans l'intention de le reprendre d'une manière détaillée dès que la première partie de mes recherches aurait été publiée. Je ne pouvais m'imaginer comment les germes sont tués dans une solution acide, tandis qu'ils survivent dans un milieu alcalin à la même température ; je ne pouvais, non plus, malgré tout mon respect et ma confiance dans M. Pasteur, accepter son explication sans examiner de nouveau la question moi-même. Je me promis donc d'y revenir en temps opportun. De nombreuses expériences et des généralisations relatives à ce sujet seront trouvées dans les pages suivantes.

3. *Beiträge zur Biologie der Pflanzen*, juillet 1876.

4. Le professeur Cohn me critique à l'égard des tampons de ouate, voyant que ces tampons m'ont toujours donné d'excellents résultats. Je n'ai rien à dire aux objections élevées contre le filtre, mais contre les raisons qui ont guidé le professeur Cohn en cette circonstance. A l'égard de la méthode du Dr Robert, il écrit : « Le défaut de cette méthode consiste dans la difficulté de protéger la ouate contre l'humectation accidentelle par l'infusion. En outre, la vapeur, qui s'élève du liquide, pénètre dans cette ouate et par sa condensation dans le col de la bulle peut facilement se charger de germes. »

séries d'expériences longues et variées faites avec des infusions de foin de différentes sortes, que lorsque la période d'ébullition n'excède pas quinze minutes, des organismes apparaissent invariablement par la suite dans les infusions. Soixante, quatre-vingts et même cent vingt minutes d'ébullition furent, d'après lui, quelquefois insuffisantes pour stériliser les infusions. Une différence marquée existe cependant entre le Dr Roberts et le professeur Cohn. Le premier déclare que cinq minutes d'ébullition suffisent à stériliser une infusion naturelle de foin, mais qu'une, deux et même trois heures sont insuffisantes pour stériliser l'infusion neutralisée; tandis que le second ne fait pas de différences de cette nature, et trouve, au contraire, que les infusions acides et neutres sont également résistantes[1].

§ 5.

INFUSIONS DE FOIN. — EXPÉRIENCES PRÉLIMINAIRES AVEC DES « BULLES DE PIPETTES ».

J'ai maintenant l'honneur de soumettre à la Société Royale des recherches qui embrassent les différents points dont nous venons de parler, et qui se sont montrées beaucoup plus difficiles et plus pénibles que je ne l'aurais cru.

Le 27 septembre 1876, une certaine quantité de foin haché fut mise à digérer pendant trois heures et demie dans de l'eau distillée maintenue à la température de 120° F. L'infusion fut ensuite retirée et sa densité

---

1. Ein constanter Unterschied in der Zeitdauer zwischen sauren und neutralen Aufgüssen, wie ihn Robert gefunden, trat in unseren Versuchen nicht hervor (*Beiträge*, p. 259).

amenée exactement au point indiqué par Roberts,
c'est-à-dire 100° C. Elle fut alors filtrée et légèrement
alcalinisée. Une sorte de précipitation se fit lors de l'addition de la potasse et l'infusion fut bouillie pendant
cinq minutes pour rendre cette précipitation complète.
On la filtra alors de nouveau et on l'introduisit dans
une série de bulles de même forme et de même volume
que celles décrites par le Dr Roberts et qu'il appelle
« *Bulles tamponnées* » (Plugged-bulbs) [1].

Chaque bulle était un cylindre d'environ quatre
pouces de hauteur et d'un pouce de diamètre, avec un
long col attaché à l'une de ses extrémités comme le
montre la figure 12, A[2]. Les deux tiers du cylindre
étaient occupés par l'infusion. Après l'introduction de
cette dernière, le col de la bulle était bouché avec un
tampon de ouate, puis hermétiquement scellé comme
on peut le voir figure 12, B. Les bulles furent alors plongées dans de l'eau profonde assez pour recouvrir leurs
cols. Cette eau fut graduellement portée à son point
d'ébullition et maintenue pendant dix minutes. Je
retirai ensuite les bulles et les laissai refroidir, après
quoi l'extrémité scellée de chaque col fut détachée à
l'aide d'une lime, ce qui donnait aux pipettes l'aspect
de la figure 12, C. Les bulles protégées par les tampons
de ouate furent enfin exposées à une température uniforme d'environ 90° F.

1. *Phil. Trans.*, vol. clxiv, p. 460.
2. Je les appelle *bulles de pipettes* parce qu'elles sont formées d'une
pipette dont on a fermé la pointe, l'autre extrémité restant ouverte pour
permettre l'introduction de l'infusion. Je me servis d'abord de pipettes
allemandes à cause de leur bas prix. Mais, par la suite, je dus y renoncer
parce que des ruptures fréquentes étaient occasionnées par l'ébullition
prolongée. Le verre anglais d'une qualité spécialement résistante fut alors
employé.

En même temps, deux bulles semblables, mais ayant
le col plié et dirigé vers le bas, comme dans la figure 13,
la portion inclinée étant bouchée de façon à ce qu'aucune impureté ne pût tomber de la ouate dans le
liquide, furent chargées de la même infusion. Ces deux
bulles furent bouillies pendant cinq minutes dans un
bain d'huile et munies, pendant l'ébullition, d'un tam-

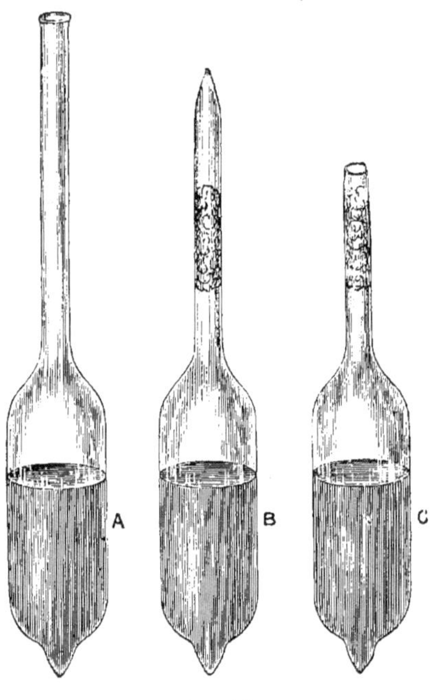

Fig. 12.

pon de ouate. Elles furent alors fermées en arrière des
tampons et abandonnées au refroidissement, leurs extrémités scellées étant ensuite brisées.

Le 30 septembre, l'infusion était trouble dans toutes
les bulles à col droit, tandis qu'elle était parfaitement

claire dans tous les tubes à col plié. Le 26 octobre, la turbidité des bulles à col droit s'était accrue, et une couche graisseuse s'était formée à leur surface. Les deux autres étaient à la même époque, légèrement, mais distinctement troubles.

La déduction que je tirai de cette expérience fut que, ni dans les bulles à col droit, ni dans les bulles à col plié, les germes n'avaient été totalement tués par l'ébullition. La différence dans les résultats obtenus était, à mon avis, due au mode de manipulation employé dans chaque cas. Car on peut remarquer qu'une certaine quantité d'air avec ses matières en suspension était restée emprisonnée au-dessus de l'infusion dans chaque bulle à

Fig. 15.

col droit; pendant que dans les bulles à col plié cet air avait été déplacé en partie par la vapeur et remplacé par d'autre filtré au travers du tampon de ouate. A cette différence de traitement, j'attribue la différence dans les résultats. Contrairement à l'épaisse nébulosité de leurs voisines la turbidité des bulles à col plié, quoique distincte, était beaucoup moins sensible, et, dans aucune de ces dernières, je ne pus observer le disque superficiel mentionné dans les autres.

Examinées microscopiquement, les bulles à col droit furent trouvées remplies de vibrions, beaucoup d'entre eux brisés au centre et tendant à se séparer. Il y avait de nombreuses petites bactéries très actives et de

longueurs variées. Dans les bulles à col plié je rencontrai des bactéries extrêmement petites, mais pas de
vibrions.

*La façon dont l'infusion de foin s'est comportée en
cette circonstance corrobore les résultats du Dr Roberts
et du professeur Cohn.*

Le 2 octobre, une autre infusion de foin fut préparée,
et, après sa neutralisation par la potasse caustique, elle
fut introduite dans six bulles de pipettes à col droit. Les
cols, d'abord oblitérés avec un tampon de ouate, furent
ensuite scellés au chalumeau et les infusions maintenues pendant dix minutes à la température de l'eau
bouillante. Puis, leurs extrémités scellées furent détachées et abandonnées comme précédemment à la température de 90° Fahr.

Six autres bulles furent chargées, en même temps,
de la même infusion ; mais au lieu de les fermer hermétiquement, je les plaçai dans un bain d'huile et les y
fis bouillir pendant cinq minutes. Avant que l'ébullition eût cessé, le col de chacune d'elles fut garni d'un
tampon de ouate.

Jusqu'au 6 octobre, toutes les bulles continuèrent à
rester claires. Le 6, une des bulles de la dernière série
devint trouble, d'une couleur plus pâle que ses voisines,
et se couvrit d'un disque graisseux. Le 7, un tube du
premier groupe (bouilli d'après la méthode de Roberts)
se troubla également et montra la même couche graisseuse superficielle. Les dix autres tubes conservèrent
leur teinte brun foncé de Xérès, leur parfaite transparence et une absence complète de bactéries. Elles sont
encore claires quoique six mois se soient écoulés depuis
leur préparation.

Dans la grande majorité de ces expériences, la con-

*duite des infusions de foin alcalinisées contredit les faits
observés par le Dr Roberts et le professeur Cohn.*

Six autres bulles de pipettes ayant le col plié et garni
de ouate et d'asbeste, de façon à empêcher d'une manière complète que les impuretés, se détachant du tampon, puissent tomber dans l'infusion, furent également
chargées le 2 octobre. Trois des bulles dont le col était
hermétiquement fermé furent maintenues pendant dix
minutes à la température de l'eau bouillante, puis les
extrémités scellées furent détachées. Les trois autres bulles
furent bouillies dans un bain d'huile et eurent leurs
cols oblitérés par un tampon avant que l'ébulition ait
cessé. Les six bulles restèrent parfaitement transparentes jusqu'à ce jour.

*Ici encore il y a discordance entre mes résultats et
ceux du Dr Roberts et du professeur Cohn.*

Mais, le 6 octobre, une autre infusion fut préparée et
neutralisée, exactement de la même manière que précédemment. Cinq bulles de pipettes en furent chargées ;
elles furent hermétiquement scellées et maintenues à
la température de l'ébullition pendant dix minutes.
Les extrémités scellées furent ensuite détachées et les
bulles exposées à une température de 90° Fahr. Le
matin du 8, (c'est-à-dire deux jours après leur préparation), l'infusion était trouble dans toutes les bulles et
couverte d'écume.

*Nous avons ici la plus parfaite harmonie entre mes
résultats et ceux du Dr Roberts et du professeur Cohn.*

En outre, le 2 octobre, quatorze de nos petites fioles
ordinaires avec col plié (comme dans la figure 14),
furent chargées d'une infusion neutre de foin. Elles
furent bouillies pendant trois minutes et hermétiquement fermées pendant l'ébullition. Quelques jours après,

un des tubes était devenu d'une couleur plus pâle et
sensiblement nébuleux ; mais treize sur quatorze conservèrent leur couleur, gardèrent
leur brillante transparence et se
maintinrent entièrement libres de
vie.

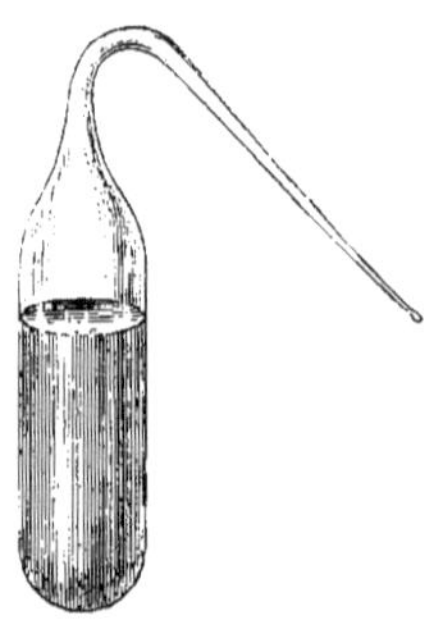

*Ici, la divergence entre mes ré-
sultats et ceux du Dr Roberts et du
professeur Cohn, qui ont aussi
expérimenté avec les mêmes fioles,
réapparaît.*

Fig. 14.

De nombreuses autres expé-
riences furent faites à l'époque dont je parle avec des
bulles de pipettes et des fioles, mais il est inutile de
les rappeler ici. Qu'il suffise de dire que, comme dans
le cas de celles que nous venons de décrire, quelques-
unes corroborent les résultats du Dr Roberts et du professeur Cohn, tandis que d'autres les contredisent.

§ 4.

INFUSIONS DE FOIN. —— EXPÉRIENCES AVEC LES TUBES DE COHN.

Pour des raisons qu'il explique[1], le professeur Cohn
s'écarte de la méthode d'expérience du Dr Roberts et
emploie au lieu de bulles de pipettes, des fioles dont
on comprendra facilement la nature par la description
suivante. Supposons que le tiers médian d'un tube à essai
ordinaire soit ramolli par la chaleur puis étiré de façon
à former un tube beaucoup plus étroit que le tube à
essais primitif. Ainsi modifié, ce dernier consistera en

1. *Beiträge*, juillet 1876.

une bulle allongée au-dessous, un entonnoir ouvert au-dessus, les deux étant réunis par un étroit canal (fig. 15). Le professeur Cohn remplit la bulle allongée, environ aux deux tiers de son volume, de l'infusion de foin, plonge sa bulle dans l'eau, élève l'eau à l'ébullition et continue celle-ci pendant un temps donné. Les tubes sont alors retirés de leur bain et, après avoir été tenus ouverts pour permettre à l'eau condensée dans leurs cols de s'évaporer, l'entonnoir était bouché à l'aide d'un tampon de ouate.

Le professeur Cohn pense que toute rentrée d'air extérieur est ici impossible [1]. Je désirai vérifier les résultats précédemment décrits à l'aide de sa méthode. En conséquence, le 24 octobre, j'ai soigneusement chargé quatre groupes de tubes de Cohn (douze dans chaque groupe) avec des infusions fraîches de différentes sortes de foin. Chaque infusion fut divisée en deux parts égales, une qui fut neutralisée et l'autre laissée dans sa condition acide naturelle. Douze des tubes furent chargés avec l'infusion neutralisée et douze avec l'infusion ordinaire.

Fig. 15.

Nous appellerons cette infusion A. Douze autres tubes furent chargés de la seconde infusion neutralisée et douze de l'infusion acide. Nous désignerons cette infu-

---

1. « Ehe ich über die Organismen berichte, welche sich in den gekochten Aufgüssen entwickelten, will ich bemerken, dass an eine nachträgliche Infection derselben durch von aussen nach dem Kochen eingeschleppte Keime bei unseren Versuchen nicht zu denken ist. » (*Beiträge*, p. 259). Je ferai seulement remarquer que, dans une atmosphère comme celle dans laquelle j'ai opéré, une telle infusion n'aurait pas grand'chance d'échapper à l'action des germes.

sions par la lettre B. Les quarante-huit tubes furent ensuite bouillis pendant dix minutes dans des vases d'étain contenant assez d'eau pour les recouvrir. Ayant démontré par des expériences antérieures qu'il était dangereux d'exposer les infusions à l'air même pendant une ou deux minutes à leur sortie de l'eau, je pris la précaution de les boucher d'abord et de les retirer ensuite.

Le 28 octobre (c'est-à-dire quatre jours après leur préparation), plusieurs des tubes contenant l'infusion A, naturelle, étaient légèrement, mais distinctement troubles et fortement couverts d'écume. Les douze tubes de la même infusion neutralisée étaient à cette époque parfaitement clairs. Cette influence retardatrice de l'alcali s'est présentée fréquemment au cours de mes recherches. Que ceci était simplement un cas de retard, fut prouvé par le fait que, le 30 octobre, les 24 tubes, tous deux neutres et acides, de l'infusion A étaient troubles et couverts d'écume.

A la même date, les douze tubes neutralisés de l'infusion B étaient parfaitement clairs et sans la moindre trace d'écume. Des douze ordinaires, trois étaient atteints et un quatrième avait cédé le 31. Quatre jours plus tard, trois des tubes neutralisés furent également attaqués. En résumé, huit des vingt-quatre tubes chargés de l'infusion B étaient devenus troubles, tandis que seize d'entre eux restèrent parfaitement clairs. Je ne doute pas que l'infection ne provienne ici de l'action de l'air extérieur, car son contact est presque impossible à empêcher dans cette méthode d'expérience.

Dans ce cas, tandis que l'infusion A donne raison au professeur Cohn, l'infusion B le contredit.

§ 3.

INFUSIONS DE FOIN EN VASES CLOS.

En travaillant sur des infusions de foin, l'idée me
vint de me servir d'une méthode d'expérience que j'avais
éprouvée avec succès en 1875[1] : c'était d'employer des
chambres hermétiquement fermées où on avait permis
à l'air de se purifier par le repos.

Le 3 octobre 1876, mes expériences recommencèrent
avec ces sortes de chambres. Deux d'entre elles contenant chacune trois grands tubes à essais furent alors
chargées avec une même infusion de foin préparée d'après
les prescriptions du docteur Roberts. La densité était
1006 ; la solution fut alcalinisée par de la potasse caustique, mais la période d'ébullition au lieu d'être de trois
heures fut de cinq minutes.

Examinée de temps en temps, pendant plus de quatre
mois, l'infusion se montra toujours aussi brillante que
lors de son introduction. Elle était entièrement libre de
matières en suspension, libre aussi de toute trace d'é-
cume, montrant, par la lumière qui passait au travers,
une remarquable transparence.

Ainsi, une période d'ébullition ne dépassant pas la
vingtième partie de celle requise par le docteur Roberts
suffit ici à détruire totalement le pouvoir d'engendrer
la vie dans une infusion de foin alcalinisée.

Ce résultat est en parfaite harmonie avec toutes les
observations faites par moi dans le courant de l'année dernière. Chambres sur chambres furent garnies d'infusions

1. Brièvement décrite dans l'introduction,

de foin, que je soumis ensuite à la température de l'ébullition pendant cinq minutes. Partout, l'infusion resta parfaitement claire jusqu'à ce que je l'infectai intentionnellement du dehors. Je ne pus constater de cas, l'année dernière, dans lesquels une ébullition de cinq minutes ait été insuffisante à stériliser l'infusion de foin neutralisée ou non.

Ainsi, le 26 novembre 1875, un groupe de trois tubes à essais fut chargé d'une infusion de foin du même degré de densité et d'alcalinité que celui des solutions trouvées le plus résistantes par le docteur Roberts. Les tubes étaient protégés par des cloches de verre, dont l'air avait été calciné par un fil de platine incandescent, de la manière décrite dans le précédent essai[1]. Ils furent bouillis pendant cinq minutes et le retour de l'air ordinaire prévenu à l'aide d'un anneau de ouate. Treize mois après, l'infusion, fortement concentrée par l'évaporation, montrait encore la plus parfaite transparence. Un second groupe semblable de tubes fut chargé d'une infusion de foin alcalinisée le 27 janvier dernier et le 5 décembre (c'est-à-dire après une période de plus de dix mois) l'infusion était encore parfaitement claire.

Un certain nombre de tubes hermétiquement fermés, chargés de la même infusion et bouillis seulement pendant trois minutes, ont gardé pendant plus d'une année leur transparence primitive et le choc du marteau d'eau. Ainsi un grand nombre des premières expériences de cette année sont dans l'accord le plus complet avec la totalité de celles faites l'année dernière.

Cet accord fut cependant troublé par quelques-unes des expériences avec les bulles et les tubes, et bientôt

____

1. *Phil. Trans.*, vol. CLXVI, p. 50.

après, par les résultats obtenus à l'aide de chambres
hermétiquement closes. Le 6 novembre 1876, par
exemple, une infusion de foin fut préparée exactement
de la même manière que le 5 ; elle était de la même
densité, possédait la même alcalinité et fut également
introduite dans une chambre à trois tubes ; mais quoique l'infusion du 5 soit restée intacte pendant des mois,
et se serait sans doute conservée ainsi indéfiniment,
une semaine ne s'était pas écoulée que tous les tubes de
la nouvelle infusion étaient troubles et couverts d'écume
graisseuse.

6.

DESSICCATION DES GERMES. — FOIN FRAIS ET VIEUX FOIN.

Dans son ouvrage intitulé *Evolution and the Origin
of Life*, le docteur Bastian répète à diverses reprises que
la matière vivante est incapable de maintenir sa vie,
lorsqu'elle est exposée à une température qui n'atteint
même pas celle de l'eau bouillante. Il se réfère à l'é-
chaudement de la main et à d'autres effets destructifs,
notamment l'action de l'eau bouillante sur les œufs. Il
rappelle également les expériences de Spallanzani sur
les graines et étend les résultats obtenus dans ces cas
spéciaux à la matière vivante en général. « On a montré,
écrit-il[1], et c'est une opinion adoptée par tous les biologistes, que l'influence de l'eau bouillante (212° Fahr.),
même pendant le temps le plus court, détruit toute
matière vivante. »

Il y a plus de dix ans qu'une observation extrêmement
significative a été faite à cet égard par les négociants en

1. *Evolution*, etc., p. 46.

laine, d'Elbeuf, en France. Ils avaient l'habitude de recevoir, du Brésil, des toisons non lavées, et parmi les matières étrangères mêlées à la laine se trouvaient des semences d'une certaine plante appelée *Medicago*. Or, il a été trouvé par les dégraisseurs de laine, et ceci à un grand nombre de reprises, que ces semences germaient même après une ébullition de quatre heures. Tout récemment M. Pouchet répéta l'expérience. Il réunit les semences, les fit bouillir pendant quatre heures et les mit ensuite dans une terre convenable. A son étonnement elles germèrent. Il examina alors plus soigneusement les semences bouillies et trouva qu'un grand nombre étaient gonflées et désorganisées ; mais, parmi ces semences détruites, il en observa d'autres qui avaient résisté au mouillage, au gonflement, à la rupture. Il les retira précieusement et les sema, elles et les autres, chacune dans un coin de terre séparé, mais de même nature. Les semences gonflées ne germèrent point, tandis que celles inaltérées donnèrent rapidement naissance à une plante. C'était le seul cas de résistance connu par M. Pouchet lorsqu'il communiqua le fait à l'Académie des sciences de Paris.

L'observation ici décrite est rapportée tout au long dans les « Comptes rendus » pour 1866, vol. LXIII, p. 959. Il n'est cependant pas difficile de comprendre que la surface d'une semence ou d'un germe peut être affectée par la dessiccation, ou par toute autre cause de manière à être pratiquement insensible à l'action d'un liquide l'environnant[1]. Le corps du germe peut, en outre, être

---

1. Comme se rapportant directement à notre sujet, la remarque suivante, concernant la résistance spéciale des végétaux verts hachés, mérite d'être citée : « La résistance singulière des végétaux verts à la stérilisation, dit le Dr Roberts, paraît être due à quelque propriété de la surface,

tellement racorni par la sécheresse ou le temps, qu'il résiste victorieusement à l'insinuation de l'eau entre ses molécules constituantes. Il serait difficile de produire l'humidité nécessaire pour imbiber ce germe et causer le gonflement et le ramollissement qui précèdent sa destruction dans un liquide porté à une haute température.

Dans mon dernier mémoire[1], j'ai fait quelques remarques sur ce sujet; et, à l'égard de mes expériences plus récentes, j'ai noté ce fait que dans tous les cas où cinq minutes suffirent à stériliser les infusions, *le foin provenait sans exception de la récolte de 1876 tandis que les infusions, qui se putréfièrent, provenaient de vieux foins moissonnés en 1875 ou même pendant les années antérieures.*

Dans de nouvelles expériences, cette distinction entre le vieux et le nouveau foin fut indiquée encore plus clairement. Cependant les résultats furent, par la suite, amoindris par des circonstances qui requièrent du temps et du travail pour être débrouillées; elles exigent également de la patience de la part du lecteur, qui veut les suivre soigneusement. Ces observations jetteront pourtant plus de lumière sur le caractère réel de mes recherches et feront plus pour réconcilier les discordes, auxquelles la génération spontanée a donné naissance, que si chaque expérience avait été un succès à l'abri de tout doute.

peut-être à leur épiderme uni et glissant, qui empêche l'humidité de pénétrer. »

1. *Phil. Trans.*, vol. CLXVI, p. 60.

$\S$ 7.

INFUSIONS DE FOIN. — NOUVELLES EXPÉRIENCES AVEC LES
CHAMBRES HERMÉTIQUEMENT CLOSES.

Dans le but d'examiner à fond cette question de la dessiccation et du durcissement, je commençai le 6 octobre une série étendue d'expériences avec les chambres hermétiquement closes. Trois sortes de foin furent employées : 1° vieux foin, qui m'avait été envoyé par lord Claud Hamilton de Heathfield, Sussex [1]; 2° nouveau foin de Heathfield (tous deux, on doit bien le dire, d'un sol un peu ingrat) ; 3° foin nouveau acheté à Londres et séché artificiellement pendant quelques jours sur un bain de sable. Pour ces expériences, onze chambres hermétiquement closes furent préparées, car je désirais, autant que possible, que les résultats soient basés sur le témoignage de deux chambres. Le 6 octobre dernier, elles furent soigneusement chargées avec les infusions, que je fis ensuite bouillir pendant cinq minutes.

Deux chambres furent consacrées à l'infusion de vieux foin alcalinisée et deux à l'infusion acide. Deux autres chambres aux infusions alcalines et deux aux infusions acides de foin séché. Enfin, deux autres encore, à la solution alcalinisée et une à l'infusion naturelle acide du nouveau foin de Heathfield. Examinées de jour en jour, des différences furent bientôt observées, non seulement entre les différentes infusions, mais encore entre les différentes chambres, contenant la même infusion. Ainsi

1. Après que l'influence possible de la dessiccation et du durcissement se fut imposée à mon esprit, je fis venir, pour le laboratoire, du vieux foin de diverses localités.

tous les tubes des deux chambres contenant l'infusion neutralisée de vieux foin devinrent troubles; cependant les trois tubes de l'une d'elles se chargèrent en quatre jours d'une écume graisseuse, tandis que les tubes de l'autre restèrent, pendant dix jours, libres de cette production. Les deux chambres contenant l'infusion acide de vieux foin montrèrent les mêmes divergences. Leurs tubes devinrent troubles; mais, dans l'une d'elles, les infusions ne se recouvrirent point d'écume, pendant que dans l'autre les trois tubes en furent fortement chargés.

Les deux chambres contenant l'infusion alcalinisée du foin de Londres desséché avaient également tous leurs tubes troubles et couverts d'écume. Dans le cas de l'infusion acide de foin séché, les tubes de l'une des chambres devinrent troubles, pendant que les tubes de l'autre restèrent clairs.

Les deux chambres renfermant l'infusion alcalinisée faite avec le foin nouveau de Heathfield donnèrent aussi des résultats opposés. Dans l'une des chambres, les trois tubes devinrent troubles et se couvrirent d'écume, tandis que dans l'autre ils restèrent sensiblement inaltérés. Les trois tubes de l'unique chambre chargée de l'infusion acide du nouveau foin de Heathfield ne présentèrent pas davantage la même apparence; car tandis qu'un tube devint fortement trouble, les deux autres restèrent parfaitement transparents.

Au milieu de cette confusion, le seul point digne d'attirer notre attention est que, tandis que pas un seul cas de préservation ne se présenta avec l'infusion de vieux foin, soit acide, soit neutre, avec les infusions de foin nouveau, séché ou non, une certaine quantité des tubes resta stérile.

La réflexion sur ces résultats attire naturellement le soupçon sur l'étanchéité des chambres. On s'en était servi auparavant et, quoique soigneusement nettoyées, quelque source d'infection, échappant à l'observateur, pouvais y être contenue. Ceci, dans tous les cas, semblait la manière la plus rationnelle d'interpréter les différences entre les échantillons d'une même infusion placés dans différentes chambres d'où : mon désir d'exposer une nouvelle série d'infusions dans des chambres qui n'auraient pas encore servi.

Six nouvelles cases furent donc construites, chacune d'elles devant contenir six tubes. Elles furent chargées le 5 novembre avec des infusions de vieux foin de Londres, de vieux foin de Heathfield, de nouveau foin de Londres et de foin de Londres desséché. Deux chambres furent consacrées à chaque infusion ; dans l'une d'elles on mettait la solution naturelle, dans l'autre la solution neutralisée.

Les six tubes de chaque chambre furent disposés en deux séries de trois tubes chaque. Je désignerai sous le nom de *tubes d'avant* les plus proches de la façade vitrée, et sous le nom de *tubes d'arrière* les autres. L'infusion destinée à la chambre naturelle ne fut point bouillie avant son introduction dans les trois tubes d'arrière, mais au contraire bouillie dans ces tubes pendant cinq minutes. L'infusion destinée aux tubes d'avant fut bouillie pendant quinze minutes avant son introduction et pendant cinq minutes après. Ces différences dans le mode et la durée de l'ébullition furent adoptées pour déterminer si elles avaient une influence quelconque dans le développement subséquent de la vie. Dans le cas des chambres neutralisées, l'infusion fut bouillie pour les trois tubes d'arrière pendant quinze minutes au dehors avant la neutralisation et cinq minutes dans la chambre après la neutralisation. Pour les trois tubes d'avant, l'infusion fut bouillie quinze minutes au dehors après la neutralisation et, ensuite, cinq minutes dans la chambre. Si la potasse employée pour la neutralisation apportait des germes dans l'infusion, la différence entre cinq et vingt minutes dans la période d'ébullition pourrait se manifester dans des phénomènes subséquents.

Quatre jours après son introduction, l'infusion acide du vieux foin de Heathfield fut trouvée trouble et couverte d'écume graisseuse. L'écume et la turbidité étaient sensiblement les mêmes dans tous les tubes, quoique la période d'ébullition ait varié de cinq à vingt minutes. Le même jour, l'infusion neutralisée du même foin était parfaitement brillante et libre d'écume. Trois jours après cependant, c'est-à-dire le 10 novembre, les tubes neutralisés devinrent également troubles et couverts d'écume.

Le fait saillant à noter ici est que, ni dans la chambre neutre, ni dans la chambre acide, un seul tube de l'infusion du vieux foin de Heathfield ne maintint sa clarté primitive et ne se conserva libre d'écume.

Le vieux foin de Londres se comporta essentiellement comme le vieux foin de Heathfield ; pas un seul tube n'échappa, soit dans les chambres neutralisées, soit dans les chambres acides.

Le foin séché de Londres venait ensuite. Une semaine après son introduction, tous les tubes contenant l'infusion acide étaient troubles et revêtus d'écume. Dans la chambre neutralisée, au contraire, deux seulement des tubes d'arrière avaient cédé, le troisième tube et les trois d'avant restèrent clairs.

En outre, le 5 novembre, une nouvelle chambre de

six tubes fut chargée d'une infusion de foin de Londres. Trois des tubes furent neutralisés, trois laissés à l'état naturel. Les deux sortes d'infusions furent introduites dans la chambre avant d'être bouillies et soumises alors à l'ébullition pendant cinq minutes. En une semaine, tous les tubes avaient cédé, devenant troubles au même degré et recouverts de la même quantité d'écume. Le fait d'être préparées avec du nouveau foin fut insuffisant pour assurer la stérilité des infusions.

Aucun phénomène de cette nature ne se présenta dans mes expériences de l'année dernière. Je trouvai alors que des infusions de foin de toutes sortes étaient régulièrement stérilisées par une ébullition de cinq minutes.

Guidé par les suggestions que me fournissaient mes expériences, je continuai à travailler. Le 4 novembre, quatre chambres hermétiquement closes, de trois tubes chacune, furent chargées d'infusions de vieux et de nouveau foin de Heathfield, — deux chambres de l'une et deux chambres de l'autre. Une chambre de chaque paire contenait une infusion neutralisée, l'autre une infusion naturelle; le temps de l'ébullition fut de dix minutes. Six jours après, l'infusion de foin nouveau, neutralisée ou non, était parfaitement inaltérée. D'un autre côté, des infusions de vieux foin, une seule sur les six échappa. Les trois tubes acides devinrent complètement troubles, pendant que deux des trois neutres tombèrent également en putréfaction.

§ 8.

EXPÉRIENCES AVEC DU FOIN TREMPÉ.

Réfléchissant de nouveau à l'influence de la dessiccation et du durcissement, et reconnaissant la nécessité,

non seulement d'humecter les germes mais de les pénétrer. l'idée me vint de mettre le foin tremper pendant
quelques jours avant de le faire digérer. Du vieux foin
de Londres fut, en conséquence, haché et placé dans
trois vases de verre dont l'un contenait de l'eau distillée,
un autre de l'eau acidulée. et le troisième de l'eau alcalinisée. Le pouvoir extractif supérieur du liquide alcalin fut manifeste dès l'abord ; il présenta rapidement une
couleur sombre. L'eau distillée vint ensuite prenant
une couleur moins foncée que celle de l'alcali. mais
plus, toutefois que celle de l'eau acidifiée. Les infusions
dans l'eau distillée et dans l'eau alcalinisée dégageaient
une forte odeur de foin, tandis que celle de l'infusion
acide était très faible et non semblable à celle du foin.
Le foin fut mis à tremper du 8 au 11 novembre. Je le
fis ensuite digérer pendant trois heures dans le même
liquide à la température de 120° Fahr.; puis, on le soumit à l'ébullition, on le filtra et on l'introduisit dans les
chambres hermétiquement closes où il fut bouilli de
nouveau pendant cinq minutes.

Avant que le foin fût mis à digérer dans le
liquide où on l'avait fait tremper, ce dernier fourmillait de bactéries. Celles-ci, d'ailleurs, furent tuées par
l'ébullition, mais elles ne furent pas entièrement séparées
par la filtration. L'infusion alcaline, quoique filtrée plusieurs fois, était suffisamment trouble pour empêcher de
voir la flamme d'une chandelle placée derrière le tube
la contenant. On pouvait observer la même chose, quoiqu'à un moindre degré, avec l'infusion faite dans l'eau
distillée. Cette dernière avait été divisée en deux portions, dont l'une fut convenablement neutralisée et
l'autre laissée à l'état naturel, une chambre séparée
étant réservée à chacune d'elles.

Du 11 au 18 novembre, le seul changement observé dans toutes les infusions fut un accroissement de transparence. Elles devinrent toutes plus claires avec le temps, les infusions faites dans l'eau distillée se montrant particulièrement brillantes au sommet.

Après deux ou trois jours de repos, une flamme placée derrière l'infusion alcaline pouvait être distinguée avec une teinte rouge sombre. L'infusion acidulée resta tout à fait inaltérée; mais ceci ne doit pas être considéré comme d'une grande importance, car, même à l'air ordinaire, cette infusion résista à l'infection pendant un temps considérable.

En aucun cas l'écume graisseuse, que j'avais observée si fréquemment autrefois, ne se forma à la surface des tubes. Quelques modifications funestes aux organismes particuliers qui produisent cette écume, doivent s'être produites par le trempage du foin.

Examinées au microscope le 18 novembre, ces infusions montrèrent des preuves indubitables de vie bactéridique. Ces petits êtres s'y trouvaient en nombre considérable, plus particulièrement cependant dans le sédiment déposé au fond des tubes. Je n'avais aucune raison pour douter de la présence de la vie; pourtant, je voulus me prémunir contre une conclusion trop précipitée, en faisant bouillir une infusion fourmillant de bactéries actives et en la soumettant à l'examen microscopique. Ici aussi la forme des bactéries mortes était conservée et il était très difficile de distinguer leurs mouvements, qui étaient certainement des mouvements browniens, de ceux observés dans les infusions protégées de foin trempé.

L'expérience me sembla digne d'être répétée. En conséquence, le 16 novembre, du foin, vieux et nou-

veau, de Heathfield, fut haché, ainsi que du foin de
Londres des deux espèces. Je les mis dans un plateau
avec de l'eau distillée et les laissai tremper jusqu'au 18.
Ils furent alors enlevés du laboratoire et emportés avec
leurs couvercles de verre dans une chambre située tout
en haut de l'Institution Royale. On y fit digérer les
quatre spécimens pendant trois heures à une température de 120° Fahr. Ils furent alors filtrés, bouillis, puis
refiltrés, quelques-uns même à travers cent feuilles de
papier; après quoi on les introduisit dans quatre chambres hermétiquement closes de six tubes chaque et on
les y fit bouillir pendant cinq minutes.

Le 20 novembre, les infusions paraissaient être aussi
libre d'organismes, dans toutes les chambres, que le
jour de leur introduction. Les infusions de foin nouveau
de Heathfield et de Londres montraient une colonne
trouble surmontée d'une zone excessivement claire, due,
je le pensais alors, à la séparation mécanique des particules. J'appris plus tard que ce phénomène devait être
considéré comme un signe de vie.

Le 25, de l'écume avait commencé à se rassembler
à la surface de tous les tubes dans la chambre contenant l'infusion de vieux foin de Heathfield. Le 50, cette
séparation continua, quoiqu'on n'en pût trouver trace
dans les chambres renfermant les foins nouveaux de
Heathfield et de Londres et le vieux foin de cette dernière localité. Ces infusions étaient toutes légèrement
troubles; mais cette turbidité différait très peu de
celle observée lors de l'introduction du liquide dans les
chambres.

Je passai beaucoup de temps avec ces infusions de
foin trempé, tant par le microscope qu'autrement.
Toutefois les faits observés n'ajoutèrent matériellement

pas grand'chose à nos connaissances. Je les abandonnai donc avec la remarque que leur tendance générale était en faveur de l'idée que la résistance extraordinaire à la stérilisation, manifestée par les infusions de vieux foin, est le résultat du durcissement et de la dessiccation. Cependant, les observations précédentes ont été notées, bien plus pour indiquer ma manière de procéder que pour réclamer en leur faveur la valeur d'une démonstration quelconque.

§ 9.

INFUSIONS DE CHAMPIGNONS.

Après le foin, je m'adressai à des substances dans lesquelles les germes, lorsqu'ils existent, ne peuvent être desséchés. Je me croyais presque sûr que de pareilles infusions ne résisteraient pas à la température de l'ébullition. Pour prouver la justesse de cette vue, je fis l'expérience suivante : trois espèces différentes de champignons (rouge, noir et jaune) furent recueillies le 16 octobre à Heathfield Park et mises à digérer séparément à Londres le lendemain. Trois tubes d'une chambre hermétiquement close pouvant en contenir six, furent chargés de l'infusion du champignon rouge et trois avec le noir. Une autre chambre de trois tubes furent consacrée à l'espèce jaune. Toutes ces infusions furent bouillies pendant cinq minutes après leur introduction dans leurs chambres respectives.

Pendant deux ou trois jours, elles continuèrent à rester claires ; mais, par la suite, elles cédèrent à l'infection, chacun des tubes devenant trouble, fourmillant d'organismes et couvert d'écume.

Examinée au microscope le 8 novembre, l'infusion de champignon rouge fut trouvée chargée d'une multitude de petits corps semblables à des spores, formant des masses continues à certaines places, tandis que dans d'autres ils flottaient librement dans le liquide. Parmi eux, couraient de longs filaments couverts d'un bout à l'autre de taches sporiformes. Il y avait, en outre, un nombre considérable de vibrions dans l'un des tubes. L'infusion de champignon noir contenait une population mêlée de vibrions et de bactéries, ainsi que des filaments remplis de spores. Des essaims de bactéries furent également observés dans l'infusion de l'espèce rouge.

Ayant quelque doute sur la propreté des chambres dans lesquels les infusions avaient été exposées, j'en fis construire trois nouvelles et les garnis de nouveaux tubes. Une provisions fraîche de champignons me fut envoyée d'Heathfield, un champignon parasite des arbres étant substitué au noir dont je m'étais servi dans mes premières expériences. Le 1ᵉʳ novembre, les trois infusions furent soigneusement introduites dans leurs chambres respectives, une chambre étant cette fois réservée à chaque infusion. Je pensai alors qu'il serait opportun de varier la période d'ébullition. Un tube de champignon jaune fut en conséquence bouilli pendant cinq, un pendant dix et le troisième pendant quinze minutes ; et les autres deux pendant dix. Des tubes chargés d'infusions semblables furent exposés en même temps à l'air ordinaire.

En deux jours, les tubes extérieurs contenant les infusions de champignon jaune et rouge devinrent troubles et se couvrirent de l'écume graisseuse si fréquente dans notre laboratoire cette année. Rien de semblable n'avait eu lieu à la surface de la troisième espèce employée, qui, à l'observation, parut d'abord tout à fait blanche. Cependant l'examen approfondi montra qu'elle transmettait le rouge le plus sombre du spectre et était en apparence entièrement libre de matières en suspension. Elle changea rapidement durant la nuit du 3 et, le matin du 4 novembre, le fond de ce tube fut trouvé chargé d'un précipité pesant brun sombre, pendant que de nombreux flocons de même couleur flottaient dans le liquide surnageant, qui était devenu presque aussi clair et aussi incolore que de l'eau. Sous le microscope, la masse brun sombre se résolut en amas confus semblables à de la mousse et en longs tubes cylindriques recouverts dans toute leur longueur de petites taches sombres. Ces filaments pourvus de corps en forme de spores se présentèrent fréquemment au cours de nos recherches.

Les phénomènes offerts par les chambres hermétiquement closes furent les suivants : 1° *champignon jaune* : le liquide des trois tubes resta parfaitement et constamment clair, sans aucune trace de cette écume qui couvrait les tubes du dehors ; 2° *champignon rouge* : un des trois tubes devint fortement trouble, tandis que les deux autres conservèrent leur brillante transparence ; 3° *champignon d'arbre* : un des tubes se troubla fortement et les deux autres restèrent parfaitement clairs.

Je me demandai alors pourquoi un des tubes du champignon rouge avait cédé, tandis que les autres étaient restés intacts. La réponse semblait facile. Le tube trouble avait été bouilli seulement pendant cinq minutes, et ceux qui étaient restés clairs l'avaient été pendant dix. Mais, en consultant la chambre contiguë, cette explication possible fut renversée, car ici le tube trouble avait été bouilli pendant dix minutes, et son voisin, pourtant inaltéré, seulement pendant cinq.

Ainsi, quoique la plus soigneuse répétition des expériences ne soit pas parvenue à abriter tous les tubes de l'infection, cependant la préservation de sept sur neuf détruit entièrement la présomption du développement spontané de la vie que quelques-unes de mes premières expériences auraient pu suggérer à certains esprits.

Désirant observer plus attentivement l'action de l'air ordinaire sur des infusions de champignons bouillies, j'en chargeai un plateau de cent tubes le 14 octobre. Trente-cinq tubes furent remplis d'une infusion de champignons noirs, trente-cinq d'une infusion de jaunes et trente d'une infusion de rouges. Le 16 octobre, tous les tubes de l'espèce jaune étaient troubles et couverts d'une écume épaisse et cohérente semblable à une toile d'araignée. Les surfaces des tubes de l'espèce noire étaient semées de taches d'écume blanche. La turbidité fut le seul changement observé dans les tubes du champignon rouge. Ils étaient tout à fait libres d'écume.

Examinés au microscope le 2 novembre, les tubes de l'espèce jaune furent, pour la plupart, trouvés fourmillants de bactéries extrêmement petites et très actives ; les tubes de l'espèce rouge fourmillaient aussi de bactéries, quelques chapelets de vibrions y étant mêlés. Dans beaucoup des tubes examinés, je pus reconnaître des monades qui atteignaient un développement surprenant dans les infusions de champignons noirs. Des amas de matières, semblables à de la mousse, apparaissaient çà et là dans le champ du microscope ; et ce n'était pas chose rare que de voir dix à vingt monades nichant et remuant dans cette « *mousse* », y entrant et en sortant alternativement. Elles me rappelaient vaguement les

grenouilles au milieu de leur frai, et, comme je les re-
gardais, ma conviction dans l'animalité des unes devint
presque aussi forte que dans celle des autres. Presque
chaque amas de matière assimilable au frai avait sa
colonie. Dans quelques cas, il était impossible de distinguer autre chose que des monades; dans d'autres, au
contraire, la foule des vibrions actifs était si grande que
les monades ne pouvaient être rencontrées dans le champ
du microscope.

§ 10.

INFUSIONS DE CONCOMBRE, DE BETTERAVE, ETC.

Les champignons ayant disparu à l'approche de l'hiver,
je me proposai alors d'étudier le concombre et la betterave, ne supposant pas que leur stérilisation puisse
offrir quelque difficulté. Deux chambres hermétiquement closes furent donc préparées, laissées en repos
pendant le temps convenable et, le 7 novembre, chargées, l'une, d'une infusion de concombre, l'autre, d'une
infusion de betterave. En peu de jours, les infusions
cédèrent dans les deux chambres, perdant d'abord leur
transparence et se couvrant ensuite d'écume graisseuse.
Ainsi, mes perplexités augmentaient.

Le 18 novembre, vingt-quatre tubes de Cohn[1] furent
chargés d'infusion de concombre, de betterave, de
panais et de navet, six tubes étant consacrés à chaque
infusion. Ils furent placés dans un vase rempli d'eau
froide, élevés graduellement à la température de l'ébullition et maintenus à cette température pendant dix mi-

______

1. Voyez § 4.

nutes. Avant de les retirer du liquide chaud, ils furent tous oblitérés à l'aide d'un tampon de ouate.

Le 30 novembre, la totalité des infusions était trouble et recouverte d'écume.

Des quelques précautions déjà mentionnées, il peut être déduit qu'avant d'en arriver là j'avais commencé à soupçonner l'atmosphère dans laquelle je travaillais. Du foin de diverses espèces, vieux et nouveau, avait été exposé dans le laboratoire, dont l'air contenait sans doute une multitude de spores qui se répandaient partout. C'est ainsi qu'à tout hasard je m'expliquais les résultats obtenus. Le 20 novembre, en conséquence, je préparai des infusions de concombre, de betterave, de panais et de navet, en dehors du laboratoire, dans une des chambres les plus élevées de l'Institution Royale et les introduisis dans quatre chambres neuves de trois tubes chaque. Je jugeai bon de prendre la précaution de préparer les infusions et de les introduire dans leurs chambres respectives à une certaine distance l'une de l'autre. Enfin, lorsque les chambres furent chargées, je les descendis et fis bouillir les infusions dans le laboratoire.

Deux jours après, le panais seul restait clair. Mais ceci ne fut que temporaire, car un ou deux jours de plus suffirent à le mettre dans le même état que ses voisins. Le 30 novembre les infusions de navet étaient troubles et couvertes d'une épaisse couche d'écume graisseuse. Le concombre se chargea aussi de cette écume, qui envoyait de longs filaments dans le liquide sous-jacent. La betterave concorda avec les autres en ce qui concerne le trouble, mais s'en distingua par l'absence d'écume. En aucun des cas observés l'année dernière, l'infusion de navet ne présenta les mêmes phénomènes. Sachant, d'autre part, que cette infusion était incapable de développer la vie par elle-même, la seule conclusion à tirer était que sa conduite actuelle, de même que celle du concombre, de la betterave et du navet, était due à l'infection du dehors.

J'essayai encore une fois de scinder les opérations dans des salles distinctes en y ajoutant la précaution de faire également bouillir les infusions introduites dans leurs chambres respectives. Nous avons déjà indiqué que lorsqu'on retirait les tubes du bain d'huile et lorsque le dégagement de la vapeur avait cessé, il se produisait une rentrée d'air assez forte dans la chambre à l'état de refroidissement. Pour priver cet air de ces germes, tous deux, l'entonnoir de la pipette et les extrémités ouvertes des tubes pliés furent soigneusement bouchés avec de la ouate. On prit soin, d'ailleurs, de ne plus enlever ces tampons jusqu'à ce que la chambre fût parfaitement refroidie. J'opérai sur les mêmes matières que précédemment, savoir : concombre, betterave, navet et panais.

Le 25 novembre, quatre chambres furent chargées des infusions. Le 30, elles étaient toutes couvertes d'une épaisse couche d'écume graisseuse. Tous mes efforts pour préserver mes solutions de l'infection avaient donc été vains.

Pendant ces expériences, j'observai un fait qui se répéta à plusieurs reprises par la suite. Outre les tubes protégés, des échantillons de la même infusion furent toujours exposés à l'air ordinaire et ces derniers cédaient constamment un jour ou deux avant les tubes intérieurs. Or, dans le cas qui nous occupe, l'infusion de navet continuait à rester claire et libre de vie au dehors, tandis que dans les tubes protégés elle se troublait et fourmillait d'organismes. Comment cela pouvait-il être? Le cas de mes deux plateaux placés l'un au-dessus de l'autre l'année dernière[1] me revint à la mémoire. A l'égard du développement de la vie, nous trouvâmes à cette époque que le plateau inférieur était toujours en avance sur le supérieur. Comme je l'ai fait remarquer alors, l'absence d'agitation, qui permettait aux germes de tomber dans les tubes du dernier, était la cause de son infection plus rapide. Aucune autre cause ne doit, à mon avis, être recherchée dans les phénomènes que nous venons de rapporter. Par un moyen ou par un autre, des germes s'étaient insinués dans ma chambre hermétiquement close où la tranquillité de l'air leur permit de tomber dans l'infusion et de produire des effets plus rapides que les germes en suspension dans l'air agité du dehors. C'est ainsi qu'à tout hasard je raisonnais.

Mais comment les germes pouvaient-ils pénétrer dans la chambre? Je n'arrivai en ce moment à le comprendre que d'une seule manière. La température avait passé du chaud au froid et du froid au chaud. La température naturelle du dehors amenait quelquefois l'air entourant les infusions à une température supérieure à 90° Fahr., et il nous fallait travailler souvent dans cette chaleur. Pour la modérer, j'éteignais partiellement le gaz, abaissant la température de la chambre à 10° environ. Alors, l'air intérieur de la case, se refroidissant, se contractait et comme les tubes pliés restaient ouverts, il pouvait se produire une rentrée d'air suffisamment rapide pour amener des germes à l'intérieur.

Une nouvelle chambre de six tubes fut donc préparée à l'étage supérieur, trois de ces tubes étant chargés d'in-

---

1. *Phil Trans.*, vol. CLXVI, p. 68.

fusion de concombre et trois d'infusion de navet le 27 novembre. L'entonnoir de la pipette et les tubes pliés furent bouchés au-dessus avec de la ouate, qui ne fut point enlevée par la suite. Je pris soin, en outre, de ne toucher en aucune façon au foyer à gaz. Mes précautions furent inutiles ; en trois jours, les six tubes étaient chargés de vie. Une autre chambre de six tubes chargés le 30 novembre d'infusion de concombre et deux autres cases préparées le 1er décembre subirent le même sort.

Des tranches de concombre furent mises à digérer pendant trois heures ; l'infusion fut filtrée, bouillie et le précipité, formé pendant l'ébullition, séparé par filtration. Le liquide ainsi préparé fut introduit dans cinq tubes en verre épais, qui furent hermétiquement scellés, puis placés dans un bain d'huile froid et élevés graduellement à 230°, température à laquelle on les maintint pendant un quart d'heure. Les tubes furent retirés et mis à refroidir. On introduisit alors l'infusion dans une chambre de six tubes et on l'y fit bouillir pendant cinq minutes.

Le surchauffage du liquide ne retarda pas même de développement de la vie, car, en moins de deux jours, tous les tubes de la chambre fourmillaient de bactéries. Ainsi, chaque nouvel essai pour trouver une solution était un nouvel insuccès.

Mais pourquoi, demandera-t-on, rechercher de telles solutions ? N'était-ce point un simple préjugé de ma part contre la doctrine de la génération spontanée et n'aurait-il pas mieux valu admettre franchement les expériences, que nous avons rapportées ci-dessus, comme une démonstration de cette doctrine. En aucune façon. Le seul préjugé était la répugnance que j'éprouvais à admettre des conclusions basées sur des raisons insuffisantes.

L'argumentation célèbre de Hume trouve ici son application. Considérant mes précédentes expériences, il était plus naturel pour moi de croire, ou que mes connaissances étaient erronées, ou mon travail imparfait, que de croire à la véracité de la génération spontanée.

§ 11.

NOUVELLES EXPÉRIENCES SUR DES INFUSIONS ANIMALES. — RÉSULTATS CONTRADICTOIRES.

Au cours de ces recherches, j'avais continuellement présentes à l'esprit mes expériences de 1875, dans lesquelles la protection contre les bactéries et les moisissures s'était montrée si efficace. J'avais opéré un grand nombre de fois avec le navet, ne trouvant jamais la moindre difficulté à sa stérilisation. Il est certain que le soin employé dans la préparation de l'infusion de navet le 20 novembre 1876 était plus grand que celui employé en 1875. Mais, tandis que la dernière était invariablement stérilisée par cinq minutes d'ébullition, restant ensuite aussi transparente que de l'eau distillée, la première, trois jours après sa préparation, devint fortement trouble et fourmillait de vie. J'étendis la présente étude à d'autres substances, avec lesquelles je m'étais familiarisé l'année dernière, et quelques-unes de ces infusions restèrent aussi claires que le jour de leur préparation.

Le 1er décembre, par exemple, des infusions de bœuf, de mouton, de porc, de hareng, d'églefin et de sole furent préparées et introduites dans six chambre hermétiquement closes, qui contenaient chacune trois tubes. Une seconde chambre, préparée en même temps et contenant une infusion d'artichaut fut trouvée le 5 plus trouble qu'aucune des infusions animales et également couverte d'écume. Dans les infusions animales, la colonne liquide située au-dessous de l'écume conservait une transparence surprenante, le développement de la vie étant confiné à la couche en contact immédiat avec l'oxygène atmosphérique.

Le 5 décembre, les infusions de hareng et de sole étaient toutes deux claires ; mais ce ne fut qu'un retard, car le 6 des taches blanches apparaissaient sur la dernière sur laquelle elles s'étendirent jusqu'à ce qu'elles couvrissent la surface entière. L'infusion de hareng resta encore claire pendant une semaine, après quoi de petites taches commencèrent à apparaître à sa surface. Elle n'atteignit jamais le développement d'écume qui recouvrait les autres infusions. J'eus quelquefois l'occasion d'observer que l'huile de ce poisson exerçait une action antiseptique.

L'année dernière, je conservai une infusion de hareng parfaitement claire pendant des mois, même dans une chambre si défectueuse que la lumière pouvait passer à travers ses fentes. Je n'éprouvais, en outre, jamais la moindre difficulté avec les infusions animales énumérées plus haut. Elles restaient toutes saines et claires ; cette année, avec beaucoup plus de précautions, je ne pouvais réussir à les protéger contre la putréfaction. En présence de ces résultats, une seule conclusion scientifique restait possible : c'était que le mouton, le bœuf, le porc, l'églefin, le hareng et la sole avaient totalement changé de nature et contracté, en 1876, des qualités qu'ils ne possédaient pas en 1875. Mais, si la vie observée ne pouvait être attribuée aux infusions elles-mêmes, il n'y avait plus d'autre source possible que l'infection atmosphérique.

Il devenait de plus en plus évident pour moi que, par suite d'un accroissement de vitalité, cette année, dans les germes flottants dans l'air, la moindre négligence dans les préparations, ou le moindre défaut de construction dans les chambres, qui auraient été sans conséquence l'année précédente, suffisaient à ruiner les expériences et à rendre inefficaces les moyens ordinaires de stérilisation. C'est contre de tels défaut que je continuai à lutter. Dans le but de fermer toutes les fentes ou crevasses qui pouvaient permettre la contamination, je fis recouvrir un certain nombre de chambres de trois couches de forte peinture. De plus, comme je n'avais pu trouver une atmosphère désinfectée à l'étage supérieur, j'emportai tous mes appareils dans un magasin situé au bas de l'Institution Royale. Le parquet de la chambre était de pierre; on le recouvrit d'un tapis. Avant d'entrer dans cette salle, je priai mon préparateur d'enlever les vêtements qu'il portait au laboratoire et d'en mettre d'autres. Les infusions des substances suivantes furent préparées dans ces conditions : concombre, melon. navet et artichaut sur lesquelles on opéra du commencement à la fin à l'étage inférieur. Deux chambres furent réservées à chaque infusion et, après l'ébullition ordinaire dans les chambres, on les laissa durant la nuit dans le magasin, puis on les transporta le lendemain matin dans le laboratoire chaud.

J'espérais qu'ainsi la grande majorité de ces chambres se montrerait stérile. Je ne comptais point les trouver toutes dans cette condition parce que les chambres avait été placées ensemble dans le laboratoire, dont l'air devait avoir déposé ses germes non seulement sur leur revêtement intérieur de glycérine, mais aussi sur la surface interne des tubes à essais. Mes prévisions, modérées comme elles l'étaient, ne furent pourtant point réalisées. La seule particularité notable dans la conduite des infusions fut qu'elles cédèrent tardivement, mais, à la longue, elles cédèrent toutes.

L'infection provenait-elle dans ce cas de l'air du magasin? Je ne le pense pas. En voici la raison : le 27 décembre, quatre fioles hermétiquement scellées, chargées d'une infusion de concombre, qui était restée parfaitement claire pendant quelques semaines, furent ouvertes dans le magasin; quatre fioles semblables, chargées de la même infusion, furent ouvertes en même temps au laboratoire. Le 31 décembre, le groupe entier de ces dernières était envahi par des organismes, tandis que celles ouvertes dans le magasin ne furent point atteintes par l'infection et ne développèrent point de vie. Je ne puis donc m'imaginer que l'air du magasin ait pu exercer quelque influence sur les infusions contenues dans la chambre hermétiquement close, mais je conclus au contraire, que la contagion existait déjà dans mes cases avant qu'on les descendît à l'étage inférieur. Elles agissaient comme des maisons infectieuses placées dans de l'air salubre.

§ 12.

INFUSIONS PROTÉGÉES AU MOYEN DE CLOCHES DE VERRE
CONTENANT DE L'AIR CALCINÉ.

J'ai déjà décrit cette méthode d'expérience[1]. Les cloches reposaient sur des plateaux circulaires en bois, ceux-ci étant supportés par des trépieds. (*Voy.* fig. 16). Sous chaque cloche étaient deux tiges verticales en fort

---

1. *Phil. Trans.*, vol. CLXVI, p. 50.

fil de cuivre et, s'étendant de l'une à l'autre, se trouvait une spirale en platine. Les fils de cuivre passaient à travers le disque de bois, leurs extrémités libres arrivant dans l'air. Le bord de chaque cloche était entouré d'un collier d'étain attaché à la table par la cire ; un espace d'environ un demi-pouce existait entre ce collier et le verre. Après l'introduction des infusions et le montage de la cloche cet espace annulaire était rempli de ouate. Le but à remplir était ici de détruire les matières en suspension dans l'air au moyen de la spirale de platine incandescente.

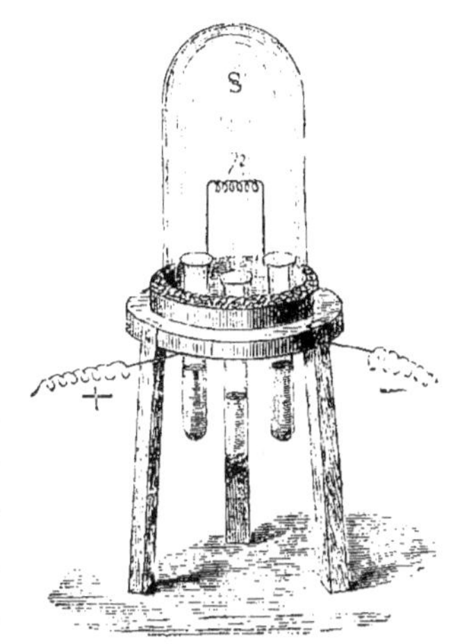

Fig. 16.

L'air chauffé par la spirale se dilaterait, d'ailleurs, passant au dehors à travers la ouate, tandis que l'air rentrant lors du refroidissement de la cloche, serait convenablement filtré par le coton. Dans mes premières expériences, cinq minutes d'incandescence suffisaient à rendre l'air absolument inactif sur les infusions qui y étaient exposées.

Dans mes nouvelles expériences la période d'incandescence fut doublée, dix minutes au lieu de cinq, pendant que le fil était chauffé aussi fort que possible. Les infusions employées furent le navet et le concombre, un groupe de trois étant chargé de chaque. Après que l'air eut été calciné, les infusions furent bouillies pendant cinq minutes dans un bain d'huile. Avec ce mode de traitement, pas un seul insuccès ne s'était présenté en

1875, l'infusion de navet faisant partie des liquides sur lesquels j'expérimentais. Cette année, deux jours suffirent à rendre chacun des six tubes troubles et à couvrir les infusions d'une forte couche d'écume.

J'ai, cependant, eu l'occasion de douter de l'étanchéité de ces cloches. La cire destinée à sceller le collier d'étain sur la table s'était fendue et avait cédé çà et là : l'entrée de la contagion par ces fissures étant ainsi rendue possible. Six nouvelles cloches furent donc montées et entourées par des colliers, qui étaient plongés dans un bain de plomb et fortement fixés sur le plateau de bois. La hauteur du collier, qui déterminait la profondeur de la couche filtrante de ouate, fut considérablement augmentée par rapport à l'année dernière. Comme devant, la période d'incandescence fut de dix minutes, temps durant lequel le fil de platine fut élevé presque à la température de fusion.

Chacune des six cloches couvrait un groupe de trois tubes. Deux de ces groupes furent chargés de navet, deux de concombre et deux d'artichaut. Les infusion furent, comme d'ordinaire, bouillies pendant cinq minutes après la calcination. Elles étaient toutes brillantes lors de la préparation ; en deux jours, elles devinrent toutes troubles et se couvrirent d'écume graisseuse. Celle-ci augmenta graduellement jusqu'à ce qu'elle eut atteint dans quelques tubes une épaisseur d'un demi-pouce. Le poids de l'écume l'entraîna quelquefois au fond. Elle formait alors une sorte de cône renversé dont le sommet était écarté de la base de plus d'un pouce. Ces dépôts se résolvaient enfin et envoyaient leurs organismes dans le liquide sus-jacent.

§ 15.

NOUVELLES PRÉCAUTIONS CONTRE L'INFECTION.

Au commencement de décembre, mon attention étant
éveillée par ces insuccès répétés, j'examinai plus minutieusement que je ne l'avais fait jusqu'alors, le remplissage des tubes à essais par la pipette. Je m'aperçus ainsi
que quelques petites bulles d'air étaient entraînées par
l'infusion. J'en conclus qu'à leur arrivée à l'extrémité
inférieure de la pipette, ces bulles se brisaient et répandaient dans l'intérieur de la chambre les germes dont
elles étaient chargées. L'année dernière, j'aurais trouvé
difficile à croire qu'une cause aussi faible put être la
base des anomalies observées; mais, cette année, j'ai
appris à tenir compte de ces petites causes et c'est pourquoi je pris des mesures pour éviter la rentrée d'air.

Le 4 décembre, trois chambres qui avaient été soumises au repos pendant plusieurs jours furent chargées
d'une infusion de concombre soigneusement préparée ;
deux autres chambres furent réservées à une infusion
de navet. Les précautions suivantes furent prises. L'entonnoir de la pipette précédemment employée fut séparé
de son tube et je lui substituai un *entonnoir de séparation*
avec robinet en verre. Celui-ci fût relié avec le tube de
la pipette par un bout de caoutchouc serrant très fort ;
mais, avant que la connexion fut faite, l'entonnoir fut
rempli de l'infusion et le robinet ouvert pour un
moment de façon à permettre au liquide de passer. Le
robinet étant alors fermé, l'écoulement cesse et la
colonne fluide contenue dans le tube au-dessous du
robinet reste supportée par la pression atmosphérique.

Une pince saisit le tube de caoutchouc en son centre. La portion du tube au-dessus de la pince est ensuite remplie avec l'infusion et l'extrémité de l'entonnoir de séparation introduite dans le tube. De cette façon, l'air était complètement exclu. En ouvrant le robinet et desserrant la pince, le liquide passait lentement dans le tube de la pipette, le remplissant totalement. La pointe de ce tube fut alors placée successivement au-dessus des tubes à essais, qui se trouvèrent remplis sans aucun entraînement d'air. La disposition n'était pas encore parfaite, mais c'était un progrès sur les appareils employés antérieurement. Comme auparavant, les chambres furent placées dans une salle, dont l'air était maintenu à une température d'environ 90° Fahr.

Les résultats obtenus furent les suivants : des deux chambres de navet, préparées le 4 comme nous venons de le décrire, une avait complètement cédé le 6. Dans l'autre chambre, deux des trois tubes avaient également cédé, mais le troisième était resté clair. Avant cette série d'expériences, je n'avais jamais réussi à sauver un seul tube de l'infusion de concombre ; cependant, dans ce cas, deux des trois chambres la conservèrent parfaitement limpide. Subséquemment une des deux chambres préservées céda, à la suite d'un accident, mais l'autre chambre est actuellement aussi brillante que le jour de sa préparation, c'est-à-dire il y a quelques mois.

Maintenant, à l'égard du pouvoir d'engendrer la vie, cette chambre se trouvait précisément dans les mêmes conditions que ses voisines. Toutes contenaient la même infusion ; et on ne peut expliquer leur divergence qu'en admettant la contamination du dehors. Nous sommes donc ici sur la trace de l'ennemi qui nous a donné tant de peines. Le 5 décembre, deux cases additionnelles

furent chargées d'une infusion de melon préparée de la
manière ordinaire; le 12, je soumis ces chambres, ainsi
que celles chargées le 4, à un examen scrupuleux. Le
résultat fut instructif. Après l'introduction des infusions
et avant le retrait de l'entonnoir de séparation, le tube
de caoutchouc, réunissant ce dernier avec le tube de la
pipette, fut parfaitement serré à l'aide d'une pince. Si la
fermeture de caoutchouc était bien étanche, le liquide
contenu dans le tube de la pipette devait y rester, maintenu qu'il était par la pression atmosphérique. Si, au
contraire, la jointure n'était pas parfaite, l'air se glisse-
rait entre le caoutchouc et le verre et une dépression du
liquide en serait la conséquence. Le résultat observé le
12 fut celui-ci. Dans deux seulement des sept chambres
préparées le 4 et le 5, la colonne liquide se trouvait
parfaitement supportée; et seulement aussi dans ces
deux chambres, l'infusion était restée transparente.

Dans les cinq autres, les colonnes liquides qui rem-
plissaient complètement les tubes des pipettes le 4 et
le 5 furent trouvées plus ou moins déprimées. Les tubes
d'une des chambres contenant l'infusion de melon
étaient devenus rapidement troubles et couverts d'écume.
La pipette de cette case perdit d'ailleurs entièrement son
liquide et se remplit d'air. Une autre chambre avait
neuf pouces d'air dans sa pipette et une troisième sept.
Dans une quatrième chambre, un pouce seulement du
tube était rempli d'air; ici un des trois tubes à essais
s'était conservé clair. Ainsi, où la fermeture était parfaite, nous obtînmes, dans ce cas, des infusions complètement limpides; où elle était fortement défectueuse,
toutes les infusions cédèrent; où elle ne présentait qu'un
léger défaut, une fraction des tubes était préservée.

La cause de mes insuccès résidait donc dans la

façon dont les infusions étaient introduites, la colonne liquide aspirant dans sa descente des bulles d'air entre le tube de caoutchouc et la pipette, apportant avec elle la contagion de l'extérieur. Des précautions, qui semblent peu dignes d'être prises, sauvent parfois l'observateur d'erreurs graves dans des recherches de cette nature. Je crois qu'à cet égard quelques-uns de nos plus célèbres expérimentateurs n'ont pas même la notion du danger inhérent à leurs méthodes.

§ 14.

EXPÉRIENCES DANS LE JARDIN ROYAL A KEW.

Ce ne fut seulement que dans des cas exceptionnels, dépendant de l'état de l'air, que des précautions telles que celles décrites au paragraphe précédent, se montrèrent suffisantes pour assurer l'exemption de contamination. Le contagium semblait présent partout d'une manière constante et la question de savoir s'il était local ou général — dû à la condition accidentelle de notre laboratoire, ou à une épidémie de l'air — devint une chose impossible à décider *à priori*. Sur ce point, je tins donc mon jugement en suspens. L'infection était, selon toute apparence, pleinement expliquée par la méthode dont je me servais; mais l'automne s'était fait remarquer par des explosions d'épidémies et il me sembla intéressant de rechercher s'il n'y avait pas une période prolifique spéciale pour les germes de la putréfaction.

Je résolus donc d'abandonner tout à fait l'Institution Royale et, grâce à l'aimable autorisation de mon ami sir Joseph Hooker, je pus transférer mes appareils au

Jardin de Kew. Par la munificence éclairée de M. Jodrell, un nouveau et très complet laboratoire venait d'y être érigé : j'y trouvai un air plus pur que celui de chez nous.

Mes chambres jusqu'ici avaient été construites en bois, mais celles employées à Kew furent faites d'étain commun et amenées directement du ferblantier au jardin sans passer par l'air infecté d'Albemarle street. A Kew, les tubes à essais employés furent d'abord nettoyés avec de l'acide phénique, puis lavés avec une solution de potasse caustique et rincés avec de l'eau distillée. Finalement ils furent presque portés au rouge dans la flamme d'un bec Bunsen. Ils furent alors fixés d'une manière étanche dans leurs chambres à l'aide de céruse et d'étoupes.

Les chambres furent fermés le 5 janvier et abandonnées au repos jusqu'au 8. Les liquides les plus réfractaires que j'avais rencontrés au laboratoire de l'Institution Royale y furent alors introduits. C'étaient des infusions de concombre et de melon. Deux chambres furent consacrées à chacune d'elles ; chaque chambre contenait quatre grand tubes à essais. La période d'ébullition fut celle trouvée efficace l'année dernière, c'est-à-dire cinq minutes. La température de la salle, dans laquelle les chambres étaient placées, fut maintenue, en partie, par un chauffage à air chaud, en partie par des foyers à gaz, à environ 90° Fahr., — température qui s'était montrée éminemment favorable au développement des bactéries.

Des tubes, contenant les mêmes infusions, furent exposés en même temps à l'air ordinaire du laboratoire Jodrell. Ceux-ci devinrent rapidement troubles et se couvrirent d'écume. Mon intérêt et mon anxiété furent grands durant les premiers jours de l'essai des tubes protégés. Après onze jours, ils ne montraient encore aucun signe de vie. Le 19 janvier, les quatre chambres furent emportées de Kew dans une voiture et montrées le même soir aux membres de l'Institution Royale, parmi lesquels se trouvaient les savants les plus éminents de la Société Royale. Les infusions étaient toutes brillantes et la moindre trace d'écume ou de trouble ne pouvait y être décelée. Durant mes efforts antérieurs (et ils avaient été très nombreux) je n'avais jamais réussi à sauver un seul tube de l'infusion de melon; ici, cependant, tous les tubes de deux chambres étaient intacts. Ainsi donc l'épidémie était localisée, la cause évidente de mes précédents insuccès était l'air putride de notre laboratoire.

Une couple de jours après le départ des chambres de Kew, un tube de l'infusion de concombre devint trouble, ses deux voisins, dans la même case, restant intacts. Aucun des autres tubes, melon ou concombre, ne céda. Ils restèrent tous aussi clairs à Londres qu'ils l'avaient été à Kew. Leur départ d'Albemarle street pour la Cité, l'année dernière, détruisit beaucoup de nos chambres stérilisées. Je n'étais donc point préparé à voir si peu de changement par le transport de Kew.

On peut remarquer en passant que cette infection d'une infusion par de simples secousses est une preuve évidente que le contagium n'est point un gaz ou une vapeur, mais qu'il consiste en particules susceptibles d'être détachées de la surface intérieure de la chambre, particules douées du pouvoir de passer à l'état de vie active.

Deux autres chambres furent exposée en même temps dans le laboratoire Jodrell, l'une contenant une infusion de bœuf, l'autre de sole. Quoique ces dernières ne soient en aucune façon aussi sensibles que le concombre et le melon, cependant un des trois tubes de bœuf fut attaqué et devint trouble. A droite et à gauche de ce tube, ses deux compagnons restèrent parfaitement transparents. Comme preuve du caractère externe de la contagion, ce résultat fut plus concluant que si tous les trois tubes s'étaient conservés intacts; car si le pouvoir de développer les organismes, qui produisent le trouble, était inhérent aux infusions, son action n'aurait pas été confinée à un seul tube.

On comprendra que lorsque la chambre est retirée du bain d'huile dans lequel les infusions sont bouillies, l'air intérieur se contracte et une rentrée en est la conséquence. Si l'air ainsi ramené peut être convenablement filtré, en le faisant passer au travers des tampons de ouate, il n'y a pas de mal; mais s'il entre par une seule ouverture inaperçue, il apportera avec lui des particules. Dans la chambre de bœuf, dont nous avons parlé, une ouverture de cette sorte, de l'épaisseur d'une épingle, fut mise en évidence. C'était évidemment la porte par laquelle la contagion entra. Par un défaut semblable, mais plus sérieux de sa chambre, l'infusion de sole céda également. Cependant dans une expérience ultérieure, faite avec cette dernière infusion dans le laboratoire Jodrell, deux tiers du nombre total de tubes restèrent libres de toute trace de vie.

§ 15.

EXPÉRIENCES SUR LE TOIT DE L'INSTITUTION ROYALE.

Dans le but de faire des expériences se rapprochant le plus possible de celles exécutées à Kew, je fis construire une baraque sur le toit de notre laboratoire. Cette baraque était pourvue de banquettes, d'une distribution d'eau et de gaz et d'un foyer pour la chauffer. Sur l'infusion de concombre, que j'avais trouvée particulièrement réfractaire dans notre laboratoire, mon attention fut d'abord dirigée. Deux chambres d'étain, de trois tubes chaque, furent préparées et transportées directement dans notre baraque de l'atelier où on les avait faites sans entrer dans notre laboratoire. Le concombre utilisé pour l'infusion fut aussi conservé à l'abri de l'air infecté ; il fut coupé en tranches et mis à digérer dans la cabane, l'infusion y fut filtrée, introduite dans les chambres d'étain et y bouillie subséquemment pendant cinq minutes.

Le résultat ne fut pas celui attendu. Pas un seul tube de chacune des deux chambres n'échappa à la contamination. Ils se conduisirent tous comme dans le laboratoire, devenant, en trois jours, entièrement troubles et chargés d'écume graisseuse.

J'ai été continuellement impressionné par le parallélisme entre ces phénomènes de la putréfaction et les maladies contagieuses. Un nouvel exemple de ce parallélisme se présente ici à nous. Les vêtements de nos assistants, qui préparaient les infusions dans la cabane, avaient été portés dans le laboratoire, ce qui amena un transport de l'infection par un moyen bien connu des médecins. Le médecin qui réfléchit un peu ne manquera pas de reconnaître l'identité absolue entre la contagion, qui lui est familière, et ces assaillants de mes infusions contre lesquels j'ai lutté si longtemps.

A l'égard de la cabane, mon premier soin, après cet insuccès, fut de la désinfecter. Pour cela, je la lavai d'abord avec un mélange d'acide phénique et d'eau, puis avec une solution de potasse caustique. Quand le tout fut bien sec, j'introduisis de nouvelles chambres d'étain avec leurs tubes. Des concombres et du bœuf frais du marché furent mis à digérer dans la baraque, mon préparateur ayant eu soin de mettre un pantalon neuf et une blouse nouvelle. Il y avait une chambre consacrée au concombre et une au bœuf. Dans la première l'infusion fut introduite le 19 mars et dans la seconde le 20 ; les deux infusions furent bouillies pendant cinq minutes après leur introduction.

Comparons nos résultats et tirons des conclusions. À une distance de huit yards de la baraque, c'est-à-dire dans le laboratoire, des infusions de bœuf et de concombre ne purent être stérilisées par trois heures d'ébullition. J'ai même des échantillons qui, après avoir été bouillis pendant cinq heures, développèrent une vie extrêmement luxuriante. La même expérience faite dans la cabane désinfectée, sur un liquide bouilli seulement pendant cinq minutes, laissa l'infusion, encore actuellement, aussi limpide que le jour de son introduction.

Qu'en conclurons-nous? L'infusion est-elle douée dans le laboratoire d'une puissance de génération dont elle est dépourvue dans la cabane? Sauf la condition de l'air, un espace linéaire de huit yards peut-il produire une telle différence? De semblables questions sont à peine nécessaires. Qu'on me permette seulement d'ajouter que le fait de secouer une botte de foin dans l'air de la cabane suffit pour le rendre aussi infectieux que celui du laboratoire. Dans quelques cas, la circonstance que la tête de mon préparateur était découverte, quoique son corps fût soigneusement revêtu d'habits nouveaux, amena l'infection dans notre baraque.

S'il était nécessaire de donner des exemples du soin que les médecins et les chirurgiens doivent apporter en ce qui concerne leurs vêtements et leurs instruments, les expériences précédentes en fourniraient, ce me semble, une ample moisson.

§ 16.

EXPÉRIENCES PRÉLIMINAIRES SUR LA LIMITE DE RÉSISTANCE DES GERMES A LA TEMPÉRATURE DE L'EAU BOUILLANTE.

Tout en continuant les expériences rapportées dans les pages précédentes, une remarque du professeur Lister se présenta fréquemment à mon esprit; c'est celle-ci : pour appliquer le traitement antiseptique avec succès, le chirurgien doit être pénétré de la conviction que la théorie des germes de la putréfaction est vraie. Des insuccès accidentels ne doivent point produire en lui le scepticisme, mais, au contraire, il doit les attribuer à la défectuosité de son habileté opératoire. Ceci peut être considéré par quelques personnes comme un travail fait sous l'influence d'un préjugé. Cependant la maxime du professeur Lister me paraît compatible avec la saine philosophie et le bon sens; et si je me suis laissé influencer par un préjugé, au cours de mes recherches, c'est que des connaissances antérieures m'amenaient à conclure que la longue série d'insuccès, rapportée plus haut, provenait de mon ignorance des conditions nécessaires pour éviter la contamination.

Je travaillais donc pour découvrir ces conditions et pour apprendre quelque chose de plus à l'égard de l'infection — son origine, sa persistance et son mode d'action. Lorsque je commençai mes recherches, cinq mi-

nutes d'ébullition suffisaient, ainsi que je l'ai rapporté
souvent, à stériliser les infusions les plus différentes. Ici,
nous avons fréquemment étendu la période d'ébullition à
dix et quinze minutes ; dans quelques unes même pendant un temps beaucoup plus long, et cela sans produire
de résultats. Je désirai connaître plus exactement la limite
de résistance des germes et, dans ce but, je changeai, le
22 décembre, six *bulles de pipette* d'une infusion de
concombre dont la densité était 1004. Elles furent
ensuite fermées avec de la ouate et scellées hermétiquement, puis soumises à l'ébullition pendant dix minutes.
Six autres bulles, chargées de la même infusion et traitées de la même manière, furent bouillies pendant trente
minutes. Enfin, huit bulles semblablement garnies
furent bouillies pendant 120 minutes.

Le 23 décembre, trois bulles du premier groupe, trois
du second et cinq du troisième furent ouvertes et exposées
à l'air ordinaire, la température de ce dernier étant
maintenue d'une manière sensiblement constante à 90°
Fahr. Aucune de ces vingt bulles ne se conserva libre
de vie. Le 25 décembre, toutes étaient devenues nébuleuses ou troubles.

Il y avait cependant une différence marquée entre les
bulles fermées et celles ouvertes. On se rappellera que
l'air avait accès dans ces dernières au travers du tampon
de ouate, tandis que les premières étaient tout à fait à
l'abri de son action, si on en excepte la petite quantité
emprisonnée au-dessus du bouchon lors de la fermeture
du tube. Les bulles aérées devinrent rapidement troubles,
tandis qu'une faible nébulosité se montrait tout au plus
dans les bulles scellées. Celle-ci même disparut bientôt
laissant les infusions apparemment intactes. En fait, il
fallait une certaine attention pour déceler la présence de

cette vie fugitive qui dura aussi longtemps qu'il y eut de l'oxygène pour la soutenir. J'avais rangé côte à côte, en groupes, les tubes scellés et les tubes ouverts. A l'observation même la plus rapide, les différences entre eux sont évidentes. Cette expérience fournit un exemple frappant de la dépendance dans laquelle les organismes spéciaux de la putréfaction se trouvent vis-à-vis de l'oxygène de l'air.

Je repris ces essais le 28 décembre et, à cette date, deux bulles de concombre, deux de melon, deux de navet et deux d'artichaut furent bouchées, scellées et maintenues à la température de l'ébullition pendant quatre heures. Six des huit bulles éclatèrent durant l'opération, mais deux d'entre elles, une de melon et une de concombre furent préservées. Après refroidissement, leurs extrémités scellées furent brisées et les infusions placées dans une chambre chaude. Le melon resta parfaitement stérile, mais, en deux jours, la solution de concombre devint trouble et se couvrit d'une écume graisseuse.

Huit bulles semblables furent bouillies le même jour pendant cinq heures et demie. Quatre d'entre elles éclatèrent, mais les quatre autres restèrent intactes. De celles-ci, deux contenaient une infusion de concombre, une de melon et la quatrième de navet. Trois des quatre furent stérilisées par notre ébullition longuement continuée, mais cette opération ne fit aucun effet sur une des bulles de concombre. Deux jours après, cette dernière fourmillait de vie et était couronnée d'une écume composée de bactéries entrelacées.

Un grand nombre d'expériences semblables furent faites ultérieurement. Le 27 janvier, par exemple, six bulles de navet furent bouillies pendant 220 minutes, six pendant 500 et deux pendant 505. Pour augmenter les chances d'infection, je suspendis au-dessus de chaque infusion une petite touffe de vieux foin de Colchester. Malgré sa présence, la totalité des bulles resta stérile. La densité commune des solutions employées était de 1007.

Les touffes de foin furent ensuite secouées dans le liquide, mais elles ne produisirent aucun effet. Plusieurs semaines après, l'infusion était encore claire. Cet impuissance d'engendrer la vie était-elle due au fait que le pouvoir nutritif des solutions avait été détruit par l'influence de la chaleur? En aucune façon; car, lorsque j'infectai les infusions, soit à l'aide d'une touffe de foin frais, soit à l'aide d'un petit tampon de ouate frotté préalablement sur les tablettes poudreuses de la chambre chaude, ou enfin au moyen d'une goutte d'une autre infusion contenant des bactéries, elle ne manqua jamais de développer la vie. Les seules différences observées entre l'effet du foin, ou de la poussière, et des bactéries vivantes fut une simple différence de temps. L'inoculation d'organismes définis agissait plus rapidement que l'infection par la poussière, mais le résultat était finalement le même.

Le 27 janvier, neuf bulles de melon furent traitées exactement comme le navet, soumises à l'action du vieux foin de Colchester, fermées par un tampon de ouate et scellées hermétiquement au-dessus du bouchon. Six d'entre elles furent bouillies pendant 215 minutes et trois pendant 220. Elles restèrent toutes parfaitement stériles; mais, comme pour le navet, elles cédèrent sous l'influence du foin frais, de la poussière, ou des bactéries vivantes. La densité de l'infusion de melon était de 1008.

§ 17.

NOUVELLES EXPÉRIENCES SUR LA LIMITE DE RÉSISTANCE DES GERMES A LA TEMPÉRATURE DE L'ÉBULLITION.

La durée de l'ébullition nécessaire pour la stérilisation de l'infusion de navet se trouve indiquée par les expériences précédentes ; toutefois, pour déterminer la limite de sa résistance, nous devons commencer avec de plus courtes périodes. C'est pourquoi le 1er mars, huit groupes de bulles furent chargées d'une infusion de navet, qui avait été préparée dans une atmosphère intentionnellement infectée avec du vieux foin de Heathfield. En outre dans chaque chambre un bouquet du même foin fut placé au-dessus des infusions. Le col des bulles était oblitéré avec de la ouate et scellé hermétiquement au-dessus du tampon. Les tubes furent alors bouillis respectivement pendant les périodes suivantes.

1er groupe	15	minutes.
2e —	30	—
3e —	45	—
4e —	60	—
5e —	75	—
6e —	90	—
7e —	105	—
8e	120	—

Après l'ébullition, je les retirai et les abandonnai au refroidissement. Je détachai les cols à l'aide d'une lime et exposai les infusions à la température de notre salle chaude. Je ferai remarquer que l'infusion se fonça graduellement en couleur depuis la période de quinze minutes, où la coloration était à peine sensible, jusqu'à la période de deux heures, où elle devint jaune foncé. Cet effet était dû, sans doute, à l'oxydation de l'infusion qui, malgré la couleur, était dans tous les tubes d'une brillante transparence.

Deux jours après leur préparation, tous les tubes avaient commencé à se troubler et à se couvrir d'écume.

Le 6 mars, les périodes d'ébullition furent prolongées sur une infusion fraîche. Deux groupes de tubes furent soumis à l'action de l'eau bouillante pendant les temps suivants :

$$1^{er} \text{ groupe} \ldots \ldots \ldots \ldots \quad 180 \text{ minutes.}$$
$$2^e \quad — \quad \ldots \ldots \ldots \ldots \quad 240 \quad —$$

Le 8 mars, tous les tubes du premier groupe étaient troubles et couverts d'écume. Le second groupe, au contraire, était parfaitement stérilisé. Ce résultat confirme pleinement les expériences faites le 27 janvier. L'infusion de navet fut alors bouillie pendant des périodes variant de 220 minutes à 305 : une stérilisation complète en fut la conséquence. Ces résultats furent vérifiés ultérieurement par une série continue d'expériences s'étendant sur des périodes d'ébullition variant de une à six heures, l'infusion résista à la stérilisation ; mais lorsque les périodes d'ébullition furent prolongées respectivement à quatre, cinq et six heures, toutes les bulles devinrent stériles. Le liquide continua à se montrer transparent au plus haut degré et d'une couleur brillante brun-orangé.

Des expériences furent faites dans le but de déterminer la limite de résistance de l'infusion de concombre. Le 24 février, neuf bulles de pipette furent chargées, oblitérées, hermétiquement scellées et soumises à l'ébullition pendant les temps suivants :

$$1^{re} \text{ bulle} \ldots \ldots \ldots \ldots \quad 15 \text{ minutes.}$$
$$2^e \quad — \quad \ldots \ldots \ldots \ldots \quad 30 \quad —$$

3ᵉ	—	45 —
4ᵉ	—	60 —
5ᵉ	—	120 —
6ᵉ	—	180 —
7ᵉ	—	240 —
8ᵉ	—	300 —
9ᵉ	—	360 —

Après refroidissement, j'en séparai la pointe à l'aide d'une lime. Le résultat fut le suivant : à la 5ᵉ bulle, correspondant à une période d'ébullition de deux heures, le développement de la vie cessa brusquement. Tous les tubes bouillis de trois à six heures inclusivement furent complètement stérilisés.

Dans ce cas, l'infusion avait été diluée à la suite d'un accident, de sorte que sa densité n'était pas de beaucoup supérieure à celle de l'eau distillée. C'est pourquoi, le 28 février, une infusion fraîche d'un poids spécifique de 1006 fut préparée et introduite dans une série de bulles exactement comme dans la dernière expérience. Les bulles furent exposées à la température de l'ébullition pendant les temps suivants :

1ᵉ bulle	. . . .	15 minutes.
2ᵉ	—	30 —
3ᵉ	—	45 —
4ᵉ	—	60 —
5ᵉ	—	120 —
6ᵉ	—	180 —
7ᵉ	—	240 —
8ᵉ	—	300 —
9ᵉ	—	360 —

Le résultat fut ici qu'à la 6ᵉ bulle, qui correspondait exactement à trois heures d'ébullition, le développement de la vie cessa brusquement. Toutes les bulles bouillies de 15 à 180 minutes inclusivement cédèrent ; tandis que celles bouillies de 240 à 360 minutes inclusivement furent complètement stérilisées. Comme dans le cas de l'infusion de navet, le concombre soumis à de longues périodes d'ébullition prend une teinte brun-orangé.

Comparant ces résultats avec ceux obtenus sur le navet, on remarquera que tous deux, navet et concombre, montrent le même pouvoir résistant; trois heures d'ébullition ou plus les préservent de l'infection.

Les infusions de concombre préparées le 22 et le 28 février étaient en connexion avec l'atmosphère à travers les tampons de ouate; mais aucune précaution n'avait été prise pour séparer les matières en suspension de l'air situé au-dessus des infusions. Le 22, cependant, quatre bulles furent préparées, remplies d'air filtré, laissées non bouchées et hermétiquement scellées. Je fis la même opération sur quatre autres bulles le 28 février. Chacun des deux groupes fut soumis à des périodes d'ébullition, qui étaient respectivement de 15, 30, 45 et 60 minutes. Tous deux devinrent troubles; mais il était intéressant de noter la chute graduelle et évidente de la vie des tubes bouillis pendant 15 minutes à ceux bouillis pendant 60 minutes. Si on avait pu compter les bactéries et représenter le résultat graphiquement, l'ordonnée correspondant à l'abscisse 15 aurait été trouvée beaucoup plus longue que celle correspondant à l'abscisse 60.

La méthode d'expérience ici décrite fut sensiblement celle employée par Spallanzani et Needham. Elle fut ensuite appliquée par le regretté professeur Wyman, d'Harvard College, tandis qu'en 1874 le Dr W. Roberts, de Manchester, la refondait complètement en la perfectionnant. Cette méthode peut donner lieu à des doutes graves. L'air est emprisonné avec ses matières en suspension dans les bulles scellées, de sorte que la chaleur n'a pas seulement à détruire les germes de l'infusion, mais aussi ceux répandus dans l'atmosphère qui la surmonte. Or, il n'est pas du tout certain que le calorique suffisant pour détruire les matières en suspension dans un liquide agisse efficacement lorsque les germes sont dilués dans un gaz ou une vapeur. Par conséquent, cette chance d'erreur existe, à la fois dans les expériences de Spallanzani, de Needham, de Wyman, de Roberts et dans les miennes propres, rapportées ci-dessus, qui peut empêcher de connaître la limite exacte de résistance des infusions. En résumé, de telles opérations ne sont pas susceptibles de nous indiquer avec certitude la température à laquelle une solution est stérilisée, parce que les germes qui opposent la résistance à la stérilisation peuvent ne point appartenir à l'infusion, mais à l'air ambiant.

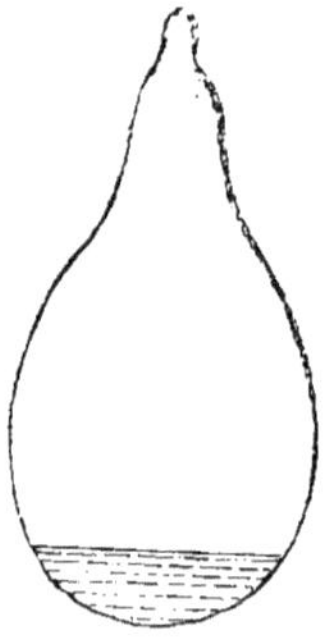

Les cas les plus étonnants de résistance à la stérilisation, observés par Wyman, sont ceux qui se présentent avec cette méthode d'expérience. En outre, l'action possible de l'air infectieux se trouvait encore augmentée par ce fait que le volume du liquide employé était très faible par rapport à celui de l'air le surmontant. Dans quelques expériences le volume de l'air était plus de trente fois celui de l'infusion. C'est ce que la figure ci-contre (fig. 17), empruntée à un mémoire de Wyman, montre clairement [1].

Fig. 17.

1. *Silliman's American Journal*, vol. XXIV, p. 80.

§. 18.

CHANGEMENT D'APPAREIL. — NOUVELLES EXPÉRIENCES AVEC DE L'AIR FILTRÉ.

J'avais toujours présente à l'esprit la source possible d'erreur, dont nous venons de parler; aussi, pris-je des mesures pour l'écarter. Le 2 janvier 1877, une infusion de navet (dens. 1006) et une infusion de melon (dens. 1008) furent préparées et introduites dans une série de bulles de pipette de la manière suivante : une extrémité A (fig. 18) d'un tube en T fut mise en connexion avec une pompe à air, l'autre extrémité étant soigneusement bouchée avec un tampon de ouate, tandis que la troisième branche était réunie avec le col de la bulle de pipette A à l'aide d'un tube de caoutchouc. Un morceau du même tube, pourvu d'une pince P, fut également attaché à l'extrémité du tube en T du côté de la ouate.

La bulle A fut vidée trois fois à la suite l'une de l'autre, la pince P étant serrée, puis remplie trois fois avec de l'air filtré, la pince P étant ouverte. A la troisième opération la bulle fut élevée à une haute température au moyen d'un bec Bunsen et enfin remplie d'air filtré. Je la plongeai alors pendant une minute dans de l'eau froide comme glace, puis, après l'avoir retirée, je la détachai du tube en T et y versai l'infusion au moyen d'une fine pipette représentée en *fe* (fig. 18).

Les motifs, qui me conduisirent à adopter cette méthode, furent les suivants: en quittant l'eau fraîche pour l'air chaud du laboratoire, il se produit une expansion de l'air intérieur de la bulle. Cette expansion occasionne un léger courant du dedans au dehors, lequel empêche toute rentrée de l'air contaminé. De même l'entrée de l'infusion dans la bulle amène une sortie de l'air intérieur. Lors du retrait de la pipette, qui n'occupe qu'un faible volume dans le col de la bulle, je chauffai

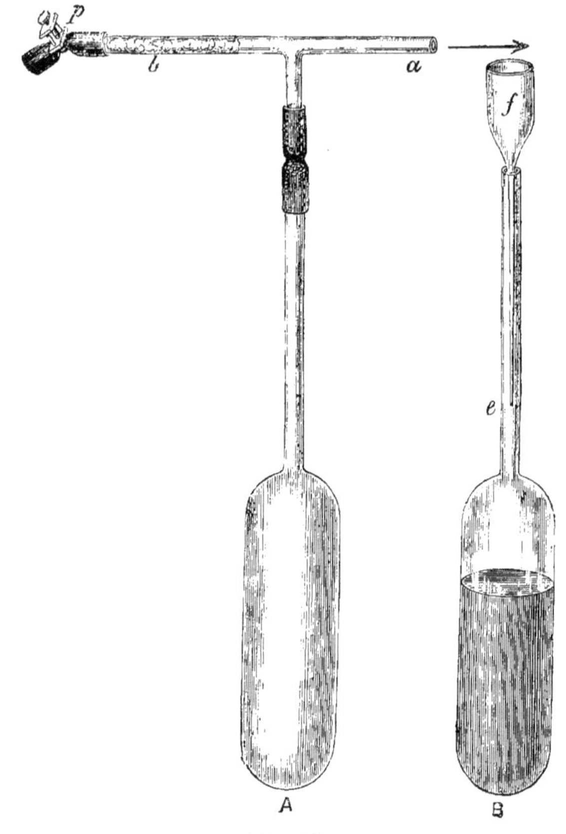

Fig. 18.

légèrement celle-ci, pour la même raison développée plus haut, et la bouchai enfin à l'aide d'un tampon de ouate. L'air rentrant à travers ce tampon, pour remplacer celui chassé par la chaleur, ne pouvait causer aucun mal, car il se trouvait filtré avant son introduction dans la bulle. Le col de cette dernière fut alors hermétiquement scellé et l'infusion maintenue pendant dix minutes à la température de l'eau bouillante. Après un espace de douze heures, les extrémités scellées furent séparées à l'aide d'une lime.

Dans nos expériences du 28 décembre, le navet et le melon, soumis à une période d'ébullition de dix minutes, cédèrent dans tous les cas. Ici, grâce aux précautions prises, deux des six bulles de navet et trois des six de melon restèrent parfaitement stériles. Cependant ce succès se reproduisit si rarement par la suite qu'il doit être considéré comme exceptionnel.

Le 4 janvier, j'entamai une nouvelle série d'expériences. Les bulles de pipettes employées furent d'abord soigneusement lavées avec de l'acide phénique, puis conservées, autant que possible, à l'abri de l'air ordinaire. Je les plongeai ensuite dans une solution de potasse caustique et les rinçai avec de l'eau distillée. Elles ne furent point soumises à l'action de la flamme Bunsen. Les infusions employées furent : le navet (dens. 1006) et le melon (dens. 1008), huit tubes de chaque.

Je n'étais pas certain que le filet liquide s'écoulant de l'extrémité de la pipette n'avait pas amené dans le col de la bulle B une certaine quantité d'air. C'est pourquoi je modifiai comme suit le mode d'introduction. L'extrémité a, du tube de verre en T employé dans nos précédentes expériences, fut étiré de façon à ne présenter qu'un léger orifice. Le tube lui-même fut plié à angle droit de ce côté (fig. 19). La branche, qui mettait en connexion la bulle avec la pompe à air, fut également étirée et enfoncée dans le col de cette dernière, la bulle et le tube en T étant réunis, comme plus haut, à l'aide d'un tube de caoutchouc. L'extrémité *b* fut encore bouchée avec un tampon de ouate et muni d'une pince *p*. En agissant ainsi, mon intention était de forcer

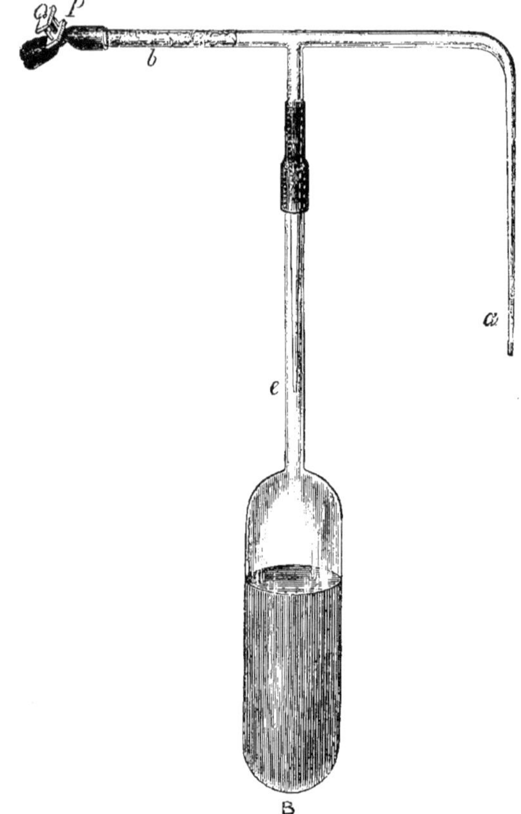

Fig. 19.

le liquide à descendre bien loin, au-dessous de la garniture de caoutchouc, de manière à ne permettre qu'une rentrée d'air, celle de l'air filtré.

Chaque bulle fut vidée de la manière déjà décrite et

remplie trois fois alternativement. Après le dernier remplissage, elles furent plongées pendant une minute environ dans de l'eau glacée afin de rendre l'air intérieur plus dense que celui du dehors. La pince p étant fermée, l'appareil entier fut détaché de la pompe à air. Lorsqu'on retira la bulle de l'eau glacée pour la transporter dans la chambre chaude, il se produisit une légère sortie d'air.

Le mode d'introduction du liquide fut le suivant : La pointe a étant plongée dans l'infusion, on plaça la bulle B dans l'eau bouillante. Il y eut une sortie immédiate d'air par la pointe a et un bouillonnement dans la solution. Aussitôt que ce bouillonnement eut cessé, la bulle fut transférée dans un bain d'eau glacée ; l'air intérieur se contracta et par l'effet de la pression atmosphérique l'infusion arriva dans le tube. Toutefois, la quantité de liquide obtenue par une première immersion dans l'eau glacée ne fut pas suffisante pour charger la bulle ; mais en répétant cette opération plusieurs fois, sans retirer la pointe a de l'infusion, il fut facile d'obtenir la quantité nécessaire. Enfin, le col de la bulle fut détaché du tube en T en desserrant le tube de caoutchouc. La bulle fut légèrement chauffée, en ce moment, de manière à produire une sortie de l'air intérieur, et on profita de ce courant pour boucher le col avec un tampon de ouate. Ceci étant fait, on le scella au-dessus du bouchon et on sépara la pointe avec une lime après refroidissement.

Je n'ai pas l'intention de rapporter ici les nombreuses expériences faites par cette méthode, ni la variété des infusions employées pour montrer son efficacité. Qu'il me suffise de dire que, malgré tous mes soins, les résultats furent contradictoires. Quelquefois, le succès semblait complet, mais une répétition des expériences — ce que je ne manquais jamais de faire — montrait que ce n'était qu'un pur accident. Je puis cependant dire qu'au cours de mes recherches, j'ai parfois effectué la stérilisation par une période d'ébullition, qui, multipliée vingt fois, dans d'autres cas, ne parvenait pas à produire cet effet. J'ai, par exemple, placé côte à côte dans mes collections, deux séries d'infusions organiques, l'une aussi claire que de l'eau distillée, ayant été rendue stérile par des ébullitions de cinq et dix minutes ; l'autre contenant les mêmes infusions bouillies pendant 50, 120 et 550 minutes respectivement, et qui néanmoins sont complètement boueuses et couvertes d'écume. Cependant, même ici, des causes autres que des différences de manipulation peuvent avoir contribué à ce résultat.

Plusieurs semaines de travail furent consacrées à ces expériences, mais toutes, comme je l'ai déjà dit, ne sauraient être rapportées ici. Une des méthodes employées fut la suivante : Des bulles de pipettes furent préparées, qui avaient leur col étiré en une très fine pointe. L'extrémité ouverte étant mise en connexion avec une pompe à air, la bulle fut vidée et remplie, à trois reprises différentes, d'air filtré. Dans la dernière opération la bulle fut chargée d'air purifié à 1/5 d'atmosphère, et, pendant que cette pression était maintenue par la pompe à air, l'extrémité effilée du tube fut scellée. Chaque bulle fut ensuite chauffée presque au rouge dans la flamme d'un bec Bunsen. Elle fut chargée en retournant la pointe scellée dans une infusion et en la brisant dans le liquide. La solution monta jusqu'à ce qu'elle eût rempli la bulle aux deux tiers, puis l'extrémité étirée fut de nouveau scellée. Un grand nombre d'expériences furent ainsi exécutées. Leurs résultats conduisaient évidemment à la conclusion que les germes résistants n'étaient pas entièrement circonscrits dans l'air, mais qu'une partie survivait dans le liquide.

19.

PREUVE FINALE QUE LES GERMES RÉSISTANTS SONT CONTENUS DANS L'INFUSION. EXEMPLES DE RÉSISTANCE A LA FOIS DANS LES LIQUIDES ACIDES ET NEUTRES.

Voici une face de la question, qui m'a donné beaucoup de peine, à l'époque à laquelle je me reporte maintenant : Les germes, qui, dans les circonstances décrites plus haut, produisent la vie, ont-ils été acquis par l'infusion durant l'ébullition? Le liquide, on s'en souviendra, devait traverser le col de la bulle et ne pouvait le quitter sans y laisser un revêtement y adhérant. Je pensai que ce revêtement pouvait sécher par l'évaporation et laisser ainsi derrière lui des germes dans des conditions tout à fait différentes de celles du liquide. A des germes ainsi exposés, non à la chaleur de l'eau, mais à celle beaucoup moins efficace d'un mélange de vapeur et d'air, pouvait être due la vie observée. Avant de me référer à la proposition que les germes survivants devaient avoir été contenus dans le liquide, il m'était impossible de comprendre les résultats obtenus.

Le mal était pourtant, en partie, diminué par ce fait que la bulle était chargée, non par son propre col, mais par un tube à angle droit sur ce col. Toutefois une portion du col et de la surface supérieure de la bulle étaient invariablement mouillés par le liquide. Cette difficulté fut surmontée en soudant l'extrémité du tube latéral vers le centre de la bulle et en forçant l'infusion, à l'aide de la pression atmosphérique, jusqu'à ce que la surface du liquide soit franchement au-dessus de l'orifice latéral. A ce niveau, le liquide ne pouvait mouiller aucune surface avec laquelle il ne dût pas rester en contact permanent.

La méthode dont je me servis pour charger les bulles fut la suivante : d'abord, la bulle avait la forme représentée en A, figure 20 ; c'est ainsi que je l'obtenais de la verrerie. Son col fut bouché avec de la ouate, c, puis hermétiquement fermé, comme on peut le voir en B, figure 20. Le tube latéral fut alors étiré de manière à le rendre presque capillaire en o et en p. L'extrémité n fut mise en connexion avec une pompe à air, au moyen de laquelle la bulle fut vidée. et, après deux ou trois vidanges et remplissages, on y chassa de l'air soigneusement filtré et maintenu à une pression de un tiers d'atmosphère. Pendant que la pompe conservait cette pression à l'intérieur, le tube capillaire p fut scellé à la lampe. La bulle et ses accessoires furent alors chauffés presque au rouge dans une flamme Bunsen, de façon à détruire les germes qui auraient pu adhérer à leurs parois.

L'extrémité p fut alors introduite dans l'infusion, appuyée contre le fond du vase et brisée de cette manière. La pression extérieure, d'une atmosphère entière, n'ayant à vaincre qu'un tiers. d'atmosphère à l'intérieur, força le liquide à entrer dans la bulle par le tube latéral. La solution monta ainsi graduellement jusqu'à ce qu'elle atteignit et dépassât enfin ce dernier. Quand l'équilibre, entre la pression au dedans et la pression au dehors, se fut établi, le liquide remplissait les deux tiers de la bulle.

L'infusion s'étendait, sans solution de continuité, de

la bulle B au vase dans lequel l'extrémité *p* se trouvait
plongée, de sorte que l'air impur était tout à fait exclu
de l'appareil. Une petite flamme de gaz fut soigneusement appliquée en *o*. Le liquide se vaporisait à l'intérieur du tube capillaire, et cette vapeur le maintenait
ainsi à quelque distance à droite et à gauche du point *o*.

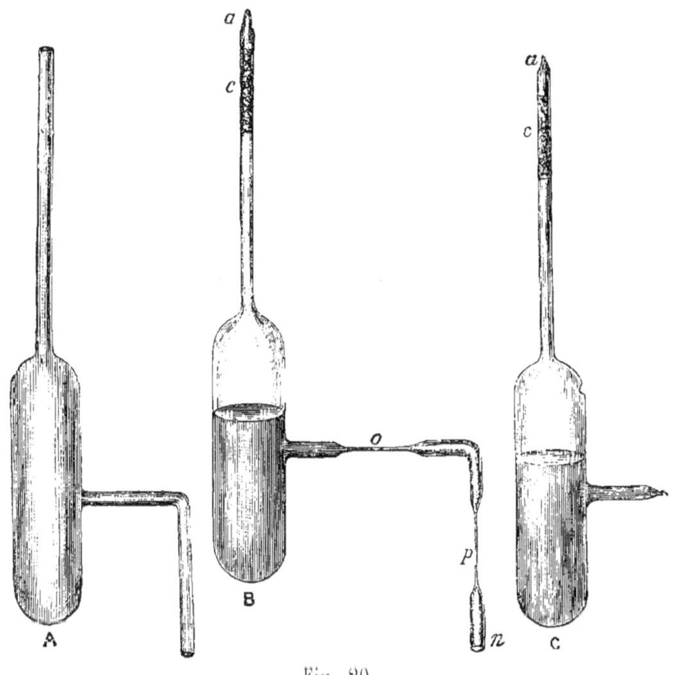

Fig. 20.

Je profitai de ce moment pour chauffer brusquement
le petit tube au rouge et le sceller à la lampe.

L'aspect de la bulle après qu'elle eut été aussi chargée
est représenté figure 20, C.

Le 20 février, seize bulles furent chargées par cette
méthode d'infusions de vieux foin de Heathfield et d'un
foin dur de Guildford, lequel n'était pourtant pas vieux.

Elles furent divisées en quatre groupes de quatre bulles chaque. Ces groupes comprenaient deux infusions acides et deux neutres, et furent bouillis pendant les temps suivants :

1er groupe	10 minutes.
2º —	20 —
5ᶜ —	50 --
4ᶜ —	60 —

Après que les bulles furent suffisamment refroidies, leur extrémité scellée fut détachée à l'aide d'une lime.

Le 24 février, c'est-à-dire moins de vingt-quatre heures après leur préparation, toutes montraient des signes de vie. Le 22, elles étaient troubles et présentaient, au point de vue de la comparaison des infusions acides et neutres, les conditions suivantes :

1er groupe 10 minutes.
Guildford neutre franchement plus trouble que Guildford acide. Écume sur le premier, pas sur le dernier.
Vieux Heathfield neutre impossible à distinguer du vieux Heathfield acide. Tous deux troubles et couverts d'écume. Beaucoup plus pâles en couleur.

2ᵉ groupe 20 minutes.
Guildford neutre franchement plus trouble que Guildford acide.
Vieux Heathfield neutre plus trouble que vieux Heathfield acide.

5ᵉ groupe 50 minutes.
Guildford neutre, un peu plus trouble que Guildford acide : faible différence.
Vieux Heathfield neutre plus trouble que vieux Heathfield acide ; le premier avec de l'écume, le second pas.

4ᵉ groupe 60 minutes.
Guildford neutre franchement plus trouble que Guildford acide ; le premier avec de l'écume, le second pas.
Vieux Heathfield neutre quelque peu plus trouble et quelque peu plus écumeux que vieux Heathfield acide : faible différence.

Je pense que ceci suffit pour qu'on puisse considérer comme absolument certain que les germes résistant à la stérilisation étaient contenus dans le liquide et n'y avaient point été introduits par l'air.

Le 22 février, quatre groupes de bulles furent chargés de la manière ci-dessus décrite et avec les mêmes infusions. Les périodes d'ébullition furent les suivantes :

1ᵉʳ groupe	90	minutes.
2ᵉ —	120	—
3ᵉ —	180	—
4ᵉ —	240	—

Comme précédemment, j'opérai encore à la fois sur des infusions neutres et acides. Voici quels furent mes résultats. Le soir du 23, c'est-à-dire vingt-quatre heures après leur préparation, toutes les bulles montraient, à un œil exercé, des commencements de trouble. Le 24, à deux heures après midi, elles fourmillaient de vie. Les bulles de vieux Heathfield, tant acides que neutres, étaient turbides et couvertes d'écume, les solutions très peu acides se conduisant sensiblement comme les neutres. Dans le cas de l'infusion de Guildford, cependant, l'écume des solutions neutres était beaucoup plus riche et plus lourde que celle des solutions acides.

Quatre heures fut la limite supérieure à laquelle je portai l'ébullition dans ces expériences. Le 27 février, cette période fut encore prolongée. Quatre groupes de bulles, chargées d'infusions des deux sortes de foin mentionnées plus haut, furent bouillies pendant les temps suivants :

1ᵉʳ groupe	300	minutes.
2ᵉ —	360	—
3ᵉ —	420	—
4ᵉ —	480	—

J'avais fait bouillir antérieurement des infusions de vieux foin de Londres et de vieux Colchester, pendant cinq heures, infusions qui, par la suite, s'étaient montrées complètement stériles. Ici, aussi, toutes les bulles bouillies pendant cinq, six et sept heures restèrent stérilisées et se conservèrent limpides et brillantes. C'est aussi ce qui se passa, à une exception près, pour le groupe des bulles bouillies pendant huit heures. Cette exception provenait d'une infusion neutralisée de Guildford, qui devint trouble et se couvrit d'écume. Eu égard au soin avec lequel la bulle avait été chargée et aussi au mode d'introduction, il était impossible d'admettre que la vie observée pût être le résultat de germes extérieurs. Grâce au durcissement et à la dessiccation du foin, grâce aussi au défaut de contact avec le liquide ou à quelque autre cause, des germes peuvent avoir résisté à l'ébullition prolongée à laquelle je les soumis.

« *L'influence destructrice de la chaleur* » avait-elle privé la grande majorité des bulles bouillies huit heures de leur pouvoir de génération spontanée? Quelle que soit la signification attachée à un tel langage, la réponse n'est pas douteuse: la destruction était la même pour toutes les bulles. Et pourtant, nous trouvons l'une d'elles qui, retirée de l'eau bouillante, était parfaitement claire, et qui, deux jours après, était boueuse et fourmillante d'organismes. En outre, il suffisait de laver avec de l'eau distillée parfaitement stérilisée une petite touffe de foin et d'inoculer l'infusion claire d'une des bulles bouillies huit heures, pour rendre cette dernière trouble en moins de vingt-quatre heures. Pour parler en termes plus précis, quatorze heures de séjour dans la chambre chaude suffirent pour que l'infusion, soumise à huit heures d'ébullition, devînt fourmillante de bactéries. Ainsi la solution à laquelle on restitue des germes se montre parfaitement apte à développer la vie, et ce n'est que la destruction des germes qu'elle contenait auparavant qui la rendait stérile.

Je me permettrai d'appeler ici l'attention sur ce fait que les espèces particulières de foin, dont nous nous sommes servis, étaient si sèches et si endurcies que, même après cinq heures de digestion, la densité des infusions dépassait à peine celle de l'eau distillée. Ceci avait lieu plus particulièrement avec les vieux foins de Heathfield et de Colchester, dont les infusions, quoique fortement colorées, répondaient invariablement à un poids spécifique de 1000, celui des infusions du vieux foin de Londres était ordinairement 1005, tandis que les infusions de nouveau foin de Heathfield atteignaient sans difficulté 1007[1].

Comme je l'ai dit, je n'ai jamais considéré un cas de stérilisation comme réel qu'après sa vérification par une soigneuse répétition de l'expérience. J'ai indiqué plus haut une confirmation partielle de mes résultats. Le 2 mars, je préparai les mêmes infusions, je les conservai dans une salle froide pendant la nuit et, le lendemain matin, les introduisis dans quatre groupes de bulles. Les solutions étaient toutes brillantes. Pendant l'ébullition une bulle se brisa, de sorte que l'un des termes manqua, par la suite, à nos séries. Je pensai qu'il serait préférable de ne point me servir du groupe bouilli quatre heures, de sorte que nous avions ainsi affaire à des infusions soumises à des ébullitions d'une, deux,

---

1. Une expérience comparative sur des pois séchés et non séchés, décrite dans les « Proceedings of the Royal Society » (1877, vol. XXV, p. 500), peut être citée ici comme exemple de la manière dont la dessiccation restreint l'infusion et tend ainsi à conserver l'intégrité des germes. Je suppose que les sels minéraux primitifs du foin étaient encore retenus dans les vieux échantillons; dans tous les cas, l'eau chaude ne paraît avoir sur eux qu'un pouvoir extractif très faible. La résistance du foin à cet égard paraît être partagée par ses germes.

trois, cinq et six heures. Une bulle du groupe de cinq
heures et une bulle du groupe de six devinrent troubles
et floconneuses dans la masse liquide, mais sans écume à
la surface. Comme dans le cas de la bulle bouillie huit
heures, je ne doute pas que le développement de la vie
devait son origine à la résistance exceptionnelle des
germes qui s'étaient maintenus inaltérés dans l'infusion.

Par des expériences multipliées d'un caractère analogue et aussi par des considérations d'une autre nature,
j'eus tous mes apaisements sur l'épreuve à laquelle les
germes avaient été soumis. Un flot de lumière fut, en
outre, jeté sur les difficultés rapportées dans les pages
précédentes. Avant l'introduction, dans notre laboratoire, de ces germes particulièrement résistants attachés
au foin durci et desséché, des infusions de toute nature,
voire même de foin, avaient été stérilisées avec certitude
et facilité. Mais les vieux foins de Heathfield, de
Londres, de Guildford et de Colchester avaient apporté la
peste dans notre atmosphère, de sorte que les solutions
de toutes nos autres substances devinrent victimes d'un
fléau, qui leur était tout à fait étranger. L'insuccès dans
la stérilisation du concombre, du navet, de la betterave,
de l'artichaut, du melon, du bœuf, du mouton, de
l'églefin, du hareng, de la sole, fut uniquement dû à ce
fait que leurs infusions avaient été préparées dans une
atmosphère, ou mises en contact avec des vases infectés
par les germes qui avaient pu résister à une ébullition
de 240 minutes. Il est évident, d'après tout ceci, que de
parler d'une infusion comme étant stérilisée à une température donnée, est une chose sans signification aucune ;
car la température, à laquelle une infusion quelconque
est stérilisée, dépend du caractère et de la condition des

germes qu'elle contient. La température mortelle peut être de plus de trois heures à Londres et de moins de trois minutes à Kew[1].

Je citerai ici deux exemples remarquables de l'énergie infectieuse de ces germes du foin desséché dans des infusions, qui, dans les conditions ordinaires, sont très facilement stérilisées. Le 31 mars, cinq bulles de pipettes furent chargées d'une infusion claire de bœuf et bouillies pendant les temps suivants :

1re bulle	. . . .	60 minutes.
2e —	. . . .	120 —
3e —	. . . .	180 —
4e —	. . . .	240 —
5e —	. . . .	300 —

Après refroidissement, les extrémités scellées furent brisées et l'air admis à travers des tampons de ouate. Toutes les bulles se remplirent d'organismes. Dans la cabane, distante seulement de huit yards, la même infusion de bœuf fut, comme nous l'avons dit plus haut, stérilisée en cinq minutes.

Une expérience identique fut faite le 30 mars avec une infusion claire de mouton. Aucune des cinq bulles ne fut stérilisée. Toutes sont actuellement fourmillantes de vie. Que ceci prévienne ceux qui sont dans l'industrie des conserves alimentaires, contre la contamination du vieux foin. Ils ont peut-être éprouvé quelquefois des difficultés dont ils n'ont pu se rendre compte : les ex-

---

1. J'ai déjà décrit la distribution des germes de bactéries dans l'air sous le nom de *nuages bactéridiques*. S'il nous était possible de voir cette distribution au-dessus d'une prairie, je suis persuadé que nous ne la trouverions pas uniforme. Nous trouverions les germes disposés par groupes très espacés entre eux comme les violettes sur une haute montagne ou les champignons dans la plaine. Deux touffes de foin d'une même prairie peuvent donc se conduire très différemment.

périences que nous venons de rapporter suffisent à les résoudre. Mais la question pratique la plus intéressante de toutes est celle-ci : Le chirurgien ne peut-il avoir à lutter contre des ennemis semblables à ceux décrits dans les pages précédentes, contre ces germes particuliers, dont nous avons étudié l'action sur la viande et le poisson? Comment se conduiraient-ils dans les salles d'un hôpital? Pourraient-ils amener la putréfaction des blessures? Et dans ce cas succomberaient-ils sous l'influence des désinfectants ordinairement appliqués? Ce sont des questions dont la haute importance ne manquera pas d'être comprise par les partisans éclairés du système antiseptique, et auxquelles nous essayerons de répondre pour eux.

§ 20.

REMARQUES SUR LES INFUSIONS ACIDES, NEUTRES, ET ALCALINES.

Dans le paragraphe précédent, nous avons mentionné, dans un but de comparaison, la conduite des infusions acides et neutres. Il ne peut y avoir aucun doute que, pour la nutrition et la multiplication des bactéries, les infusions acides sont moins favorables que les solutions neutres ou légèrement alcalines. Les premières développent parfois, au contact de l'air ordinaire, des touffes de *Penicillium*, tandis qu'elles ne montrent aucune trace de bactéries. Il est également vrai que, dans nombre de cas, une température convenable peut prévenir l'apparition de la vie dans une infusion acide, tandis qu'elle est tout à fait impuissante à stériliser une infusion neutre ou alcaline.

J'ai eu fréquemment l'occasion d'observer ce fait au cours des présentes recherches. J'avais, par exemple,

un grand nombre de chambres hermétiquement closes,
soumises au procédé de *chauffage discontinu* que nous
décrirons plus loin; avec cet appareil, j'ai répété très
souvent l'expérience que la proportion de chaleur, qui
rendait les infusions de foin acides définitivement stériles, était toujours insuffisante pour opérer la même
transformation sur les infusions neutres. En outre, dans
tous les cas où des solutions bouillies pendant cinq, six
et huit heures cédaient à l'infection, la vie commençait
toujours à se développer dans les infusions neutres.
Dans le même ordre d'idées, j'ajouterai encore le fait
suivant. Le 22 mars, une infusion de foin dur Guildford
fut divisée en deux parties, dont l'une fut neutralisée
et l'autre laissée acide. Cinq bulles de pipette furent
remplies de la première et cinq de la seconde. Après
fermeture hermétique, elles furent toutes plongées dans
l'eau et y bouillirent pendant six heures. Toutes les bulles
acides furent stérilisées par ce traitement, tandis qu'en
deux jours, trois des cinq bulles neutres devinrent
troubles et se couvrirent d'écume.

Quelle est l'explication de cette différence? D'après ce
que je sais, il m'est impossible d'entrer dans les vues de
M. Pasteur suivant lesquelles les germes échapperaient à
l'action destructrice de la chaleur parce qu'ils ne sont
pas mouillés par les liquides alcalins ou neutres. Par
une étude comparée de l'action de l'eau alcalinisée et
acidulée sur le foin, je serais plutôt disposé à croire
que les germes sont plus rapidement humectés par la
première que par la seconde. A mon avis, il ne s'agit
point ici d'une question d'humidité, mais bien de pouvoir nutritif. Deux germes de bactéries, d'égale vigueur,
tombant de l'atmosphère, l'un dans une solution neutre
ou légèrement alcaline, l'autre dans une infusion acide,

et sans exception, sur tous les liquides nutritifs dont les surfaces sont exposées à l'air, quel que soit d'ailleurs leur mode de préparation, rien de semblable n'a lieu pour les bactéries[1]. » Et, encore, en référence à d'autres expériences : « Le résultat montre que l'air ordinaire est entièrement libre de bactéries vivantes[2]. » Sa conclusion générale, à l'égard du développement des bactéries dans les liquides organiques, est que : « l'eau est le seul agent de contamination. »

Sur ces expériences et les conclusions qu'on en a tirées, le docteur Bastian[3] a fondé une argumentation, qui serait d'un grand poids si sa base était sûre. Se reportant à l'adresse présidentielle de la British association à Liverpool[4], il s'exprime ainsi : « Parlant des germes vivants des bactéries, le professeur Huxley se résume en disant : « Considérant leur petite taille et la « large diffusion des organismes qui les produisent, il est « impossible de les concevoir autrement que répandus par « myriades dans l'atmosphère. » Si le professeur Huxley avait fait lui-même quelques expériences soignées sur ce sujet, il n'aurait jamais émis l'hypothèse dont il s'agit... En effet, le professeur Burdon Sanderson, moi-même, et bien d'autres, avons démontré que les germes des bactéries n'existent point, en général, dans l'air, et ceci est maintenant une doctrine très largement acceptée, quoique, d'après le professeur Huxley, elle soit impossible à concevoir. » Les « autres » dont le docteur Bas-

---

1. Appendix, p. 538. Quoique le Dr Sanderson parle de « *tous les liquides nutritifs,* » si je le comprends bien, il n'en choisit pourtant qu'un, et c'était une solution minérale, laissant ainsi de côté les infusions animales ou végétales.

2. Appendix, p. 539.

3. Evolution, p. 44.

4. Brit. Assoc. Report. 1870.

tian veut parler comprennent sans doute le célèbre naturaliste Cohn.

Le docteur Bastian a parfaitement raison lorsqu'il dit que la *doctrine* qu'il a énoncée est maintenant *très largement acceptée*. Mais la conduite de presque toutes les infusions animales ou végétales exposées à l'air ordinaire contredit sa théorie. Elle est en désaccord avec les expériences faites sur les infusions de melon, de navet, de concombre et de foin qui sont rapportées dans ce mémoire. De telles infusions, lorsqu'elles ont été stérilisées par six ou huit heures d'ébullition, restent, si on les conserve à l'abri des germes de bactéries contenus dans l'air, éternellement stériles ; mais quand elles sont infectées, soit volontairement, soit par hasard, avec des germes atmosphériques, on les trouve, six ou huit heures après l'infection, fourmillantes de bactéries. Il est aussi certain que l'air de Londres tient en suspension des germes de ces petits êtres, que les cheminées de cette ville renferment de la fumée. Ce que les expériences, en réalité très importantes, du docteur Sanderson prouvent, c'est qu'une solution minérale capable de nourrir les bactéries, lorsque celles-ci sont arrivées à leur entier développement, est insuffisante pour effectuer le passage de l'état de germe à l'état d'organisme défini. Elle peut nourrir le poulet, mais non provoquer sa sortie de l'œuf. Comme je l'ai déjà dit, ce que ces expériences démontrent, ce n'est pas l'absence des germes de bactéries dans l'air, mais l'inaptitude de la solution minérale à les développer.

Une autre expérience décrite par le docteur Sanderson dans son mémoire, est la suivante : « Une baguette de verre fut chargée de bactéries en la plongeant dans une solution à la surface de laquelle se trouvait une écume visqueuse, consistant uniquement en ces organismes incorporés dans une gangue gélatineuse. On laissa la baguette sécher à l'air pendant quelques jours, puis on l'introduisit dans une solution bouillie qu'on voulait essayer. Le 6 février, le liquide était déjà laiteux et peuplé de bactéries. »

« Pour déterminer l'effet d'une dessiccation plus complète, une éprouvette contenant un centimètre cube d'eau froide, qu'on savait être zymotique, fut évaporée à siccité dans l'incubateur et gardée pendant quelques jours à une température de 40° C. Le 20 février, le vase séché fut chargé d'une solution bouillie et refroidie, puis bouché comme d'ordinaire à l'aide d'un tampon de ouate. Le liquide fut examiné au microscope le 2 mars et trouvé rempli de *Torula*, mais sans aucune bactérie. Il semble donc que les germes de ces dernières soient rendus inactifs par la simple dessiccation. »

Ces expériences ont été regardées comme concluantes à l'égard de la dessiccation. Bien plus, elles sont admises comme applicables, non seulement aux bactéries développées, mais aussi, sans restriction, aux germes dont elles dérivent. « Pour maintenir son panspermisme, dit le docteur Bastian [1], en présence de ses propres expériences, Spallanzani fut obligé de reconnaître que les germes des organismes inférieurs jouissaient, de même que les semences, de la propriété de se révivifier après dessiccation. La science moderne déclare cependant qu'ils n'ont pas cette propriété. Le professeur Burdon Sanderson a démontré que, non seulement les germes des bactéries sont rendus inactifs par la simple dessiccation, sans cha-

---

1. Evolution, p. 156.

leur, c'est-à-dire par l'exposition à l'air à la température de 104° Fahr., mais encore que les bactéries adultes se conduisent de la même manière. » Ainsi comprise, la conclusion est insoutenable. Je pourrais citer une multitude d'expériences à l'appui de mon dire, mais je crois qu'une ou deux suffiront.

Une petite touffe de vieux foin de Heathfield fut lavée avec de l'eau distillée, qu'on avait placée dans un verre à champagne. Je mis le verre sur un poêle jusqu'à ce que toute l'eau fût évaporée et y laissai le résidu sec pendant quelques jours. La température de dessiccation du docteur Sanderson était de 104° Fahr., la mienne de 120°, et ma période de dessiccation fut plus longue que celle employée par lui. Grattant un peu du résidu sec dans le fond du verre à champagne, j'en infectai une bulle contenant une infusion de foin qui avait été stérilisée par huit heures d'ébullition. Au moment de l'infection, l'infusion était remarquablement transparente, mais quarante-huit heures après elle fourmillait de bactéries. À l'égard de la doctrine que ces petits êtres proviennent de *particules organiques mortes* au lieu de germes vivants [1], aucun homme de science ne peut, je crois, la soutenir actuellement.

Autre exemple. J'avais eu des touffes de foin pendues durant sept à huit semaines dans les salles chaudes des bains turcs, Jermyn street, infusions exposées pendant tout ce temps à une température de 140° Fahr. et au delà. Les germes adhérents à ce foin ne furent point tués par la dessiccation. Lorsque j'en infectai une infusion animale ou végétale, elle donna naissance, dans le temps ordinaire, à des essaims de bactéries.

---

1. Evolution, p. 44.

§ 22.

STÉRILISATION PAR LE CHAUFFAGE DISCONTINU.

Observant la distinction entre les germes et les organismes développés, distinction sur laquelle nous venons d'insister, tenant aussi compte des changements qui se produisent dans le passage de l'une à l'autre forme, je me suis trouvé à même de stériliser avec une infaillible certitude toutes les infusions mentionnées dans ce mémoire, sans pour cela les élever à une température plus haute que leur point d'ébullition, sans même prolonger le chauffage d'une manière extraordinaire. Les infusions peuvent être stérilisées à une température inférieure à celle de l'eau bouillante, pendant que la durée de l'ébullition peut n'être qu'une minime partie du temps employé dans mes précédentes expériences. C'est un fait indiscutable et indiscuté que les bactéries actives sont tuées par une température de beaucoup inférieure à celle de l'eau bouillante. Il n'est pas non plus douteux qu'un certain espace de temps, que j'ai appelé *période latente*, est nécessaire pour permettre aux germes durs et résistants de passer à l'état d'organismes sensibles à la chaleur. On doit admettre aussi, je crois, que plus le germe approche de la période-limite à laquelle il se transforme, plus il est sensible à l'action de la cause qui doit détruire si facilement l'organisme défini. Or, nous pouvons savoir, à l'aide du rayon lumineux, quel est approximativement le temps nécessaire pour le passage des germes à l'état de bactéries. Admettons qu'il soit de vingt-deux heures et supposons qu'on soumette à la température de l'ébullition, ou même à une température inférieure, les germes avant leur développement final, au moment où ils vont atteindre le stade auquel une température de 140° Fahrenheit leur est fatale. Il est extrêmement probable qu'une température de 212°, ou de 200° ou même de 150°, si elle est appliquée pendant un temps suffisamment long, se montrera funeste aux germes et préviendra l'apparition de ces organismes encore plus sensibles, auxquels les germes sont sur le point de donner naissance.

Nous avons ici une indication théorique qui va nous permettre d'entreprendre de nouvelles expériences. On ne doit point s'attendre à ce que tous les germes, dont mes infusions sont chargées, atteignent leur développement final au même moment. Quelques-uns sont plus secs et plus durs que les autres et par conséquent arrivent moins facilement à la phase sensible à la chaleur. De là, le mode de procéder suivant :

Vingt-quatre petites cornues furent chargées d'infusions de foin le 2 février et soumises, matin et soir, à l'ébullition pendant une minute. La dernière ébullition eut lieu le soir du 5 février. Les cols des cornues avaient été bouchés avec de la ouate ; l'air intérieur cependant n'avait pas été filtré et on avait pris relativement peu de soin dans leur préparation. Après le chauffage final, elles furent abandonnées dans une chambre dont la température était maintenue juste à 90° Fahr. Plusieurs cornues semblables, chargées en même temps et avec la même infusion, furent bouillies d'une manière continue pendant dix minutes, bouchées pendant l'ébullition et placées dans la même chambre que les autres. Deux jours après, elles étaient toutes troubles et couvertes d'écume. D'un autre côté, douze des vingt-quatre cornues qui avaient été soumises pendant un temps beaucoup plus court à une ébullition intermittente, restèrent indéfiniment claires et libres d'écume.

Le 2 février, huit bulles de pipettes furent chargées de deux infusions de foin, quatre bulles étant consacrées à chacune. L'air surmontant les infusions était de l'air ordinaire du laboratoire. La totalité des bulles fut soumise à la température de l'ébullition pendant une minute, en même temps, quatre autres bulles, contenant la même infusion, furent bouillies pendant dix minutes sans discontinuer et suspendues à côté des premières. Douze heures après le premier chauffage, le groupe des huit bulles était parfaitement brillant et, dans ces conditions, il fut soumis à une nouvelle période d'ébullition d'une minute. Le soir du même jour, il fut encore porté à la même température pendant une demi-minute, opération que je répétai le lendemain matin. Le liquide fut traité de cette manière à deux reprises successives, après l'expérience que je viens de rapporter. Le résultat final fut que la solution, qui avait été bouillie pendant dix minutes, était, deux jours après, trouble et couverte d'écume, tandis que deux mois après les bulles, dont le total des ébullitions partielles était de quatre minutes, se trouvaient encore claires et libres d'écume.

Ces résultats sont faciles à comprendre. Par la première application de la chaleur, les germes qui se trouvent au moment critique sont tués; et, avant qu'aucun des germes restants puisse se développer en bactéries, ils sont de nouveau soumis à une période d'ébullition. Celle-ci tue les germes, qui sont suffisamment près de leur développement final. A chaque période subséquente de chauffage, le nombre des germes vivants est diminué jusqu'à ce qu'ils soient enfin totalement détruits. L'infusion, si elle est alors protégée de la contamination extérieure, reste pour toujours inaltérable, quoique, lorsque des bactéries vivantes, des débris de foin, ou même les particules de poussière sèches du laboratoire y sont semées, le liquide stérilisé montre à la fois son pouvoir d'entretenir la vie des bactéries adultes et de provoquer leur reproduction, ainsi que son aptitude à transformer les germes en bactéries.

A la même date, je fis une expérience avec une série de bulles de pipettes dont les cols étaient pliés et bouchés avec du coton de telle manière qu'aucune impureté ne pouvait tomber de la ouate dans l'infusion. Quatre bulles furent chargées d'une infusion de foin de Heathfield et quatre d'une infusion de foin de Londres, des échantillons de la même infusion étant introduits en même temps dans une autre série de bulles, qui étaient oblitérées comme leurs voisines, et qui furent soumises à la température de l'ébullition pendant dix minutes sans discontinuer. Les huit bulles dont j'ai parlé d'abord furent au contraire chauffées d'une manière intermittente, la somme des périodes employées ne dépassant pas quatre minutes. Le résultat obtenu fut le suivant : tandis que la totalité des bulles bouillies pendant dix minutes céda en moins de quarante-huit heures après leur préparation, sept des huit bulles qui avaient été soumises à une ébullition discontinue restèrent indéfiniment brillantes.

Le 5 février, dans le but de me rendre encore mieux compte de la valeur de la nouvelle méthode, je fis préparer des infusions de nos espèces de foin les plus réfractaires. Il y avait cinq bulles d'infusions neutralisées de Guildford et cinq formées d'un mélange de vieux Colchester et de vieux Heathfield. Deux bulles de chaque infusion furent chargées en même temps et soumises à la température de l'ébullition pendant dix minutes. Les dix bulles d'abord mentionnées ne furent jamais bouillies, la température maximum à laquelle elles furent élevées restant toujours de quelques degrés au-dessous de leur point d'ébullition. Malgré cela, les quatre bulles bouillies pendant dix minutes devinrent troubles et se couvrirent d'écume, tandis qu'une seule de celles soumises à un chauffage intermittent céda par la suite ; les neuf autres restèrent aussi brillantes que le premier jour.

Il est évident, d'après ce que nous avons dit précédemment, que deux cent quarante minutes peuvent être substituées à dix minutes sans altérer ce résultat. Cinq minutes de chauffage discontinu peuvent avoir plus d'effet que cinq heures d'ébullition.

A la même date, trois bulles furent chargées d'une infusion acide de foin de Londres et soumises au chauffage intermittent. Elles sont encore brillantes actuellement.

Le 7 février, quatre tubes de Cohn, remplis d'une infusion de navet, avaient été portés à diverses reprises à la température de 250° Fahr. Le temps total pendant lequel ils furent exposés à cette température était d'environ trois minutes. Les infusions furent parfaitement stérilisées et montrent encore actuellement une transparence remarquable.

La méthode du chauffage discontinu a été aussi appliquée avec succès aux chambres hermétiquement closes. J'opérais avec ces appareils de la manière suivante : Un bain d'huile est porté à une température de 500° Fahr. Les tubes à essais chargés sont alors plongés dans l'huile de façon que la surface de cette dernière soit au-dessus de celle de l'infusion. On élève ensuite les tubes à la température de l'ébullition, où on les maintient pendant trente secondes, puis on les retire. Une autre méthode de chauffage est celle-ci : Au lieu d'être plongés dans l'huile, les tubes à essais sont plongés pendant deux ou trois minutes dans l'eau bouillante, retirés et séchés, l'ébullition étant terminée à l'aide d'une lampe à esprit-de-vin. C'est une méthode très pratique, beaucoup plus à portée du contrôle de l'observateur que le bain d'huile. Avec ce dernier, en effet, il arrive très souvent que les infusions s'épuisent en sautant hors des tubes ; la lampe à esprit-de-vin, au contraire, nous permet de modérer l'ébullition en raccourcissant la flamme. Elle peut d'ailleurs être employée seule sans l'immersion préliminaire dans le bain d'eau chaude. D'ordinaire, l'ébullition fut répétée à des intervalles de douze heures, mais avec des infusions très nutritives et à l'intérieur d'une chambre bien chauffée les périodes doivent être plus courtes. La pratique guidera l'expérimentateur à cet égard. Le réchauffage doit toujours avoir lieu avant que l'infusion montre la plus légère tendance à changer.

Dans les premiers jours de février, une chambre hermétiquement close, renfermant six tubes, fut traitée par le procédé que nous venons de décrire. Trois des tubes furent chargés d'une forte infusion de navet et trois d'une forte infusion d'artichaut. Après deux jours de chauffage discontinu soir et matin, on les abandonna dans une chambre chaude, où ils restèrent parfaitement brillants jusqu'à ce jour.

Le 12 février, une chambre de trois tubes, hermétiquement close, fut chargée d'une infusion de concombre. Chauffée d'une manière intermittente par la méthode décrite plus haut et abandonnée ensuite à une chaude température, les trois tubes restèrent complètement stériles.

Un procédé apte à stériliser de très vieux foin, peut stériliser avec la plus grande facilité une infusion quelconque. En conséquence, le fait que trois chambres chargées de nos infusions de foin les plus réfractaires furent stérilisées par le chauffage discontinu, suffit à prouver l'efficacité de la méthode pour des infusions de toute nature.

Des expériences comparatives très instructives furent faites à l'aide de cette méthode, et le pouvoir résistant des différents germes peut être exprimé en fonctions des quantités de chaleur nécessaires à la stérilisation. Je possède, par exemple, deux tubes à essais, contenant la même infusion et placés côte à côte dans la même chambre hermétiquement close; l'un d'eux a été chauffé cinq fois, l'autre six. Le premier est tout à fait trouble, le second parfaitement clair. Cinq ébullitions avaient donc épargné les germes les plus résistants, lesquels furent détruits par une sixième opération. De deux autres tubes, chargés d'une infusion différente, l'un a été chauffé sept fois et se trouve maintenant plein de vie, l'autre, bouilli huit fois, est au contraire parfaitement stérile.

Avec des soins convenables, la méthode de stérilisation, décrite plus haut, est infaillible, quelque infectieuse que puisse être l'atmosphère ambiante. Mais ici comme partout, dans ces difficiles recherches, la sagacité, qui vient en grande partie de la nature, l'habileté, qui prend sa source dans l'éducation, et le soin, sont tous nécessaires pour mettre l'observateur à l'abri de l'erreur et lui faire connaître la vérité.

§ 25.

MORTALITÉ DES GERMES ENTRAÎNÉE PAR LE DÉFAUT D'OXYGÈNE,
ENLEVÉ PAR LE VIDE FAIT AVEC UNE POMPE DE SPRENGEL.

Je dois maintenant décrire un mode frappant de
stérilisation. La foule des organismes s'amassant et formant à la surface du liquide des agrégats écumeux,
montre suffisamment que l'air est nécessaire à leur vie.
Dans quelques cas, l'oxygène dissous permet aux bactéries de se développer du sommet au fond ; mais, le plus
souvent, elles forment à la superficie une couche si dense
qu'elle intercepte le passage de l'oxygène et maintient
ainsi le liquide sous-jacent aussi clair que de l'eau. L'observation de ces faits, et de beaucoup d'autres d'une portée semblable, me suggéra l'idée d'étudier l'influence du
retrait plus ou moins parfait de l'air sur le développement de la vie dans les infusions.

Quelques expériences avec une pompe ordinaire à air
furent d'abord faites. Les cols d'une série de bulles de
pipette, chargées d'une infusion de navet, furent étirés
au milieu en un tube très fin. L'extrémité ouverte du
col étant mise en connexion avec la pompe à air, les
bulles furent vidées. Dans quelques cas, pour rendre le
départ de l'air plus parfait, de l'hydrogène fut introduit
dans la bulle et enlevé ensuite au moyen de la pompe à
air. Avant qu'elles fussent séparées de la pompe, les
bulles furent immergées dans de l'eau tiède, puis bouillies et enfin, après une minute d'ébullition, scellées hermétiquement. Elles furent alors plongées dans de l'eau
froide graduellement portée à 200° Fahr. et bouillies pendant dix minutes ; enfin, je les enlevai et

les plaçai dans une chambre à la température de 90° Fahr.

Quatre des bulles furent ainsi traitées dans une expérience préliminaire le 7 mars. Deux d'entre elles sont restées jusqu'à présent aussi claires que du cristal ; les deux autres devinrent nébuleuses, mais ne se couvrirent point d'écume. Je dois ajouter que la nébulosité était à peine perceptible ; cependant elle ne pouvait échapper à un œil exercé.

Quoi qu'il en soit, les moyens employés ne pouvaient nécessairement produire qu'un vide imparfait, et c'est pourquoi, afin d'avoir des résultats plus précis, je résolus de m'adresser à la pompe de Sprengel. Avant de les réunir à la pompe, je donnai aux bulles la forme représentée fig. 21. Après que le col de la bulle eut été bouché avec de la ouate, il fut plié à angle droit au-dessus du tampon et une portion de la plus petite branche fut étirée en un tube capillaire O. L'extrémité A fut mise en connexion avec la pompe de Sprengel, et après que le vide eut été continué pendant le temps requis, le col de la bulle fut scellé en O.

Le 14 mars, trois bulles chargées d'une infusion de navet, dont on avait écarté l'air autant que possible au moyen d'une pompe à air, furent mises en connexion avec la pompe de Sprengel, qui continua à faire le vide sans interruption pendant trois heures. L'air dissous dans le liquide s'en échappait librement et il continua à venir crever sous forme de bulles à la surface tant que le vide ne fut point parfait. Les cols des bulles étant hermétiquement fermés, l'infusion fut portée à l'ébullition pendant dix minutes.

On se rappellera que lorsque les infusions et l'air les surmontant possédaient la proportion normale d'oxygène, 180 minutes d'ébullition étaient insuffisantes à stériliser l'infusion de navet. Ici, lorsque l'air fut écarté du liquide, l'exposition pendant la dix-huitième partie du temps précité suffit à produire la stérilité parfaite. La masse de l'infusion est actuellement aussi claire à sa surface, aussi dépourvue d'écume que le premier jour.

Le 15 mars, sept bulles chargées d'une infusion de navet furent traitées comme nous venons de le dire, privées d'abord de leur air par trois heures de l'action de la pompe de Sprengel, puis bouillies pendant dix minutes. Six des sept restèrent parfaitement claires.

Le 16 mars, les résultats précédents furent encore vérifiés. Sept bulles furent chargées d'une infusion de navet, vidées d'abord au moyen d'une pompe à air et soumises ensuite pendant cinq heures à l'action d'une pompe de Sprengel. Hermétiquement fermées et bouillies comme devant, six sur sept restèrent aussi claires que de l'eau distillée.

Le 20 mars, sept bulles furent chargées d'une infusion de concombre et soumises à l'action d'une pompe de Sprengel pendant sept heures. Elles furent ensuite traitées comme précédemment. Toutes furent ainsi complètement stérilisées.

Le 27 mars, trois bulles furent chargées d'une infusion de concombre et soumises à l'action d'une pompe de Sprengel pendant cinq heures. L'une d'elles fut ensuite bouillie pendant cinq minutes, une autre pendant une minute et la troisième fut laissée à l'état naturel. Ce troisième tube devint rapidement nébuleux, mais les deux autres se conservèrent libres de vie.

Ce résultat demandait à être confirmé. En conséquence, le 29, six bulles d'infusion de concombre furent privées de leur air en faisant le vide pendant cinq heures, scellées ensuite et bouillies pendant une minute. Cinq des six bulles restèrent parfaitement claires; une seule devint nébuleuse.

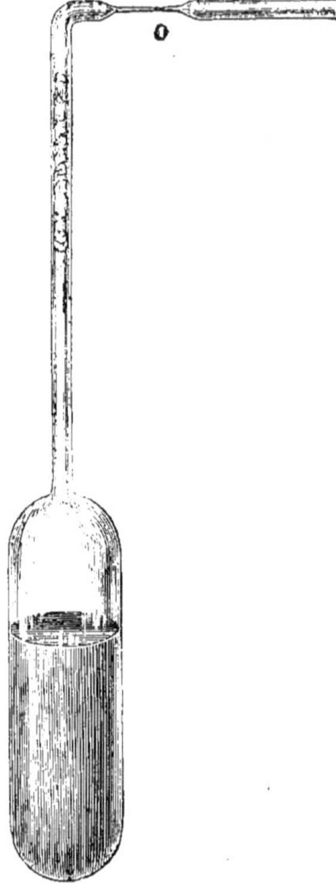

Fig. 24.

Le 50 mars, on fit le vide pendant cinq heures dans six bulles contenant une infusion de navet. Cinq restèrent parfaitement claires; une devint boueuse.

Le 6 avril, cinq bulles d'infusion de bœuf furent soumises pendant trois heures à l'action de la pompe de Sprengel et bouillies ensuite pendant une minute. Elles restèrent toutes brillantes.

Le 7 avril, cinq bulles d'infusion de mouton furent traitées comme l'infusion de bœuf, étant soumises à un vide de trois heures et à une ébullition d'une minute. Toutes restèrent claires. Cette expérience fut répétée et confirmée le 20 avril.

Le 14 avril, trois bulles d'infusion de porc furent vidées pendant quatre heures et bouillies pendant une minute. Elles se conservèrent toutes limpides.

Le 17 avril, quatre bulles d'urine convenablement neutralisée furent vidées pendant cinq heures et bouillies pendant une minute. Trois d'entre elles restèrent brillantes; une devint nébuleuse.

Ici ne s'arrête point la liste des faits observés. Beaucoup d'autres infusions ont été stérilisées par cette méthode depuis le 18 avril.

Il est parfaitement certain que, dans la plupart des cas, si pas dans tous, 200 minutes d'ébullition se montrèrent insuffisantes à stériliser une infusion qui n'avait pas été privée préalablement de son air.

Une question se pose maintenant tout naturellement. Que serait-il arrivé si les bulles vidées n'avaient pas été bouillies? Avec un vide suffisamment parfait, toutes les infusions auraient sans doute été stérilisées. Cependant, dans les essais que j'ai faits, quelques-unes des infusions non bouillies se troublèrent, tandis que d'autres restèrent complètement transparentes. Ainsi, trois bulles d'infusion de mouton vidées pendant quatre heures, deux bulles d'infusion de bœuf vidées pendant trois heures, quatre bulles d'infusion de porc vidées pendant quatre heures et laissées toutes sans être bouillies restèrent aussi transparentes et aussi libres de vie que celles qui avaient été bouillies. De nombreux cas de stérilisation sans ébullition peuvent être cités. D'autre part, trois bulles d'urine neutralisée vidées pendant cinq heures et laissées non bouillies devinrent nébuleuses. Un cas analogue d'une infusion de concombre a déjà été cité. Il est difficile, si pas impossible, d'enlever de l'infusion et de l'espace qui la surmonte les dernières traces d'air, et lorsqu'il est mis en contact avec un liquide fortement nutritif, l'oxygène, même en petite quantité, peut produire un développement sensible de vie. Je puis ajouter que j'ai essayé de me rendre compte de l'état de vide des bulles nébuleuses et que je l'ai toujours trouvé très défectueux.

Les expériences précédentes suffisent à montrer dans quelle dépendance se trouvent nos organismes vis-à-vis

de l'oxygène [1]. Je pense que la méthode décrite plus
haut est capable de rendre d'utiles services et est susceptible de nombreuses applications.

§ 24.

MORTALITÉ DES GERMES PAR SUITE DU MANQUE D'OXYGÈNE RÉSULTANT DE L'ÉBULLITION DES INFUSIONS.

Longtemps avant mes expériences avec la pompe de
Sprengel, l'influence de l'oxygène atmosphérique sur la
vie de ces organismes s'était manifestée à moi. Elle se
révéla d'une manière frappante avec des infusions
privées d'air par l'ébullition, les tubes les contenant
ayant été hermétiquement fermés pendant que le liquide
était encore bouillant. A l'époque où l'atmosphère de
notre laboratoire était si chargée de germes qu'aucune
de nos infusions conservées dans les chambres closes ne
put être mise à l'abri de l'infection, il fut facile de les
conserver claires pendant un temps indéfini dans des
vases privés d'air par l'ébullition et convenablement
scellés. Je donnerai quelques-uns des nombreux exemples
observés par moi à l'appui de cette assertion.

Le 2 octobre, quatorze de nos fioles à col recourbé
furent chargées d'une infusion neutralisée de foin.
Elles furent bouillies durant 5 minutes dans un bain
d'huile et hermétiquement scellées pendant l'ébullition.
Treize des quatorze tubes restèrent parfaitement stériles
gardant des mois entiers leur brillante transparence.

---

1. A la recherche de ce gaz, ils arrivent quelquefois à s'élever, dans le
liquide évaporé qui couvre les parois de la bulle, à une hauteur d'un
pouce au-dessus de la surface du liquide, formant au dedans du tube une
sorte d'écume qui semble être menée là par attraction capillaire.

Le 18 novembre, six fioles furent remplies d'infusion de navet, cinq de concombre, cinq de betterave et
quatre de panais. Les six fioles de
navet restèrent parfaitement limpides, possédant un marteau d'eau
très net. Les cinq fioles de betterave restèrent aussi stériles avec
marteau d'eau. Des fioles de panais,
deux devinrent troubles, mais deux
restèrent claires. Des fioles de concombre, trois devinrent nébuleuses,
tandis que trois se conservèrent

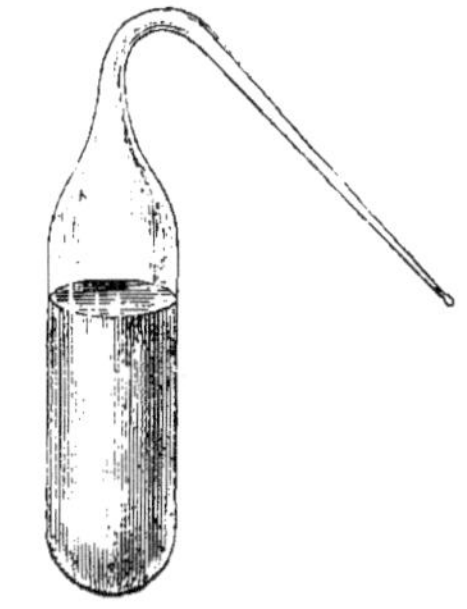

Fig. 22.

parfaitement limpides. Ni dans le cas du navet, ni dans
le cas du concombre, le son du marteau d'eau ne put
être obtenu des fioles nébuleuses. Celles-ci d'ailleurs
montrèrent que leur vide était défectueux lorsqu'on
les ouvrit en brisant leur pointe sous l'eau. Dans les
tubes clairs, au contraire, il fut trouvé parfait.

Le 20 novembre, dix-sept fioles furent de nouveau chargées d'infusions de concombre, de navet et de panais.
Elles furent bouillies pendant trois minutes dans un
bain d'huile et soigneusement scellées durant l'ébullition. Les six fioles de navet restèrent parfaitement
claires, conservant durant des mois entiers le son du
marteau d'eau très net. Des cinq fioles de panais, une
devint trouble et quatre restèrent tout à fait claires. Ces
dernières possédaient seules le son du marteau d'eau. La
fiole trouble, au contraire, ne possédait point ce son
quand on la secouait et, lorsque son extrémité fut brisée sous l'eau, le vide se montra défectueux. Des six
fioles de concombre, deux devinrent troubles, les quatre
restantes étant parfaitement claires. En brisant leurs extrémités scellées sous l'eau, un tiers d'une des fioles

troubles et un quart de l'autre ne se remplirent point de
liquide.

Le 9 décembre, dix-huit fioles furent chargées d'une
infusion de concombre. Elles furent bouillies pendant
le temps ordinaire, c'est-à-dire trois minutes, et scellées
avec le plus grand soin pendant que la vapeur s'échappait encore. Le son du marteau d'eau, dans toutes ces
fioles, était particulièrement net et clair. Exposées à une
température de 95° Fahr. durant des semaines entières,
dix-sept d'entre elles restèrent parfaitement limpides;
tandis que la même infusion en contact avec de l'air filtré, dissous ou au-dessus d'elle, fourmillait de vie après
avoir été bouillie pendant soixante fois le temps qui
avait stérilisé les autres.

Un jour après sa préparation, une des fioles soumises
à un vide soigneux fut trouvée trouble et couverte d'é-
cume. Mais, en examinant l'extrémité scellée, on constata qu'elle était brisée. L'air du laboratoire était entré
dans la fiole et avait donné naissance aux organismes
observés. Des insuccès de cette nature ont une force
démonstrative plus grande que des réussites ; ils montrent
évidemment que la source de contamination est extérieure.

Il est bon de dire ici que l'observation que nous
venons de rapporter se présente fréquemment. La
finesse des pointes scellées de nos fioles permet très facilement une rupture si on ne prend les plus grandes
précautions. Après préparation, elles sont ordinairement
suspendues à un fil ou posées sur un support en bois ; et,
fréquemment, à la suite d'une pareille suspension, j'ai
trouvé des fioles complètement troubles. Après examen,
je pus toujours reconnaître que la pointe avait été brisée.

Dans le but de montrer combien le moindre manque de soin peut permettre l'entrée de l'infection dans des vases hermétiquement clos, l'expérience suivante fut faite le 6 décembre. Quatre fioles à col recourbé furent chargées d'une infusion de concombre, bouillies pendant le temps ordinaire et scellées, non pendant la sortie de la vapeur, mais un moment après que l'ébullition eut cessé. Le 9 décembre, trois des quatre fioles étaient faiblemement mais distinctement troubles. La raison en est facile à comprendre. À la fin de l'ébullition une condensation de la vapeur se produisit au dessus de l'infusion ; elle était légère sans doute, mais suffisante toutefois pour permettre la contamination.

La source du contagium fut également indiquée par les expériences suivantes. Un grand nombre de fioles renfermant des infusions de bécasse, de canard sauvage, de perdrix, de lièvre, de lapin, de mouton, de turbot, de saumon, de merlan, de mulet, de navet et de foin, étaient restées, provenant de mes expériences de 1875. Après une année d'exposition à la température de notre salle chaude, aucune de ces fioles ne montrait la plus légère trace de turbidité ou de vie. Le 7 décembre, les extrémités scellées de quarante d'entre elles furent brisées dans le laboratoire. Cinq jours après, vingt-sept, c'est à dire une proportion plus forte que l'année dernière, fourmillaient d'organismes.

Il est à peine nécessaire d'insister sur la conclusion évidente à tirer de ceci : savoir, que le contagium est extérieur aux infusions, que c'est quelque chose en suspension dans l'air, et qu'à différentes époques les intervalles sont différents entre les groupes du contagium flottant.

§ 25.

REVUE CRITIQUE DES DEUX PARAGRAPHES PRÉCÉDENTS.

Mon plus vif désir, au cours de ces recherches, a été de me tenir à l'abri de l'incertitude et du doute. J'ai essayé de rendre les faits clairs par de laborieuses répétitions et les interprétations de ces faits sûres par une critique constante et serrée. Ainsi, par exemple, dans le sujet qui nous occupe maintenant, je me suis posé carrément la question de savoir si la clarté permanente d'une infusion exposée à une faible chaleur, ou privée d'air, soit par l'ébullition, soit à l'aide de la pompe de Sprengel, était réellement due à la destruction des germes dans l'infusion. Même dans une atmosphère extraordinairement infectieuse, de trois à cinq minutes d'ébullition dans un bain d'huile suffisent à stériliser nos fioles, tandis qu'il est parfaitement certain qu'une période de chauffage cinq fois plus longue sera impuissante à produire cet effet en présence de l'air atmosphérique; une remarque analogue s'applique aux expériences faites avec la pompe de Sprengel. Je me suis demandé si, dans ce cas, la vie des germes n'était pas simplement suspendue au lieu d'être détruite. Il est facilement concevable que des germes doués d'un pouvoir vital prêt à se manifester dans des conditions convenables puissent encore exister dans nos fioles hermétiquement fermées, quoique l'absence entière d'oxygène rende tout développement ultérieur impossible.

Que quelque chose de plus qu'une simple suspension du développement ait lieu ici, est déjà prouvé par un grand nombre d'expériences. Ces expériences montrent qu'après que des fioles hermétiquement scellées sont restées transparentes, non pendant quelques jours, mais durant des semaines et des mois et parfois aussi durant plus d'une année, elles ne développent point invariablement des organismes par la suite, lorsque leurs pointes sont brisées. Beaucoup d'entre elles restent stériles, quoique abondamment pourvues d'oxygène.

Cependant, des expériences spéciales furent faites pour éclaircir ce point. La première de toutes, que j'ai déjà rapportée, est la suivante : nos fioles hermétiquement scellées furent ouvertes dans un magasin inférieur et, quoique soumises à l'action de l'oxygène, elles ne montrèrent aucun signe de vie. Je brisai également la pointe d'un nombre considérable de fioles dans la flamme d'une lampe à esprit-de-vin. Il est connu que la poudre à canon peut être jetée à travers une telle flamme sans prendre feu ; dans les rares cas où l'air qui arrivait aux infusions passa à travers la flamme, elles montrèrent par la suite des signes de vie. Ici, la matière germinative a été aspirée si rapidement qu'elle a pu traverser la flamme sans être détruite.

Des dispositions spéciales furent également prises pour briser la pointe des fioles dans un récipient rempli d'air filtré. Mais il n'est point du tout facile de nettoyer convenablement les instruments utilisés dans de semblables expériences, quoique avec une habitude suffisante cela puisse être fait. Le résultat fut que les fioles ouvertes dans l'air filtré se conservèrent en général, par la suite. En voici un exemple : le 5 janvier, dix fioles furent chargées d'infusions de concombre, de navet, d'artichaut et de melon. Elles furent bouillies pendant le temps ordinaire, scellées durant l'ébullition et exposées ensuite à une température chaude. Leurs extrémités scellées furent ensuite brisées dans un récipient contenant de l'air filtré. Les deux fioles d'artichaut restèrent, par la suite, indéfiniment stériles. Des deux fioles de melon, l'une se conserva claire, l'autre développa la vie. Des deux infusions de concombre, une devint trouble, l'autre resta limpide. Des quatre fioles de navet, deux devinrent troubles et deux restèrent claires. En conséquence, sur les dix fioles, toutes soumises à l'action de l'air ordinaire, six se conservèrent indéfiniment stériles. Avec un peu d'habitude, j'arrivai par la suite à obtenir la stérilisation presque dans tous les cas. La conclusion est, je pense, évidente. Ce n'est pas la chaleur seule qui détruit les germes, car cinquante fois la quantité de chaleur employée ne produirait pas le même résultat en présence de l'oxygène : le calorique doit être aidé par le retrait de ce gaz.

§ 26.

MORTALITÉ DES GERMES EN PRÉSENCE D'UN EXCÈS D'OXYGÈNE.

Les remarques précédentes appellent naturellement une référence aux importantes expériences de Paul Bert[1] sur l'influence toxique de l'oxygène comprimé. D'après la communication préliminaire qui me parvint d'abord, je conclus que les germes de la putréfaction avaient été détruits par une pression mécanique et, il y a déjà plus d'un an et demi, je plaçai des infusions de navet dans de forts récipients en fer et les soumis, pendant plusieurs jours, à une pression de trente-trois atmosphères. Lorsque je retirai les infusions de leurs vases respectifs,

1. *Comptes rendus*, vol. LXXX, p. 1579.

elles étaient toutes fourmillantes de vie. Le 6 octobre dernier, je fis une série d'expériences semblables avec des infusions de foin et de navet, les soumettant pendant plusieurs jours à une pression de vingt-sept atmosphères. Lorsque je les enlevai de leurs tubes et les examinai, je les trouvai toutes peuplées de bactéries.

Je m'adressai alors à l'oxygène pur et obtins ainsi, avec mes infusions, le même résultat que Paul Bert avait retiré de la viande, du pain moisi, de l'amidon bouilli, des fraises, des cerises, du vin et de l'urine. Des pressions d'oxygène variant de dix à vingt-sept atmosphères furent employées. Dans tous les cas, quel que soit le temps pendant lequel je maintins la pression, quelque favorables que les conditions de la température ambiante pussent être à la putréfaction, les infusions (bœuf, mouton et navet), lorsque je les retirai des récipients, étaient aussi claires que du cristal et entièrement libres de vie. En outre, il fallut une exposition très prolongée à l'air ordinaire pour infecter les infusions qui avaient été mises en contact avec l'oxygène pur. D'autres vases renfermant de l'air ordinaire furent également soumis à la même pression et lorsque je retirai leurs infusions je les trouvai toutes en putréfaction et fourmillantes de vie.

Ainsi, quand l'oxygène est totalement retiré des infusions organiques, la vie, dont nous nous occupons ici, cesse. Lorsqu'au contraire ce gaz se trouve en excès, il devient un poison mortel pour les organismes dont il entretient la vie en quantité modérée. Comme pour la température, il y a pour l'oxygène une zone moyenne favorable à la vie, zone au delà de laquelle, dans les deux sens, elle devient impossible.

Le présent mémoire devrait, en réalité prendre fin ici.

Cependant, j'ajouterai quelques courts paragraphes, qui, pour être incomplets, ne manqueront pas pour cela d'être instructifs.

§ 27.

EXPÉRIENCES AVEC DE L'URINE NEUTRALISÉE.

J'ai déjà communiqué à la Société Royale les résultats de quelques expériences faites sur ce liquide[1], expériences dans lesquelles la potasse que j'employais pour la neutralisation était soumise à une température de 220° Fahr. L'alcali était contenu dans des tubes finement étirés à une extrémité, qui furent introduits dans les fioles contenant l'urine acide et y brisés après que ce liquide eut été stérilisé par la chaleur. Les cas dans lesquels la vie se montra dans de l'urine ainsi neutralisée furent extrêmement rares. La proportion des fioles stérilisées était beaucoup plus grande que celle des autres.

Dans les expériences dont il s'agit maintenant, ni la potasse, ni l'urine, ne furent chauffées à plus de 212°. Désirant me rendre compte de la façon dont les germes de notre laboratoire se comporteraient en présence de l'urine neutralisée, je remplis, le 16 février, seize bulles de pipettes de ce liquide. Je les neutralisai avec de la potasse caustique, qui, pendant l'ébullition, produisit une abondante précipitation. Je filtrai ensuite pour séparer le précipité et obtins une solution très transparente. Les bulles avaient été bien nettoyées, remplies d'air filtré à la pression d'un tiers d'atmosphère,

---

1. Proceedings, vol. xxv, p. 457.

hermétiquement scellées, et exposées ensuite à la chaleur d'un bec Bunsen. Elles furent chargées d'urine en brisant leur extrémité à l'intérieur de ce liquide. Je les scellai de nouveau et les soumis à l'ébullition pendant dix minutes.

Aucune de ces bulles ne resta stérile. Deux jours après leur préparation, elles fourmillaient toutes d'organismes.

Trois autres bulles avaient, en même temps, été chargées de la même infusion ; seulement, au lieu de les mettre en contact avec l'air filtré, je chassai ce dernier par cinq minutes d'ébullition dans un bain d'huile. Pendant que la vapeur sortait encore, je scellai mes fioles.

Pas une de ces dernières bulles ne céda à l'infection. Elles sont maintenant toutes aussi brillantes et aussi libres de vie qu'après avoir passé au travers du filtre.

Cette différence des résultats mérite d'être notée. Dans un cas, cinq minutes d'action produisent une stérilisation complète ; dans l'autre, dix minutes sont impuissantes à produire le même effet. Bien plus cette dernière période multipliée vingt fois se montre de même inefficace. Dans l'une des deux expériences, l'ébullition priva le liquide de son air ; dans l'autre, au contraire, ce gaz avait été conservé à la fois au-dessus et à l'intérieur du liquide. Les faits observés concordent, d'ailleurs, pleinement avec nos opérations antérieures.

Le 21 février, six bulles furent chargées d'urine fraîche, soigneusement neutralisée, et bouillies pendant cinq minutes dans un bain d'huile. Des six fioles, quatre restèrent parfaitement claires et brillantes, une devint légèrement nébuleuse et l'autre trouble.

L'urine, dont il s'agit ici, avait été neutralisée dans

notre propre laboratoire ; mais, comme on a beaucoup insisté sur les circonstances de la neutralisation, je désirai vérifier mes résultats. En conséquence, et sur ma demande, M. Debus fut assez bon de m'envoyer de Greenwich une certaine quantité d'urine soigneusement neutralisée par lui. Le 18 mars, sept fioles à col recourbé en furent chargées. Je les fis bouillir pendant cinq minutes dans un bain d'huile et les scellai durant l'ébullition. Trois de ces fioles devinrent troubles, mais quatre restèrent parfaitement claires.

Le 5 mars, le docteur Williamson m'envoya de l'urine neutralisée, recueillie dans les urinoirs de l'Université. Sa couleur était foncée, l'odeur infecte, et la précipitation par l'ébullition fut très considérable. Quatorze fioles furent chargées de ce liquide le 6 mars. Sept d'entre elles cédèrent, mais les sept autres se conservèrent limpides.

Le 10 mars, le docteur Frankland, m'envoya de l'urine qu'il eut l'obligeance de neutraliser. Comme les autres, je l'introduisis dans quatre fioles qui furent bouillies pendant cinq minutes dans un bain d'huile et scellées durant l'ébullition. Aucun de ces tubes ne montra la plus légère trace de vie. Le liquide qu'ils renferment est aussi brillant que le jour de son introduction.

Dans tous les cas mentionnés ici, le liquide, après ébullition, fut exposé pendant plusieurs jours à une température de 50 degrés centigrades.

La divergence des résultats obtenus et les efforts que je fis pour les mettre d'accord m'occupèrent trop longtemps pour pouvoir être rapportés ici. J'arrivai cependant à la conviction qu'avec un peu d'habitude cinq minutes d'ébullition devaient suffire dans tous les cas pour stériliser l'urine; même dans leur état actuel, les expériences sont suffisantes pour permettre de conclure que la vie observée dans l'urine ne peut être due à la génération spontanée.

§ 28.

FIOLES HERMÉTIQUEMENT FERMÉES EXPOSÉES AU SOLEIL DES ALPES.

Une remarque du docteur Bastian, dans laquelle[1] il accorde aux rayons actiniques du soleil le pouvoir de génération spontanée, m'engagea à prendre avec moi, en Suisse, un certain nombre de fioles hermétiquement fermées et chargées d'infusions de différentes sortes. Quatre-vingt d'entre elles furent soigneusement emballées dans de la sciure à Londres; mais à mon arrivée à Bel Alp je n'en trouvai que quarante-cinq en bon état. Elles se répartissaient ainsi :

Bœuf	12	fioles.
Maquereau	12	—
Navet	12	—
Poulet	9	-

Pendant dix jours de l'été splendide dont nous fûmes favorisés durant une partie de juillet dernier, ces fioles furent exposées à la lumière du soleil sur le toit de l'hôtel de Bel Alp, c'est-à-dire à 7000 pieds au-dessus du niveau de la mer. Le ciel à cette époque était constamment d'un bleu sombre sans le moindre nuage ; certainement, la puissance des rayons actiniques à Londres n'aurait pu approcher de celle dont je jouissais ici. La

---

1. Nature, vol. III, p. 247.

température pendant une partie de la journée était d'environ 120° Fahr. Chaque soir, lorsque le thermomètre était descendu à 70°, les fioles étaient retirées et soigneusement suspendues dans la cuisine de l'hôtel, dont la température variait pendant la nuit de 70 à 80° Fahr. De tels écarts de température, on peut le remarquer, sont considérés comme favorables à la génération spontanée.

Après que la saison du soleil fut disparue, les fioles furent conservées pendant trois semaines suspendues dans la cuisine, avec des expositions intermittentes au soleil; la température moyenne de la cuisine était d'environ 90° Fahr. Le résultat de mes observations fut que pas une des quarante-cinq fioles ne montra la plus légère trace de génération spontanée. Du premier jour au dernier, elles restèrent toutes aussi limpides que de l'eau distillée.

Les extrémités scellées de ces fioles furent ensuite brisées dans des circonstances variées; quelques-unes sur le Sparrenhorn, quelques-unes sur le glacier, d'autres dans la Massa gorge, d'autres encore parmi mes cheveux, d'autres enfin dans les chambres de l'hôtel. Beaucoup d'entre elles furent en outre infectées avec des eaux de diverses natures, — eau de source, eau d'étang, eau de glacier. Il n'entre pas dans mes vues de donner un récit détaillé de ces expériences; je dirai seulement que ce ne fut point le manque de pouvoir nutritif de la part des infusions, qui causa l'absence d'organismes dans le premier cas; car lorsque la solution fut mise en contact avec une matière infectieuse quelconque, elle manifesta son aptitude à multiplier et à entretenir la vie.

§ 29.

REMARQUES SUR LES FERMETURES HERMÉTIQUES.

Quelques remarques sur ce sujet seront je pense bien
à leur place ici. Le scellement des tubes pendant l'ébullition est une opération qui, pour être bien faite,
demande de la pratique. Le col des fioles doit être d'un
diamètre tel que la pression de la vapeur au dedans soit
sensiblement plus grande que celle de l'air ambiant.
Cette condition serait facile à remplir si la sortie de la
vapeur était absolument uniforme au lieu d'être saccadée.
Mais elle n'est pas uniforme, et si le conduit à travers
lequel elle passe est large, il est à peine possible d'éviter
une rentrée d'air. Quelquefois la pression intérieure est
supérieure à celle du dehors et la vapeur s'échappe
librement; mais à un moment donné, par suite de l'adhé-
rence du liquide aux parois de la fiole et de la condensation, la pression peut descendre au-dessous de celle de
l'atmosphère et il y a régurgitation. Ce triomphe alternant des pressions intérieure et extérieure se trouve
d'ailleurs mis en évidence par le mouvement de l'eau
condensée dans le col de la fiole. Ce liquide agit comme
un index qui va et vient suivant que la pression varie.
Il est clair que la contamination peut être introduite de
cette manière, et elle l'a certainement été, dans des
fioles réputées libres d'air.

Même avec le plus grand soin et la plus grande
habitude des manipulations, le succès n'est pas toujours
invariable. On peut admettre comme minimum, et ce
n'est pas trop, 10 0,0 pour la proportion des non-
réussites dans les scellements de fioles. L'ouverture

récente de deux cents tubes, employés dans mes premières expériences, sous l'eau et sous une solution de
potasse caustique, fournit la base de cette conclusion.
Même dans une atmosphère comparativement pure, on
ne doit pas s'attendre à voir toujours le succès couronner
ses efforts. A. Kew, par exemple, le 8 janvier, treize fioles
à col recourbé furent chargées d'infusions de concombre,
de melon, de bœuf et de sole. Douze d'entre elles restèrent parfaitement limpides, mais une (concombre)
devint nettement nébuleuse et refusa de produire le son
du marteau d'eau. Avec une grande habitude, le succès
peut cependant être rendu presque invariable.

<h2 style="text-align:center">§ 50.</h2>

EXPÉRIENCES AVEC DES INFUSIONS D'UN MÉLANGE DE NAVET ET
DE FROMAGE.

Je suis désireux de ne point laisser dans l'ombre des
expériences qui m'ont coûté une peine considérable et
qui, quoiqu'elles n'aient pas été contrôlées et répétées
comme je le voudrais, ne laisseront pas que d'ajouter à
la connaissance de notre sujet. Je me propose donc de
résumer ici, le plus brièvement possible, une série d'essais faits avec une infusion de fromage-navet, infusion
qui a été fréquemment citée comme favorable à la génération spontanée.

Les essais dont il s'agit furent faits, en partie dans
des chambres hermétiquement fermées, en partie dans
des fioles à col recourbé. La densité des infusions varia
de 1008 à 1012. Les fromages employés furent : ches-
hire, cheddar, gloucester, de Hollande, américain,
roquefort et parmesan ; la quantité varia d'un demi-

grain à deux grains par once de l'infusion. Le fromage,
étant d'abord bien trituré dans un mortier pour rendre
ses particules aussi petites que possible, fut intimement
mélangé à l'infusion, que je fis ensuite bouillir pendant
quelques minutes, après quoi je la filtrai. Le liquide
filtré fut introduit dans les chambres hermétiquement
closes et y bouilli pendant cinq minutes.

Seize chambres semblables furent employées, l'une
d'elles contenant douze tubes à essais et les autres seulement trois. Il y avait donc cinquante-sept tubes en
tout. Le résultat de mes expériences fut que vingt-sept
fioles devinrent troubles en quelques jours, tandis que
les trente restantes se conservèrent pendant des mois
entiers sans altération sensible [1].

Un nombre considérable de fioles à col recourbé furent
chargées en même temps avec la même infusion et
bouillies pendant cinq minutes dans un bain d'huile. La
grande majorité de ces fioles resta parfaitement intacte.

Ici donc, les faits que les partisans de l'hétérogénèse
ont voulu placer à la base de leur théorie s'évanouissent
par un examen soigneux, car il est évident, pour tout
esprit scientifique, qu'on ne peut considérer comme des
cas de génération spontanée les apparitions exception-
nelles d'animaux dans nos expériences.

On connaît les expériences de Spallanzani relatives à
l'action de la chaleur sur les semences; elles ont été fréquemment citées à l'appui de ce fait qu'une température
de 212° Fahr. suffit à détruire toute matière vivante.

___

1. L'automne dernier, je fis préparer ces chambres et charger leurs
tubes avant l'introduction du foin dans notre laboratoire, précaution nécessaire pour assurer la conservation de mes infusions. Les chambres
employées avaient déjà servi dans des recherches antérieures et je n'eus
aucune peine à les rendre étanches.

J'ai répété un grand nombre de fois ces expériences et j'en rapporterai ici quelques-unes se rattachant directement à notre sujet. Des pois, des haricots, des semences de cresson et de moutarde furent enfermés dans de petits sacs et y bouillis pendant des périodes variant d'une demi-minute à cinq minutes. Elles furent ensuite soigneusement mises dans des pots à fleurs remplis d'une terre bien préparée, et placées dans une sarre maintenue à la température de 70° Fahr. Un échantillon non bouilli de chacune des semences fut planté en même temps à côté des autres. Les premières germèrent vigoureusement. Trente secondes d'ébullition suffirent au contraire à priver les pois et les haricots de leur puissance germinative. Une partie seulement des semences de cresson, bouillies pendant le même temps, arriva au jour, la grande majorité ayant été tuée. Toutefois une forte proportion des semences de moutarde poussa très bien. La durée de l'ébullition fut doublée, triplée et quadruplée sans que la vie disparût complètement. Les graines de moutarde fertiles diminuèrent graduellement en nombre comme la période de chauffage augmentait, mais, même après une durée de deux minutes, beaucoup d'entre elles germèrent encore.

Je signalerai maintenant un fait qui me semble de grande importance dans la question qui nous occupe. Lorsque je ne me servis plus de sacs de calicot, mais qu'au contraire je plaçai directement les semences dans l'eau, afin d'être sûr qu'elles seraient bien à la température de cette dernière et afin aussi que des phénomènes de diffusion pussent se produire entre la semence et le liquide ambiant, pas une seule ne survécut à 20 secondes d'ébullition. Dans mes premières expériences, le sac, en retenant les semences ensemble, avait non seulement

exercé une influence protectrice sur elles, mais il avait
en quelque sorte forcé la couche externe de graines à
servir de bouclier à la masse intérieure. A plus forte
raison, le fromage garantira-t-il les semences contenues
dans sa masse. Contrairement au fruit et à la farine, il
est tout à fait imperméable à l'eau. Il écarte ainsi le
liquide dont dépend l'humectation des germes et peut
conserver la vie de ceux-ci indéfiniment.

Note A. — Sur les propriétés de l'urine alcalinisée[1].

La communication sur l'influence de la potasse
et d'une température élevée sur l'origine et l'accroissement des microphytes, que j'ai eu le plaisir de présenter
à la Société royale sur la demande du docteur Roberts,
m'amène à faire connaître, plutôt que je ne l'aurais fait
autrement, que le sujet qui a appelé l'attention de mon
savant ami m'a également occupé et que mes résultats
confirment les siens.

Dans quelques-unes de mes expériences, la méthode
décrite par le docteur Roberts fut soigneusement appliquée, sauf en un cas particulier où je variai la température. De petits tubes dont les extrémités étaient
étirées furent chargés d'une quantité définie de potasse
caustique et soumis pendant un quart d'heure à la température de 220° Fahr. Je les introduisis alors dans
des fioles renfermant un volume connu d'urine. Puis,
je fis bouillir l'urine pendant cinq minutes et scellai
les fioles durant l'ébullition. Elles furent ensuite placées dans une salle chaude pendant un temps assez
long pour s'assurer que l'urine avait bien été sté-

1. Extraits des *Proceedings of the Royal Society*. n° 176, 1876.

rilisée par l'ébullition et furent enfin fortement secouées, de manière à briser les extrémités effilées des
tubes à potasse et à permettre à ce liquide de se mélanger
avec l'urine acide. Cette dernière, ainsi neutralisée, fut
ensuite soumise à une température constante de
122° Fahr, qui, d'après le docteur Bastian, est spécialement favorable à la production d'organismes.

Je n'ai pu vérifier ce fait, car dix fioles préparées
de la manière que nous venons de décrire vers la fin de
septembre dernier restèrent stériles pendant plus de
deux mois. Je n'ai, d'ailleurs, aucun doute qu'elles se
seraient ainsi conservées indéfiniment.

En outre, trois cornues, semblables à celles employées
par le docteur Bastian et pourvues de tubes à potasse,
renfermaient de l'urine fraîche bouillie le 29 septembre,
ces cornues ayant été scellées durant l'ébullition.
Quelques jours après les tubes à potasse furent brisés et
l'urine neutralisée. Soumise pendant plus de deux mois
à une température de 122° Fahr., elles restèrent complètement inaltérées.

Ces résultats sont tout à fait d'accord avec ceux obtenus
par le docteur Roberts. Ses tubes à potasse, cependant,
étaient exposés à une température de 280° Fahr., tandis
que les miens le furent seulement à une température
de 220° Fahr.

A l'égard de l'élévation de la potasse à une température plus haute que celle de l'eau bouillante, le docteur
Roberts et moi avons été devancés par M. Pasteur. Dans
une communication faite à l'Académie, le 17 juillet dernier, le savant français montra qu'en prenant des soins
convenables on pouvait ajouter de la potasse (chauffée
au rouge, si on la met à l'état solide, ou à 110 degrés
C, si on l'ajoute à l'état liquide) à de l'urine stérili-

sée, sans avoir à craindre aucun développement ultérieur
de la vie[1].

M. Pasteur m'a fait l'honneur de me communiquer
récemment le simple appareil avec lequel il se proposait
de vérifier les conclusions du docteur Bastian. Depuis
son retour d'Arbois, il a mis son projet à exécution et,
d'après ce qu'il m'écrit, ses résultats ne sont pas favorables à notre célèbre hétérogéniste.

Je puis ajouter, d'ailleurs, que je ne me suis pas borné
aux trente échantillons d'urine dont j'ai parlé plus
haut. Les expériences déjà faites s'étendent à cent-cinq
fioles et pas une n'a montré le moindre fait pouvant appuyer la génération spontanée.

*Note B. — Lettre au professeur Huxley à propos de la
méthode de chauffage discontinu[2].*

Institution Royale, le 14 février 1877.

Mon cher Huxley,

Dans ma note préliminaire communiquée à la Société
Royale le 18 janvier, diverses infusions furent citées
comme présentant une résistance étonnante à la stérilisation par la chaleur. J'indiquais, en outre, la source
probable de cette résistance et j'ai appris depuis que
vous aviez été assez bon d'exprimer une opinion favorable sur la signification et la valeur de mes résultats.

1. Que les liquides alcalins sont plus difficiles à stériliser que les
liquides acides avait déjà été annoncé par Pasteur, il y a plus de quatorze ans. Voyez *Annales de chimie*, 1862, vol. LXIV, p. 62.
2. Extrait des *Proceedings of the Royal Society*, n° 178, 1877.

Je pense donc qu'il vous intéressera d'apprendre que les infusions les plus obstinées parmi celles mentionnées dans ma *Note* ont été stérilisées à l'aide d'un moyen très simple. Grâce aux suggestions qui m'ont été fournies par la théorie des germes, j'ai été à même de préserver toutes mes infusions de la contamination, et ce dans l'atmosphère la plus infectieuse, à des températures inférieures à celle de l'ébullition.

Il est connu que l'application prolongée d'une basse température est souvent l'équivalent de l'action plus courte d'une température élevée ; vous pouvez donc être disposé à conclure que dans les expériences auxquelles je fais allusion, le temps a pris la place de la chaleur comme intensité. Il n'en est pourtant rien. Le résultat dépend uniquement de la manière dont la chaleur est appliquée. Par exemple, je fais bouillir une infusion pendant quinze minutes, je l'abandonne à une température de 90° Fahr. et la retrouve vingt-quatre heures après fourmillante de vie. Je soumets un second échantillon même infusion à une température inférieure à celle de l'ébullition pendant cinq minutes, et il reste indéfiniment stérile.

Voici tout le secret de l'opération. J'ai déjà insisté sur la *période latente* qui précède la nébulosité des infusions infectées de bactéries. Durant cette période, les germes se préparent à leur transformation en organismes définis. Ils atteignent d'ailleurs successivement la limite de cette période de préparation, la durée de l'état latent de chacun des germes dépendant de leur état de sécheresse et d'endurcissement. Voici alors quelle est ma manière de procéder. Avant que la période latente d'aucun des germes ait pu prendre fin (c'est-à-dire quelques heures après la préparation des infusions), je les soumets pendant un temps très court à une température qui peut être inférieure à celle de l'ébullition. Tous ceux qui sont sur le point de passer dans la vie active, amollis qu'ils sont, se trouvent tués sur le coup; les autres, encore trop endurcis, restent intacts. Je répète cette opération avant que les plus avancés des survivants aient quitté leur période latente, et diminue ainsi. de nouveau, le nombre des germes à détruire. Après un certain nombre de répétitions, qui varient suivant la nature des germes et celle des infusions, les liquides les plus résistants sont stérilisés.

Les périodes de chauffage n'excèdent jamais une fraction de minute en durée. Ajoutons ces périodes pour une infusion que nous avons complètement stérilisée, et supposons que leur somme soit de cinq minutes. Appliquons maintenant à un autre échantillon de la même infusion, non pas cinq minutes, mais quinze, ou même soixante minutes d'ébullition continue, et nous constaterons un développement intérieur de la vie. Ainsi donc, le chauffage discontinu est susceptible de produire un effet que le chauffage continu ne saurait atteindre en un temps dix fois plus grand.

J'espère pouvoir présenter dans quelque temps, des résultats plus complets à la Société Royale et, en attendant, si vous croyez que ces données générales soient de nature à en intéresser les membres, je serai heureux si vous voulez bien les leur communiquer.

Croyez moi bien votre tout dévoué,

J. Tyndall.

CHAPITRE IV

LA FERMENTATION ET SA PORTÉE DANS LA CHIRURGIE ET LA MÉDECINE[1].

Un des faits les plus caractéristiques de l'époque à laquelle nous vivons consiste dans son désir, dans sa tendance, à chercher comment l'état actuel des choses est arrivé au point où nous le trouvons. Or, plus on étudie sérieusement et profondément ce problème, plus on voit que le monde de nos jours doit aux époques qui l'ont précédé, époques auxquelles l'homme, par son intelligence, par son courage et un emploi bien entendu de ses forces, arriva à transformer la terre. Sans doute, nos ancêtres préhistoriques ont été des sauvages, mais des sauvages habiles et observateurs. Ils fondèrent l'agriculture par la découverte et l'emploi des graines dont l'origine est maintenant inconnue. Ils vainquirent et domptèrent leurs antagonistes animaux et en firent d'utiles auxiliaires au lieu de rivaux dangereux. Enfin, quand le désir du luxe se joignit à la nécessité, nous les trouvons encore inventifs et industrieux. Nous n'avons aucune notion historique sur le premier brasseur, mais nous savons pourtant que cet art était pratiqué déjà il y a plus de deux mille ans. Théophraste, qui naquit quatre cents ans avant Jésus-Christ, décrit la bière

1. Discours prononcé, devant la Glascow Science Lectures Association, le 19 octobre 1876.

comme du *vin d'orge*. Il est difficile de conserver ce liquide dans les pays chauds; malgré cela, en Égypte, qui fut le premier pays où on le prépara, le désir de l'homme d'étancher sa soif avec ce breuvage enivrant lui permit de surmonter tous les obstacles qu'un climat peu clément mettait à la fabrication.

Nos ancêtres éloignés avaient appris de l'expérience que le vin rend le cœur de l'homme joyeux. On raconte que Noé planta une vigne, but de son vin et en subit les conséquences. Mais, quoique le vin et la bière possèdent une histoire aussi ancienne, il n'y a que peu d'années qu'on a surpris le secret de leur formation. On peut dire que jusqu'à ce jour aucune recherche scientifique n'avait établi le rôle des agents mis en jeu dans la fabrication de la bière, les conditions nécessaires à sa *santé* et les maladies auxquelles elle est sujette. Jusqu'ici l'art du brasseur avait ressemblé à celui du médecin : tous deux étaient fondés sur l'observation empirique. Nous entendons par cela l'observation et l'emploi de faits sans se rendre compte des principes qui les régissent. Le brasseur a appris de l'expérience les conditions, mais non la cause du succès. Cependant des questions de plus en plus nombreuses, devant lesquelles il est dans la plus grande perplexité, se présentent souvent. Dans certains cas, tous ses soins ont été inutiles. La bière, malgré lui, devient acide, se putréfie et il subit des pertes désastreuses que son ignorance ne lui permet point d'éviter. Il y a des ennemis cachés contre lesquels le brasseur et le médecin ont en vain lutté jusqu'à présent, mais de récentes recherches les ont amenés à la lumière du jour, préparant ainsi la voie à leur prochaine et finale extermination.

Jetons, pour un moment, un coup d'œil sur les signes

extérieurs et visibles de la fermentation. Il y a quelques
semaines, je fis une visite à une distillerie privée dans
un chalet suisse; voici ce que j'y vis. Dans la chambre
à coucher du paysan se trouvait une barrique avec une
très large bonde soigneusement fermée. Cette barrique
contenait des cerises qui y avaient été placées pour
quinze jours. Elle n'était pas entièrement remplie de
fruits; au contraire, on y avait ménagé une chambre
d'air lors de l'introduction des cerises. J'enlevai la
bonde et plaçai une petite lampe en cet endroit. Sa
flamme fut immédiatement éteinte. L'oxygène de l'air
avait entièrement disparu et sa place était prise par de
l'acide carbonique [1]. Je goûtai les cerises : elles étaient
très sûres, quoique celles mises dans la barrique fussent
fort douces. Les cerises et le liquide qui les accompa-
gnait furent vidés dans une bouilloire de cuivre qu'on
recouvrit soigneusement d'un couvercle du même métal.
De ce couvercle partait un tube de cuivre qui passait à
travers un vase rempli d'eau froide et s'ouvrait au
dehors. Sous l'extrémité ouverte du tube fut placée une
fiole destinée à recevoir l'esprit distillé. De petits copeaux
étant allumés sous la bouilloire, après quelque temps
une vapeur s'éleva, qui fut condensée dans le tube par
l'eau froide et tomba sous forme d'un filet liquide dans
la bouteille. Lorsque je goûtai le produit obtenu, je
reconnus ce spiritueux fort et toxique connu dans le
commerce sous le nom de kirsch ou kirschwasser.

On se rappellera que les cerises étaient abandonnées à
elles-mêmes, qu'aucun ferment, de quelque espèce que
ce soit, n'y fut ajouté. A cet égard, ce qui a été dit de la

---

1. Le gaz qui s'exhale des poumons après que l'oxygène de l'air a été
employé à régénérer le sang ; le même aussi qui s'échappe de l'eau de Seltz
et du champagne.

cerise peut se répéter pour le raisin. A l'époque de la
fabrication, le fruit de la vigne est abandonné à sa
propre action dans des vases convenables. Il fermente
produisant de l'acide carbonique : sa douceur disparaît,
et au bout d'un certain temps le jus inactif du raisin est
remplacé par le vin alcoolique. Ici comme dans le cas
des cerises, la fermentation est *spontanée*. Dans quel sens
faut-il entendre ce mot, nous l'expliquerons plus clairement tout à l'heure.

Il est à peine nécessaire de dire, dans une conférence
faite à Glasgow, que le brasseur ne procède point de cette
manière. Tout d'abord il ne se sert point de jus de fruit,
mais de jus d'orge. L'orge ayant été trempé pendant un
temps suffisant dans l'eau, est égoutté, puis soumis à
une température convenable pour provoquer la germination de la graine; après quoi il est complètement
séché sur un four. Il reçoit alors le nom de *malt*. Le
malt craque sous la dent et est franchement plus doux au
goût que l'orge primitif. Il est écrasé, macéré dans l'eau
chaude et bouilli avec du houblon jusqu'à extraction
complète de la totalité des parties solubles ; l'infusion
ainsi produite se nomme *moût*. Celui-ci est retiré et
refroidi aussi rapidement que possible ; alors, au lieu
d'abandonner le liquide à sa propre action, comme fait
le vigneron, le brasseur mélange de la levure avec son
moût et place le tout dans des vases ayant une seule ouverture en communication avec l'air. Bientôt après, une
écume brune qui est en réalité de la nouvelle levure,
sort par l'ouverture et tombe, comme une avalanche,
dans une auge placée pour la recevoir. Ce bouillonnement du moût est une preuve que la fermentation est
active.

D'où provient cette levure qui s'échappe si abondam-

ment du tonneau ? Qu'est-elle et comment se trouve-
t-elle en possession du brasseur ? Examinons sa quantité
avant et après la fermentation. Le brasseur introduit,
par exemple, 10 cwts de levure ; il en recueille peut-être
40 ou 50. Cette levure a donc augmenté de quatre à
cinq fois durant la fermentation. En conclurons-nous
que cette quantité additionnelle de levure a été engendrée
spontanément par le moût ? Ne nous rappellerons-nous
pas plutôt ce cas de la semence qui, ayant été semée
dans de la bonne terre, porte quelquefois trente, soixante
et même cent fois autant de fruits. En l'examinant, cette
notion va se montrer plus qu'une simple hypothèse. En
l'année 1680, alors que le microscope était encore dans
son enfance, Leuwenhoeck dirigea l'instrument sur la
levure et la trouva composée de petits globules en suspension dans un liquide. Nos connaissances en restèrent là jusqu'en 1835, époque à laquelle Cagniard de
Latour, en France, et Schwann, en Allemagne, indépendamment, mais animés d'une commune pensée, se ser-
virent du microscope beaucoup perfectionné pour
observer la levure et la trouvèrent *poussant* et se reproduisant devant leurs yeux. L'augmentation de cette substance se montra être le résultat de la croissance d'une
petite plante nommée *Torula* (ou *Saccharomyces*) *cer*
risiæ. La génération spontanée n'a donc rien à faire dans
cette question. En définitive, le brasseur sème la plante
de la levure qui croît et se multiplie dans le moût comme
dans un sol convenable.

Mais où le brasseur trouva-t-il cette levure ? La réponse à cette question est la même que l'on ferait si
on nous demandait où le brasseur trouve son orge. Il a
reçu les semences de tous deux des précédentes générations. Si nous pouvions relier, sans solution de conti-

nuité, le présent au passé, nous serions probablement à
même de réunir la levure employée aujourd'hui par mon
ami sir Fowell Buxton et celle dont se servait le brasseur égyptien d'il y a deux mille ans déjà. Mais vous
pouvez supposer qu'il y a une époque où la première
cellule de levure fut engendrée, exactement de la même
manière qu'il y eut une époque où fut engendré le premier grain d'orge. Gardez-vous de croire cependant
que plus une chose vivante est petite, plus elle prend
facilement naissance. L'origine de l'orge et de la levure
se perd dans la nuit des temps et nous n'avons jusqu'à
présent pas plus de preuves de la génération spontanée
de l'une que de la génération spontanée de l'autre.

Je disais, il n'y a qu'un instant, que la fermentation
du jus de raisin était spontanée; mais j'ai eu bien soin
d'ajouter « que nous définirions plus clairement ce qu'il
fallait entendre par là ». Voici donc ce que cela signifie.
Le vigneron ne doit pas, comme le brasseur et le dis-
tillateur, introduire de sa propre initiative soit de la
levure, soit un équivalent de la levure, dans ses celliers;
il ne sème dans aucun d'eux ni plante, ni la graine d'aucune plante; bien plus, il a été jusqu'ici dans l'ignorance que des plantes ou des germes jouaient un rôle
quelconque dans ses opérations. Cependant, lorsqu'on
examine le jus de raisin fermenté, on ne manque jamais
d'apercevoir le *Torula* de la fermentation alcoolique.
Comment cela peut-il être? Si on n'a pas introduit de
germes vivants dans le jus, d'où provient la vie qu'on
y observe d'une manière invariable?

Vous pouvez répondre, avec Turpin et d'autres, qu'en
vertu d'un pouvoir propre, qui lui est inhérent, le jus,
lorsqu'il est amené au contact vivifiant de l'oxygène
atmosphérique, donne spontanément naissance à ces

formes inférieures de la vie. Je n'ai pas la plus légère objection à faire à cette explication, à la condition, toutefois, que l'on puisse produire des faits convenables pour l'appuyer. Mais les preuves invoquées en sa faveur, autant que je sache, ne résistent point à une critique scientifique. Ce sont des preuves de clairvoyants et habiles *observateurs*, mais non de rigides *expérimentateurs*. Ceux-ci sont les seuls capables de prendre les précautions nécessaires à des recherches de cette nature. Quel est donc, relativement au jus de raisin, la décision des expériences faites par des hommes compétents? Supposons qu'on fasse bouillir une certaine quantité de « moût » de raisin filtré de manière à détruire les germes qu'il a pu contracter au contact de l'air ou autrement. En présence de l'air privé de ses matières en suspension, le moût bouilli ne fermentera jamais. Toutes les conditions demandées pour la génération spontanée sont là et, pourtant, aussi longtemps que la graine ne sera point semée, la vie ne se développera pas et, par conséquent, la fermentation, qui est la conséquence de la vie, n'aura pas lieu. Mais point n'est besoin d'avoir affaire au liquide bouilli. Le raisin est protégé par sa propre peau contre la contamination du dehors. Par un ingénieux procédé, Pasteur a extrait le jus pur de l'intérieur du raisin et a démontré que, mis en contact avec l'air pur, ce jus ne jouit point de la propriété d'entrer de lui-même en fermentation, pas plus que de causer la fermentation dans d'autres liquides[1]. Ce n'est donc point dans le raisin que doit être cherchée l'origine de la vie qu'on observe dans le cuvier.

---

1. Les liquides du corps d'un animal sain sont également protégés de la contamination externe. Le sang pur, par exemple, extrait avec précaution des veines, ne fermentera ou ne se putréfiera jamais au contact de l'air pur.

Quelle est donc son origine? Voici la réponse de
Pasteur, que son expérience et ses soins bien connus
rendent digne de toute confiance. A l'époque de la vendange, on observe des particules microscopiques adhérentes à la fois sur le raisin et les rameaux qui le sup-
portent. Secouez ces particules au-dessus d'une capsule
d'eau pure. Celle-ci deviendra trouble sous l'influence
de cette poussière. Examinées au microscope, nos particules ont l'aspect de cellules organisées. Au lieu de les
recevoir dans l'eau, faisons-les tomber dans du jus *pur*
de raisin. Quarante-huit heures après nous pourrons
observer le *Torula*, qui nous est familier, bourgeonnant
et se développant, la croissance de la plante étant accompagnée d'autres signes de fermentation active. Quelle
est la conclusion à tirer de cette expérience? Évidemment que les particules adhérentes à la surface externe
du raisin renferment le germe de cette vie, qui, après
qu'elles ont été semées dans le jus, apparaît en telle
profusion. Le ferment du raisin pousse comme un parasite à sa surface; et l'art du vigneron a consisté de temps
immémorial à mettre — inconsciemment, on peut bien le
dire — deux choses ainsi associées par la nature en contact
l'une avec l'autre. Car, depuis des milliers d'années, ce
qui a été fait en connaissance de cause par le brasseur,
a été également fait, mais empiriquement, par le vigneron. L'un a, de même que l'autre, semé son levain.

Il n'est pas nécessaire d'imprégner le moût de bière
pour provoquer sa fermentation. Abandonné au contact
de l'air ordinaire, il fermente tôt ou tard; mais on
court ainsi la chance que le produit de la fermentation
ne soit point agréable au goût. Par un accident rare, nous
pouvons obtenir la vraie fermentation alcoolique, mais
les circonstances contraires à vaincre sont extrêmement

nombreuses. L'air pur agissant sur un liquide privé de
vie ne provoque jamais la fermentation; mais notre air
ordinaire est le véhicule de germes innombrables qui
agissent comme ferments lorsqu'ils tombent dans un
liquide approprié. Quelques-uns d'entre eux produisent
l'acidité; d'autres, la putréfaction. Les germes de la
levure se trouvent également dans l'air, mais ils y sont
distribués d'une manière si parcimonieuse qu'une infusion comme le moût de bière est presque sûre d'être
envahie par des germes étrangers. En résumé, les maladies de la bière sont toutes dues à l'immixtion de ces
ferments, dont la forme et le mode de nutrition sont
entièrement différents de ceux du vrai levain.

Travaillant dans une atmosphère chargée des germes
de ces organismes, vous comprendrez aisément combien
il est facile de tomber dans l'erreur quand on en étudie
un séparément. En réalité, seul l'expérimentateur le
plus accompli, qui s'entoure de tous les soins nécessaires
pour éviter les conclusions prématurées, peut s'aventurer sur ce terrain semé de précipices. C'est ce que le
chimiste français Pasteur s'est montré être. Il nous a
appris à séparer les divers ferments de l'air et à étudier
leur action individuelle. Guidés par lui, nous fixerons
plus particulièrement notre attention sur la croissance
et le mode d'action de la véritable plante de la levure
dans différentes conditions. Semons-la dans un liquide
fermentescible en contact avec de l'air pur. Notre plante
se développera dans l'infusion convenablement aérée et
dégagera de grandes quantités d'acide carbonique, composé qui, nous le savons, est constitué par le carbone
et l'oxygène. L'oxygène ainsi brûlé par la plante est
l'oxygène libre de l'air, que nous supposerons être abondamment fourni au liquide. L'action ici produite est tout

à fait semblable à la respiration des animaux qui inspirent de l'oxygène et expirent de l'acide carbonique. Si nous examinons notre liquide même lorsque la vigueur de la plante a atteint son maximum, nous y trouverons à peine une trace d'alcool. La levure a crû, s'est développée, mais elle a presque cessé d'agir comme ferment. Et, si nous pouvions empêcher l'action de l'oxygène surmontant le liquide sur chaque cellule individuellement, il est certain qu'elles cesseraient également d'agir comme ferment.

Quelles sont donc les conditions dans lesquelles la plante de la levure doit être placée pour utiliser la propriété caractéristique? La réflexion sur les faits rapportés plus haut suggère une réponse qui se trouve confirmée par l'expérience. Considérons les cerises alpestres dans leur barrique fermée. Considérons de même la bière dans son tonneau avec la petite ouverture destinée, non à amener l'oxygène atmosphérique, mais à dégager l'acide carbonique. D'où vient l'oxygène nécessaire à la production de ce dernier gaz? La petite quantité d'air atmosphérique dissoute dans le liquide est tout à fait insuffisante à le produire. La plante de la levure ne peut obtenir que d'une seule manière l'oxygène indispensable à sa respiration: c'est en décomposant les substances ambiantes qui renferment ce gaz à l'état de combinaison. Elle agit sur le sucre contenu dans la solution où elle croît, produit de la chaleur, dégage de l'acide carbonique et laisse comme résidu l'alcool ordinaire que vous connaissez tous. L'acte de la fermentation n'est donc autre que l'effort d'une petite plante pour maintenir sa respiration à l'aide de l'oxygène *combiné*, lorsque l'oxygène libre lui fait défaut. Comme Pasteur l'a très bien définie, la fermentation n'est autre chose que *la vie sans air*.

Mais ici les connaissances de cet investigateur viennent à notre aide pour nous garder d'une cause possible d'erreur. Ce n'est pas, dit-il, la totalité des cellules de la levure qui peuvent ainsi vivre sans air et provoquent la fermentation, ce doivent être de jeunes cellules qui ont gagné leur vigueur végétative au contact de l'oxygène libre. Mais, une fois en possession de cette vigueur, elles peuvent être transportées dans des infusions sucrées absolument privées d'air, où elles continueront à vivre aux dépens des éléments constituants de la solution : oxygène, carbone, etc. Dans ces conditions, elles ne seront point aussi vigoureuses *comme plantes* que la levure mise en contact avec l'oxygène libre, mais leur action *comme ferment* sera infiniment plus grande.

La plante de la levure possède-t-elle seule le pouvoir de provoquer la fermentation alcoolique? Il serait extraordinaire que parmi la multitude de formes des végétaux inférieurs il soit impossible d'en trouver une agissant d'une manière analogue. Et ici nous avons encore lieu d'être émerveillés de la sagacité des anciens à qui nous sommes déjà redevables de tant de choses. Non seulement ils découvrirent la fermentation alcoolique de la levure, mais ils avaient exercé une sage sélection en la séparant des autres ferments et en lui donnant la prépondérance. Placez une vieille botte dans un endroit humide, ou exposez soit de la colle de pâte, soit un pot de confiture à l'air; ils se couvriront bientôt de moisissures bleu-verdâtre qui ne sont autres que la fructification d'une petite plante appelée *Penicillium glaucum*. N'allez pas vous imaginer que la moisissure a pris spontanément naissance dans la botte, dans la pâte, dans la confiture; ses germes, qui sont abondants dans l'air, ont été semés, ont germé et se sont développés absolument de la même manière que des semences de chardon dans un sol convenable. Amenez des germes du *Penicillium* dans un liquide fermentescible, qui a été préalablement bouilli pour détruire les spores ou semences qu'il pouvait contenir ; le *Penicillium* croîtra rapidement, enfonçant de longs filaments dans le liquide et fructifiant à sa surface. Essayez l'infusion à différentes époques, vous n'y trouverez jamais la moindre trace d'alcool. Mais, submergez la petite plante, forcez-la à se tenir sous le liquide de façon à ce que la quantité d'oxygène libre qui lui arrive soit insuffisante pour entretenir sa vie. Elle commencera, dès lors, à agir comme un ferment, produisant, par la décomposition du sucre, l'oxygène dont elle a besoin, et le résidu de cette décomposition sera précisément de l'alcool. Beaucoup d'autres plantes microscopiques inférieures se conduisent de la même manière. Dans les liquides aérés, elles se développent sans produire d'alcool. Supprimez l'accès de l'oxygène, et immédiatement elles donneront naissance à ce corps exactement de la même façon que la vraie levure l'engendre ; la seule différence réside dans la quantité. Nous sommes redevables de ces découvertes et de ces explications à Pasteur.

Dans les cas, que nous avons considérés jusqu'ici, la fermentation s'est montrée être le corrélatif invariable de la *vie*, étant produite par des organismes étrangers à la substance fermentescible. Cependant la substance elle-même peut renfermer les éléments nécessaires à la fermentation. La plante de la levûre est, comme nous l'avons appris, un agrégat de cellules vivantes ; mais, en résumé, ainsi que Schleiden et Schwann l'ont montré, toutes ces cellules sont séparément des organismes vivants. Les cerises, les pommes, les

pêches, les poires, les prunes et le raisin sont tous
composés de cellules dont chacune est un être vivant.
Et ici je me permettrai d'attirer votre attention sur un
point du plus grand intérêt. En 1821, le chimiste français Bérard établit le fait important que tous les fruits
en train de mûrir absorbaient l'oxygène de l'atmosphère
et dégageaient un volume approximativement égal d'acide
carbonique. Il trouva aussi que lorsque des fruits mûrs
sont placés dans un espace limité, l'oxygène de l'atmosphère est d'abord absorbé, puis un volume sensiblement
égal d'acide carbonique est éliminé. Mais ce phénomène
ne prend point fin ici. Après que l'oxygène a disparu,
l'acide carbonique, en quantité considérable, continue à
être exhalé par les fruits, qui, en même temps, perdent
une partie de leur sucre, devenant plus acides au goût,
quoique la quantité absolue d'acide n'ait pas augmenté.
C'était une observation d'une importance capitale, et
Bérard eut la sagacité de la considérer comme une sorte
de fermentation.

Ainsi, les cellules vivantes des fruits peuvent absorber
de l'oxygène et exhaler de l'acide carbonique exactement
comme les cellules de la levure de bière. Supposons
que l'accès de l'oxygène soit complètement supprimé, les
cellules vivantes des fruits mourront-elles ou continue-
ront-elles à vivre comme la levure en extrayant l'oxygène
du jus sucré qui les baigne? Cette question offre un intérêt théorique considérable. Il y fut donné une réponse
affirmative par les expériences concluantes de Lechartier
et Bellamy et cette réponse fut confirmée en même temps
qu'expliquée par Pasteur. Bérard montra simplement
l'absorption d'oxygène et la production d'acide carbonique ; Lechartier et Bellamy prouvèrent la production
d'alcool, complétant ainsi la preuve qu'il s'agissait bien

ici d'un cas de fermentation, quoique le ferment alcoolique fût absent. Pasteur était si convaincu que les cellules d'un fruit continuent à vivre aux dépens du sucre
de ce fruit, qu'un jour pendant qu'il conversait, dans
son laboratoire, sur ce sujet avec M. Dumas, il s'écria :
« Je gage que si du raisin était placé dans une atmosphère
d'acide carbonique, il produirait de l'alcool et de l'acide
carbonique par la continuation de la vie de ses cellules
qui agiraient pendant ce temps comme les cellules de la
vraie levure alcoolique. Il fit l'expérience et trouva le
résultat prévu. Ceci l'engagea à étendre ses recherches.
Plaçant vingt-quatre prunes sous une cloche, il remplit
celle-ci d'acide carbonique, à côté, se trouvaient vingt-
quatre prunes découvertes. Au bout de huit jours il
enleva les prunes de la cloche et les compara entre elles.
La différence fut extraordinaire. Les fruits découverts
étaient devenus mous, aqueux et très doux ; les autres
étaient fermes et durs, leur chair n'étant point du tout
aqueuse. Ils avaient, en outre, perdu une quantité considérable de leur sucre. Ils furent ensuite écrasés et leur
jus distillé. On obtint six grammes et demi d'alcool ou
1 °/₀ du poids total des prunes. Ni dans ces prunes, ni
dans les raisins dont s'était d'abord servi Pasteur, on ne
put découvrir la moindre trace de levure alcoolique.
Comme Lechartier et Bellamy l'avaient démontré antérieurement, la fermentation était le travail des cellules
vivantes du fruit lui-même, après que l'accès de l'air
eut été empêché. Lorsqu'en outre les cellules furent
détruites par écrasement, la fermentation ne continua
plus. Ce phénomène était le corrélatif d'un acte vital et
cessait avec l'extinction de la vie. Lüdersdorf fut le premier qui montra, par cette méthode, que la levure
n'agissait pas, comme Liébig le supposait, en vertu de

son caractère *organique*, mais en vertu de son caractère *organisé*. Il détruisit les cellules de la levure en les écrasant sur une plaque de verre et trouva qu'après la destruction de l'organisme, quoique tous ses composés chimiques fussent présents, le pouvoir d'agir comme ferment avait totalement disparu.

A l'égard de Liébig, je serai désireux de placer un mot ici. Au chimiste-philosophe, réfléchissant soigneusement à ces phénomènes, rien ne semblait plus naturel que de voir dans l'acte de la fermentation un simple cas d'instabilité moléculaire, le ferment venant détruire les composés préexistants. A un point de vue général, il y a un fond de vérité dans cette théorie; mais Liébig qui la proposa, méconnut le véritable rôle joué dans la fermentation par la vie microscopique. Il regarda trop avec les yeux du corps et pas assez avec ceux de l'esprit. Il négligea l'usage du microscope et se priva ainsi des révélations qui n'eussent pas manqué d'exercer une grande influence sur sa grande intelligence. Son hypothèse, comme je l'ai dit, était naturelle; c'était un exemple frappant de son pouvoir pénétrant dans tous les faits relatifs aux actions moléculaires; mais c'était une erreur et comme telle, elle a prouvé à quelques-uns de ses partisans acharnés que le maître lui-même n'était pas impeccable.

J'ai déjà dit que notre air était rempli des germes de ferments autres que la levure alcoolique, germes qui empêchent quelquefois sérieusement l'action de cette dernière. Ce sont les mauvaises herbes de ce jardin qui souvent détruisent les véritables fleurs. Qu'on nous permette de prendre un exemple. Exposons du lait à l'air; après un certain temps, il deviendra putride ou sûr, se séparant, comme le sang, en caillot et sérum. Plaçons une goutte de ce lait sous le microscope et examinons-le

soigneusement. On aperçoit alors de petits globules
graisseux animés d'un mouvement rapide appelé mouvement brownien. Mais ne laissez pas trop votre attention
s'occuper de ce mouvement, car nous en avons un autre
à rechercher. Çà et là vous découvrirez quelque chose
d'extraordinaire parmi les globules : un long filament
anguilliforme se remuant parmi eux et les écartant à
droite et à gauche, traversant ainsi en tous sens le champ
du microscope. Une partie des changements survenus
dans le lait est due à cet organisme qui a reçu le nom
de vibrion. Dans le lait caillé, vous trouverez encore
d'autres organismes, petits, immobiles et placés à la suite
l'un de l'autre comme les grains d'un chapelet. Ce sont
ceux-ci qui causent la séparation du lait en caillot et
sérum. Ils constituent le ferment lactique du lait, comme
la plante de la levure est le ferment alcoolique du sucre.
Mais le lait peut devenir putride sans être sûr. Examinez au microscope du lait putride et vous le trouverez
fourmillant de petits organismes, quelquefois associés aux
vibrions, quelquefois seuls, manifestant souvent une
grande vivacité de mouvements. Mettez votre lait à l'abri
de ces organismes et il ne se putréfiera jamais. Exposez
une côtelette de mouton humide à l'air ; en été, le temps
la putréfiera bientôt. Placez une goutte de son jus fétide
sous un puissant microscope, vous la verrez fourmillant
des mêmes organismes que vous avez observés dans le
lait. Ces petits être ont reçu le nom collectif de *bactéries*[1] et sont les agents de toute putréfaction. Gardez
votre viande hors de leur atteinte et elle se conservera indéfiniment saine. Ainsi, nous commençons à
nous apercevoir qu'il existe dans le monde vivant dont

1. On a réuni sous ce nom des organismes présentant, sans aucun doute,
de grandes différences.

nous faisons partie, des organismes qui réclament, pour être vus, l'emploi du microscope, mais qui n'en exercent pas moins une action considérable sur les êtres plus élevés.

Et maintenant, recherchons ensemble l'origine de ces bactéries. On place entre vos mains une poudre granulaire et on vous demande de déterminer en quoi elle consiste. Vous l'examinez et, à tort ou à raison, supposez qu'elle renferme des semences. Pour vous en assurer, vous préparez une couche dans votre jardin, vous y semez la poudre et bientôt après un mélange de *Rumex* et de chardons s'élève au-dessus du sol. Avant que vous eussiez semé cette plante, ni *Rumex*, ni chardons n'avaient jamais fait leur apparition dans votre jardin. Vous répétez l'opération, une fois, deux fois, dix fois, cinquante fois et vous obtenez le même résultat. Que répondrez-vous à la question que l'on vous a posée? « Je ne suis pas en état, direz-vous, d'affirmer que ceci est une graine de *Rumex* et cela une graine de chardon, mais je puis assurer que tous les grains de cette poudre sont une semence de l'une ou de l'autre de ces deux plantes. » Supposons qu'on place ainsi entre vos mains une série de poudres dont les grains diminuent graduellement en grosseur jusqu'à ce qu'ils se réduisent en particules impalpables de poussière, supposons que vous les traitiez de la même manière et que de chacun d'eux vous obteniez en quelques jours une récolte bien définie, soit de girofle, de moutarde, demi-gnonnette ou encore d'une plante plus petite que celle-ci, la petitesse des semences ou des plantes elles-mêmes n'altérera en aucune façon la validité de vos conclusions. Sans la moindre crainte de vous tromper, vous déclarerez que la poudre doit avoir renfermé les graines ou germes de la vie observée. Il n'y a pas dans le domaine entier des sciences physiques une expérience plus concluante ou une déduction plus rationnelle.

Supposons maintenant que la plante soit suffisamment légère pour flotter dans l'air et que vous soyez à même de la voir aussi bien que la graine, que vous tenez dans le creux de la main. Si la poussière semée par l'air, au lieu de l'être par la main, produit une récolte bien définie, vous en conclurez avec la même rigueur logique que les germes de cette récolte se trouvaient mêlés à la poussière. Prenons un exemple : les spores de la petite plante *Penicillium glaucum*, dont je vous ai déjà entretenus, sont assez légers pour rester en suspension dans l'air. Une pomme, une poire, une tomate, ou, comme nous l'avons déjà dit, une vieille botte moisie, un plat de colle de pâte, ou un pot de confiture, constituent un sol convenable pour ce *Penicillium*. Si nous montrons que lorsque la poussière de l'air est semée dans ce sol, elle produit des moisissures, tandis qu'en l'absence de poussière, ni l'air, ni le sol, ni tous deux ensemble ne peuvent en produire, il sera tout aussi certain que la poussière renferme les germes du *Penicillium* que les poudres semées dans votre propre jardin contenaient les semences des plantes qui s'en sont élevées.

Mais comment les poussières en suspension peuvent-elles être rendues visibles ? De la manière suivante. Construisez une petite chambre munie d'une porte, de fenêtres et de volets. Laissez une ouverture dans l'un des volets, à travers lequel pourra passer le rayon lumineux. Fermez la porte et les fenêtres de façon qu'aucune lumière ne puisse passer, sauf par le trou du volet.

La trace du rayon lumineux sera d'abord parfaitement visible à l'intérieur de la chambre. Si l'on évite tout mouvement dans l'air de celle-ci, la trace deviendra de plus en plus faible jusqu'à ce qu'enfin elle disparaisse complètement. Qui rendait primitivement le rayon visible? La poussière de l'air, qui, lorsqu'elle était ainsi illuminée, était aussi palpable à nos sens qu'une poudre quelconque placée dans la paume de la main. La poussière de l'air impur se dépose ainsi graduellement sur le fond et s'accroche aux parois de la chambre, jusqu'à ce que ce gaz soit complètement libre de matières en suspension.

Nous sommes donc en possession d'une base sûre. Coupons un beefsteak et laissons-le digérer pendant deux ou trois heures dans de l'eau chaude; nous aurons ainsi un extrait concentré de jus de viande. Faisant bouillir ce liquide et le filtrant, nous obtiendrons une infusion de bœuf parfaitement limpide. Exposons un certain nombre de vases contenant cette infusion à l'air pur de notre chambre; exposons de même un nombre égal de récipients dans l'air chargé de ses poussières. En trois jours, tous ceux du dernier groupe, si on les examine au miscroscope, se montreront fourmillant des bactéries de la putréfaction. Après trois mois, ou même trois années, le liquide intérieur, s'il a été convenablement stérilisé, sera aussi clair et aussi sain, aussi libre de bactéries, qu'il l'était le jour de son introduction. Et pourtant il n'y a aucune différence entre l'air du dedans et celui du dehors, sauf que celui-ci est rempli de poussières, tandis que l'autre en est complètement privé. Confirmons maintenant notre expérience de la manière suivante. Ouvrons la chambre et laissons entrer la poussière. Trois jours après, vous trouverez tous les vases

situés à son intérieur fourmillant de bactéries et en
état de putréfaction active. Ici encore notre déduction
est tout aussi sûre que dans le cas de la poudre semée
dans notre jardin. Multiplions nos preuves en con-
struisant cinquante chambres au lieu d'une et en variant
de toutes les manières possibles les infusions : animaux
sauvages et domestiques, viande, poisson, volaille et
viscère, végétaux de toute espèce seront utilisés. Si
dans tous ces cas nous trouvons que la poussière produit infailliblement sa récolte de bactéries, tandis que
ni l'air pur, ni l'infusion nutritive, ni tous deux ensemble sont incapables de produire cette récolte, notre
conclusion simple et irrésistible sera que la poussière
de l'air contient les germes de la récolte qui est appa-
rue dans nos infusions. Je répète qu'il n'y a pas une
seule déduction dans toute la science expérimentale
plus certaine que celle-là. En présence de tels faits, il
serait tout simplement monstrueux, pour me servir des
termes d'un de mes mémoires publié dans les « Philosophical Transactions », d'affirmer que ces essaims de
bactéries ont été engendrés spontanément.

N'y a-t-il donc aucune preuve expérimentale de la
génération spontanée ? Je n'hésite pas à répondre *aucune*. Mais, entre douter de la preuve expérimentale d'une
chose et de sa possibilité, il y a une grande différence,
quoique certains écrivains semblent les confondre. En
réalité, la doctrine de la génération spontanée, sous
une forme ou sous une autre, tombe dans les théories
de quelques-uns des chercheurs les plus avancés de
notre époque ; mais ce sont des hommes, qui sont doués
d'une grande pénétration et d'une grande sincérité,
qui ne voient pas la faiblesse des preuves qu'ils ap-
portent.

Observons ici combien ces découvertes concordent avec les usages pratiques de la vie. La chaleur tue les bactéries, le froid les engourdit. Lorsque mon major-dome a des faisans qu'il désire conserver frais, mais qui menacent de se gâter, il les fait cuire partiellement, tuant les bactéries qu'il contient et de cette manière reculant l'époque de la putréfaction. De même en faisant bouillir le lait on l'empêche de tourner. Il y a quelques semaines j'ai eu l'occasion d'étudier dans les Alpes l'influence du froid sur les fourmis. Quoique le soleil fût très fort, la neige s'était conservée par places sur les montagnes. Je trouvai les fourmis dans les herbes et les roches chaudes sur lesquelles ces plantes poussaient. Transportées dans la neige, la rapidité avec laquelle mes fourmis furent paralysées est surprenante. En quelques secondes une des plus vigoureuses de ces petites bêtes avait entiè-rement perdu tout pouvoir de locomotion et gisait inerte sur la neige. Ramenée sur les roches chaudes, elle reprenait l'usage de ses sens pour le perdre de nouveau par une nouvelle immersion dans la neige. Ce qui est vrai pour nos fourmis l'est particulièrement pour les bactéries. Leur vie active est suspendue par le froid et avec elle leur pouvoir de produire la putréfaction. C'est là tout le secret de la préservation de la viande par le froid. Le marchand de poissons, par exemple, quand il entoure sa marchandise extraordinairement attaquable de blocs de glace arrête la putréfaction en réduisant à l'engourdissement et à l'inaction les organismes qui la produisent et en l'absence desquels son poisson restera frais. C'est l'étonnante activité que cause, parmi les bactéries, la chaleur d'un jour d'été qui amène souvent de si grandes pertes pour les bouchers de Londres et de Glasgow. Les corps des guides perdus dans les crevasses des glaciers alpestres ont parfois été ramenés à la surface quarante ans après leur mort, sans que la chair montre aucun signe de putréfaction. Mais le cas le plus étonnant de cette nature est celui du mammouth de Sibérie qui fut emprisonné dans la glace. Il s'y trouvait enterré depuis des siècles ; cependant, quand on le retira, sa chair était parfaitement saine et put même servir pendant quelque temps de nourriture aux bêtes sauvages.

La bière est attaquable par tous les organismes, dont nous venons de parler, qui produisent qui, de l'acide acétique, qui, de l'acide lactique, qui, de l'acide butyrique, pendant que la levure elle-même est attaquée par les bactéries de la putréfaction. Par rapport au breuvage particulier, que le brasseur désire fabriquer, ces ferments étrangers peuvent être convenablement nommés *ferments de maladies*. Les cellules de la vraie levure sont des globules, ordinairement quelque peu allongés. Les autres organismes ont plus ou moins la forme d'une petite baguette ou d'une anguille, quelques-uns d'entre eux étant attachés comme les grains d'un chapelet et ressemblant à des colliers. Chacun de ces organismes produit une fermentation et un bouquet qui lui sont particuliers. Mettez votre bière à l'abri de leur action et elle se conservera indéfiniment inaltérée. Jamais sans eux la bière ne peut contracter de maladies. Mais leurs germes sont dans l'air, dans les vases aussi qu'on emploie dans la brasserie, même dans la levure que l'on met dans le moût. Consciemment ou inconsciemment l'art du brasseur est dirigé contre eux. Son but est de les paralyser, sinon de les détruire.

En outre, pour la bière, la température est une question capitale, la connaissance de ce fait amena une révolution complète dans la fabrication de ce liquide sur le continent. Lorsque j'étais étudiant à Berlin en 1851, il y avait certains endroits consacrés à la vente de la bière de Bavière qui faisait déjà son chemin dans la faveur du public. Cette bière est préparée par le procédé dit de *basse fermentation*. La basse fermentation est ainsi nommée, en partie, parce que la levure de bière, au lieu de s'élever au sommet et de sortir par la bonde, tombe au fond de la barrique; mais en partie aussi parce qu'elle est produite à une basse température. L'autre mode de fermentation, l'ancien, celui dit de *haute fermentation*, est beaucoup plus facile à provoquer, plus expéditif et moins coûteux. Dans la haute fermentation, huit jours suffisent à la production de la bière ; dans la basse, dix jours, quinze jours et même vingt jours sont nécessaires. De plus, dans ce dernier procédé, on consomme d'énormes quantités de glace. Dans la seule brasserie Dreher, de Vienne, on consomme annuellement, pour le refroidissement du moût et de la bière, cent millions de livres de glace. Malgré ce surcroît important de frais, la basse fermentation déplace rapidement la haute sur le continent. Voici quelques chiffres qui montrent le nombre de brasseries des deux sortes existant en Bohême en 1860, 1865 et 1870.

	1860	1865	1870
Haute fermentation	281	81	18
Basse fermentation	135	459	831

Ainsi, en dix ans, le nombre des brasseries de haute fermentation tombe de 281 à 18, pendant que le nombre des brasseries de basse fermentation s'élève de 135 à 831. La seule raison de ce vaste changement, — changement qui nécessite une grande

dépense de temps, de travail et d'argent, — est la
sécurité qu'il donne au brasseur sur l'action fortuite des
ferments de maladie. Ces ferments qui, on s'en souvient
sont des organismes vivants, voient leur activité suspendue par une température inférieure à 10° C et, aussi longtemps qu'ils sont réduits à cet état de torpeur, la bière
reste à l'abri de l'acidité ou de la putréfaction. La bière,
dans la basse fermentation, est brassée en hiver et conservée dans des caves froides ; le brasseur peut ainsi la
garder suivant son désir, sans être pour cela forcé de
l'écouler de peur de la voir s'altérer en la gardant trop
longtemps.

D'autre part, le houblon agit jusqu'à un certain point
comme antiseptique de la bière. Son huile essentielle
est bactéricide ; de là la forte proportion introduite dans
les bières destinées à l'exportation.

Ces organismes inférieurs, qu'on pourrait être disposé
à regarder comme les commencements de la vie si l'on
n'était prévenu que le microscope quelque parfait qu'il
soit est impuissant à nous les montrer, ne sont en aucune
façon inutiles et malfaisants dans la nature. Ils ne sont
nuisibles que lorsqu'ils quittent leur véritable place.
Dans cette dernière, au contraire, ils exercent une fonction
qu'on ne saurait trop estimer, celle de brûleurs, de des-
tructeurs de matière morte, qu'avec une rapidité impossible à atteindre autrement ils transforment en acide
carbonique et eau, tous deux inoffensifs. En outre, ils ne
sont pas tous semblables et ce n'est qu'une classe très
restreinte qui est dangereuse pour l'homme. Une différence dans leurs habitudes est digne d'être citée ici.
L'air, ou plutôt l'oxygène de l'air, qui est absolument
nécessaire pour entretenir la vie des bactéries de la
putréfaction, est, suivant Pasteur, mortel pour les vi-

brions qui provoquent la fermentation butyrique. Ce fait est bien mis en évidence par l'observation suivante :

Une goutte de liquide contenant quelques-uns de ces petits organismes est placée sur un verre, qu'on recouvre d'un disque également en verre, mais très mince ; cette précaution est nécessaire afin de pouvoir observer facilement nos organismes. Tout autour du bord de la plaque circulaire, le liquide est en contact avec l'air qu'il absorbe y compris son oxygène. En cet endroit, si la goutte est chargée de bactéries, on observe une zone très vivante. Mais, à travers cette zone vivante avide d'oxygène, le gaz vivifiant ne peut pénétrer à l'intérieur. Les bactéries centrales meurent donc, tandis que celles situées à la périphérie jouissent d'une vie active. Si une bulle d'air vient, par hasard, à pénétrer dans la goutte d'eau, immédiatement toutes les bactéries se mettent à tournoyer autour d'elle et ce jusqu'à ce que son oxygène ait été totalement absorbé ; tout mouvement cesse alors. L'inverse a lieu avec les vibrions de l'acide butyrique. Avec ceux-ci les organismes périphériques périssent d'abord ; ceux du centre, au contraire, continuent à vivre entourés par une zone mortelle. En outre, Pasteur remplit deux vases avec un liquide contenant de ces vibrions ; dans l'un, il amena de l'air et les tua en une demi-heure ; dans l'autre, il introduisit de l'acide carbonique et, trois heures après, les vibrions y étaient encore pleins de vie. C'est en observant ce phénomène, il y a déjà plus de quinze ans que l'idée de la vie sans air et son application dans la théorie de la fermentation germèrent dans le cerveau de cet admirable investigateur.

Nous arrivons maintenant à un aspect de la question

qui nous concerne plus particulièrement et dont un fait
récent sera le meilleur exemple. Il y a quelques années,
je me baignais dans un torrent alpestre lorsque, retournant vers mes vêtements, de la cascade qui m'avait
servi de douche je glissai sur un bloc de granit dont
les cristaux tranchants s'imprimèrent dans ma peau
nue. La blessure était désagréable, mais comme je jouissais alors d'une excellente santé, j'espérais une prompte
guérison. Plongeant un petit mouchoir de poche bien
propre dans le courant, je lavai la blessure, revins à la
maison et restai pendant quatre ou cinq jours tran-
quillement au lit. Je n'eus aucun mal et, après ce
temps, je me pensai prêt à quitter la chambre. La blessure, lorsqu'elle était découverte était parfaitement
propre, non enflammée et entièrement libre de pus.
Plaçant dessus un morceau de baudruche, j'allai me
promener toute la journée. Vers le soir une certaine
chaleur et des démangeaisons se manifestèrent ; une
grande accumulation de matière s'ensuivit et je fus
forcé de garder le lit de nouveau. Un bandage humide
fut replacé, mais il fut impuissant à détruire l'action
maintenant en route ; de l'arnica fut appliqué, mais ce
fut encore pis. L'inflammation s'accrut d'une façon
alarmante, jusqu'à ce qu'enfin, par les soins de mes
amis, on me fit transporter à Genève à bras d'hommes,
où je fus bientôt entre les mains des meilleurs médecins. Le lendemain de mon arrivée à Genève, le Dr Gautier découvrit un abcès au cou-de-pied, à cinq pouces environ de la blessure. Les deux étaient réunis par une
communication ou *sinus*, pour me servir des termes
techniques, au moyen duquel on put vider l'abcès sans
se servir de la lancette.

Comment le sinus s'était-il formé? comment le tissu

sain du cou-de-pied avait-il été rongé de façon à me faire
garder le lit pendant six semaines? Dans la chambre où
se trouvaient les objets avec lesquels je fis le premier
pansement, j'avais ouvert pendant le courant de l'année
des infusions parfaitement claires et saines de poisson,
de viande et de végétaux. Ces tubes hermétiquement
fermés avaient été exposés durant plusieurs semaines à
la fois à la chaleur du soleil et à celle de la cuisine,
sans montrer le plus léger signe de vie. Mais, deux jours
après qu'ils furent ouverts, le plus grand nombre d'entre eux était remplis des bactéries de la putréfaction,
dont les germes provenaient des poussières en suspension dans l'air de la chambre. Et, si on eût examiné la
matière de mon abcès, je ne doute pas, d'après l'aspect
que je lui vis alors, qu'on l'eût également trouvé fourmillant de ces bactéries; que c'étaient leurs germes qui
avaient pénétré dans ma blessure malencontreusement
ouverte; que c'était, enfin, ces subtiles travailleurs qui
avaient creusé ma jambe et produit l'abcès au cou-de-
pied, abcès dont les conséquences auraient pu m'être si
facilement fatales.

Cette apparente digression nous amène à examiner
les travaux d'un homme qui joint à la pénétration d'un
théoricien l'habileté et les soins d'un véritable expérimentateur, et dont la pratique est une démonstration
continuelle de sa doctrine : que la putréfaction des
blessures est prévenue par la destruction des germes
des bactéries. Non seulement d'après ses propres rapports,
mais aussi d'après ceux d'hommes éminents qui ont vi-
sité les hôpitaux, et aussi d'après ce que m'ont dit des chirurgiens du Continent, l'introduction du système antiseptique, dont nous sommes redevables au professeur Lister,
a été un des plus grands progrès faits en chirurgie.

L'intérêt du sujet ne diminue pas comme nous avançons. Nous avons commencé avec une barrique de cerises et une cuve de bière ; nous terminons par le corps de l'homme. Il y a des personnes douées de la faculté d'interpréter les faits naturels, comme il y en a d'autres qui en sont privées. A la première classe appartenait au plus haut degré l'illustre philosophe Robert Boyle dont les paroles suivantes, relatives à notre sujet, sont une véritable prophétie : « Qu'on me permette, d'exprimer l'opinion, dit-il dans son *Essay on the pathological Part of Physik*, que celui qui comprend la fermentation et la nature des ferments sera probablement plus apte que celui qui les ignore de donner une explication convenable de diverses maladies (les fièvres, par exemple) qu'il n'aurait sans doute jamais bien conçues sans jeter un coup d'œil dans la doctrine des fermentations. »

Deux cents ans se sont écoulés depuis que ces mots ont été écrits, et c'est seulement de nos jours qu'on a pu en reconnaître toute la vérité. Dans le domaine de la chirurgie, la justesse des vues de Boyle a été pleinement démontrée. Quittons maintenant la chirurgie pure et occupons-nous des maladies épidémiques, comprenant les fièvres, dont Boyle a démêlé les rapports aux fermentations avec tant de sagacité. L'analogie la plus frappante entre un contagium et un ferment se trouve dans la puissance de « self-multiplication » que tous deux possèdent et exercent. Vous connaissez les figures d'une fidélité exquise employées dans le Nouveau Testament à l'égard du levain. Une particule cachée dans trois mesures de farine suffit à lever le tout. Un peu de levain gonfle la masse entière. Exactement de même une particule du *contagium* se répand à travers le corps

humain et peut se multiplier et atteindre des populations entières. Considérons l'effet produit sur l'économie
par une quantité microscopique du virus de la variole.
Ce virus est, à tous égards, une semence. Il se sème
comme on sème la levure, il croît et se multiplie,
comme croît et se multiplie la levure, et se reproduit
toujours de lui-même. Nous sommes redevables à Pasteur d'une série d'admirables travaux où il expose la
nullité des anciennes notions concernant la transformation d'un ferment en un autre. Il se garde bien de dire
que c'est impossible. Le véritable observateur se sert
rarement de ce mot, quoique lui seul ait le droit de le
faire; mais, comme Pasteur n'a jamais été à même d'effectuer cette transformation pendant qu'il a toujours
pu montrer les causes qui ont amené d'autres chercheurs à penser qu'ils l'avaient observée[1], il refuse d'y
croire jusqu'à nouvel ordre.

Nous avons déjà indiqué la grande source d'erreur
dans cette conférence. Les observateurs travaillent dans
une atmosphère chargée des germes de différents organismes ; le simple état de première possession rend
tantôt un organisme, tantôt un autre triomphant. En
outre, à différents stades de sa fermentation ou de sa
putréfaction, la même infusion peut être envahie successivement par différents organismes. De tels cas ont été
invoqués pour montrer que les premiers organismes
s'étaient transformés dans les derniers quand il s'agissait
simplement de *germes différents* dont l'action se mani-
festait à des *temps différents* dans l'infusion.

1. Ceux qui désirent avoir un exemple du soin nécessaire à ces recherches, et de l'absence de méthode avec laquelle elles ont parfois été conduites, pourront consulter les excellentes « Notes on Heterogenesis » du
Rev. W. H. Dallinger dans le numéro d'octobre de « *Popular Science
Review* ».

En nous enseignant comment on peut cultiver chaque
ferment à l'état de pureté — ou en nous montrant comment on peut séparer les divers organismes les uns des
autres — Pasteur nous a mis à même d'éviter ces
erreurs. Et lorsque l'isolement d'un organisme donné
a bien été effectué, il croît et se multiplie indéfiniment,
mais ne se transforme jamais en un autre ferment. Dans
les recherches de Pasteur, une bactérie reste une bactérie, un vibrion, un vibrion, un penicillium, un
penicillium et un torula un torula. Semez quelqu'un
de ces êtres à l'état de pureté dans un liquide convenable; vous l'obtiendrez, et lui seul, dans la récolte subséquente. De même, semez la variole dans le corps humain
et la récolte sera de la variole. Semez la scarlatine et votre
récolte sera la scarlatine. Semez le virus typhoïde et la
récolte sera la fièvre typhoïde, — le choléra, votre récolte
sera le choléra. La maladie est en relation aussi constante
avec son contagium que les organismes précités à leurs
germes ou qu'un chardon à sa semence. Rien d'étonnant alors qu'avec des analogies aussi frappantes la
conviction que la vie parasitique forme la base des
maladies épidémiques s'accroisse de jour en jour, — que
les ferments vivants, trouvant dans le corps humain un
milieu convenable, s'y développent et s'y multiplient, détruisant les tissus dans lesquels ils subsistent et engen-
drant des composés toxiques qui causent la mort. Cette conclusion, qui nous vient d'une présomption presque aussi
forte qu'une démonstration, est confirmée par le fait que
des organismes se sont montrés aussi constants dans leur
corrélation avec les maladies infectieuses que le torula
dans la fermentation de la bière.

Qu'on me permette de donner ici en passant un mot
d'avertissement aux gens *bien pensants*. Nous avons

atteint une phase de cette question où il est bon que la lumière soit faite une fois pour toutes sur la façon dont les maladies contagieuses prennent naissance et se développent. A cette fin, l'action des ferments divers doit être étudiée sur les organes et les tissus d'un être vivant ; l'habitat de chaque organisme spécial, en relation avec la maladie qu'il accompagne, doit être déterminé, et on doit également s'occuper de la façon dont ses germes se répandent comme sources de maladies infectieuses. C'est seulement par des recherches rigides et précises que nous pouvons espérer nous rendre maîtres un jour de ces fléaux. De sorte que, tout en détestant les cruautés de toute nature, tout en regrettant de faire souffrir les animaux, je trouve qu'il n'y aurait pas de plus grande calamité pour le genre humain qu'un arrêt du développement de la science expérimentale dans la direction de la vivisection. Une dame, dont la philanthropie l'a rendue illustre, me disait il y a quelque temps que la science devenait immorale ; que les recherches d'autrefois, contrairement à celles d'aujourd'hui, se faisaient sans cruauté. Je lui répondis que la science de Kepler et de Newton, qu'elle considérait comme morale, étudiait les lois de la nature inorganique ; mais que les grands progrès faits par les sciences modernes étaient dans la voie de la biologie, c'est-à-dire la science de la vie ; et que, quoique cette nouvelle branche ne puisse être poursuivie qu'au prix de souffrances, elle se montrerait, par ses résultats, mille fois rémunératrice de la peine causée. Je disais ceci parce que je croyais que les recherches dont la dame se plaignait étaient de la nature de celles qu'il faut entreprendre pour posséder une connaissance complète des maladies épidémiques et supprimer ces fléaux de la surface de la terre.

C'est un point tellement capital, que pour mieux vous le faire saisir je vous citerai un exemple. En 1850 deux remarquables observateurs français, MM. Davaine et Rayer, observèrent dans le sang des animaux qui étaient morts de cette maladie virulente appelée *fièvre splénique*, des organismes microscopiques transparents ressemblant à des baguettes ; mais aucun d'eux n'attacha une grande importance à ce fait. En 1861, Pasteur publia un mémoire sur la fermentation butyrique où il décrit les petits êtres qui la provoquent ; et, après la lecture de ce mémoire, il sembla à Davaine que la fièvre splénique devait être un cas de fermentation produite par les organismes que lui et Rayer avaient signalés. Cette idée a été démontrée péremptoirement par les recherches subséquentes.

Des observations de la plus haute importance ont été faites sur la fièvre typhoïde par Pollender et Brauell. Il y a environ deux ans, le docteur Burdon Sanderson nous donna un résumé très clair de l'état de nos connaissances sur la matière. A l'égard de la permanence de cette maladie on a prouvé qu'elle existait en quelque sorte à l'état latent sur des localités où elle s'était une fois montrée; ceci semble prouver que les organismes en forme de baguette ne peuvent constituer le contagium parce que leur pouvoir infectant s'évanouit en quelques semaines. Mais d'autres faits établissent une connexion intime entre les organismes et la maladie ; de sorte que leur ensemble a amené le docteur Sanderson à conclure que le contagium existe sous deux formes distinctes : l'une « *fugitive* » et visible à l'état de baguettes transparentes; l'autre permanente, mais « *latente* » et hors de la portée du microscope.

A l'époque où le docteur Sanderson écrivait ces lignes.

un jeune médecin allemand nommé Koch [1], retenu par les devoirs de sa profession dans un obscur petit village, était déjà à l'œuvre, appliquant, pendant ses rares instants de liberté, une ingénieuse méthode d'investigation à l'étude de la fièvre splénique. Il étudia les mœurs des organismes en forme de baguette et trouva que l'humeur aqueuse de l'œil était particulièrement convenable pour leur nutrition. Il mélangea à cette humeur une goutte extrêmement ténue d'un liquide renfermant les baguettes, plaça la goutte sous le microscope, la chauffa convenablement et observa les modifications qu'elle subissait. Pendant les deux premières heures, aucun changement ne se produisit; mais, après ce temps, les baguettes commencèrent à s'allonger, atteignant bientôt vingt fois la longueur qu'elles possédaient d'abord. Quelques heures après, elles formaient des filaments cent fois plus longs que les baguettes primitives. Il arrivait fréquemment qu'un même filament se repliait plusieurs fois dans le champ du microscope. Quelques-uns formaient des lignes parallèles; d'autres étaient pliés et montraient les plus gracieuses figures; d'autres, enfin, formaient des nœuds d'une telle complexité qu'il était imposible à l'œil de les parcourir d'un bout à l'autre.

Si l'observation s'était terminée là, c'eût été sans doute un fait intéressant de plus à ajouter à nos connaissances, sans pour cela être d'une grande utilité pratique. Mais Koch continua à étudier les filaments et, après quelque temps, vit apparaître de petits points parmi eux. Ces points devinrent de plus en plus nets, jusqu'à ce qu'enfin la longueur totale de l'organisme

---

1. Ceci est, je crois, la première citation des travaux de Koch dans notre pays (1879).

fut garnie de petits corps ovoïdes qui se développaient le long de la baguette comme des pois dans leur cosse. Un peu à la fois, la petite tige tomba en pièces et se trouva remplacée par une série de semences ou spores Ces observations, qui furent confirmées en tous points par le célèbre naturaliste Cohn, de Breslau, sont de la plus haute importance. Elles éclaircissent les doutes existant sur les états visibles et latents de la fièvre splénique ; car Koch prouve que les spores, qu'on doit bien distinguer des baguettes, constituent le contagium de la fièvre dans son état permanent et mortel.

Comment arriva-t-il à ce résultat ? Notez la réponse à cette question. Il n'y avait qu'un moyen pour lui d'essayer l'activité du contagium, c'était l'inoculation aux animaux vivants. Il opéra sur des cochons d'Inde et des lapins, mais principalement sur des souris. En leur injectant du sang frais d'un animal souffrant de la fièvre splénique, il les fit mourir de la même maladie vingt ou trente heures après l'inoculation. Il chercha alors à déterminer comment le contagium maintenait sa vitalité. Desséchant le sang contenant des organismes en forme de baguette, dans lequel toutefois les spores n'avaient point encore fait leur apparition, il trouva que le contagium existait sous la forme que le docteur Sanderson appelle fugitive. Il conserve son pouvoir d'infection pendant cinq semaines au plus. Il desaécha ensuite du sang contenant des spores bien développés et le soumit à des expériences variées. Il le réduisit, par exemple, à l'état de poussière, mouilla cette poussière, puis la desaécha de nouveau, la plaça pendant un temps indéfini au milieu de matières en putréfaction, et le soumit enfin à de nombreux essais. Quatre années après avoir traité le sang chargé de spores de cette façon, il en inocula un certain nombre de souris et trouva son action tout aussi fatale que celle du sang frais sortant des veines d'un animal atteint de la fièvre splénique. Pas un seul n'échappa à la mort après l'injection de ce funeste contagium. Des millions de spores sont ainsi développés dans le corps de tout animal qui meurt de la fièvre splénique, et chacun de ces spores peut produire la maladie. Le nom de ce formidable parasite est *Bacillus anthracis*[1].

Il est évident que le premier pas dans la suppression de la contagion est une connaissance exacte de sa nature ; et les recherches de Koch nous permettront d'arrêter la fièvre splénique, tout comme les travaux de Pasteur ont supprimé la *pébrine*[2]. Quelques chiffres feront mieux comprendre l'importance de ce résultat. Dans le seul district de Novgorod, en Russie, entre les années 1867 et 1870, on observa cinquante-six mille cas de mort par fièvre splénique sur des chevaux, vaches et moutons. Mais les ravages de cette maladie ne s'arrêtèrent point aux animaux, car dans le même temps, et dans le même district, cinq cent vingt-huit hommes périrent par la contagion.

---

1. Koch prouva que, pour produire ses effets caractéristiques, le contagium de la fièvre splénique doit entrer dans le sang. La rate d'un animal fortement atteint de cette maladie peut être impunément mangée par une souris. D'autre part, la maladie ne peut être communiquée par inoculation aux chiens, perdrix ou moineaux. Dans leur sang, le Bacillus anthracis cesse d'agir comme ferment. Pasteur annonça, il y a déjà plus de six ans, la propagation des vibrions de la maladie des vers à soie appelée *flacherie* par scission et par spores. Il fit aussi de remarquables expériences sur la permanence du contagium sous cette dernière forme. Voyez *Études sur la maladie des vers à soie* », p. 168 et 256.

2. Supposant que l'immunité des oiseaux peut provenir de la chaleur de leur corps qui détruirait les Bacillus, Pasteur abaissa leur température artificiellement, leur inocula le virus et les *tua*. Il éleva également la température des cochons d'Inde après l'inoculation et les *sauva*. Il est inutile d'insister sur l'importance de ces expériences.

Une description de la fièvre vous aidera à porter un jugement sur un point que je vais soumettre à votre appréciation. « Un animal, dit le docteur Burdon Sanderson, qui a refusé toute nourriture pendant plusieurs jours, et montre des signes de malaise général, commence par frissonner et avoir des douleurs dans les muscles du dos ; bientôt après, il devient faible et nonchalant. En même temps la respiration est plus rapide, mais aussi plus difficile et la température s'élève de trois à quatre degrés au-dessus de la normale ; des convulsions affectant principalement les muscles du dos et des reins annoncent l'affaissement final dont le progrès est marqué par la perte de tout mouvement du tronc ou des extrémites, l'abaissement de la température, les évacuations muqueuses et sanguinolentes et de semblables déjections par le nez et la bouche. » Comme nous l'avons dit, dans un seul district de Russie, cinquante-six mille chevaux, vaches et moutons et cinq cent vingt-huit hommes ou femmes périrent de cette manière dans une période de deux ou trois années. Quelle fut la proportion pour l'Europe entière ? Je l'ignore. Sans doute elle fut très grande. Je viens donc soumettre à votre jugement la question suivante : La connaissance, qui nous révèle la nature d'une maladie si grave, qui nous assure sa suppression, est-elle digne du prix qu'on la paye ? Il est extrêmement important que des assemblées comme celles-ci sachent réellement de quoi il s'agit et qu'elles puissent au besoin, si pas convaincre, au moins retenir les personnes qui désireraient restreindre les recherches physiologiques en les taxant de cruauté. Il y a en ce moment un excès de zèle pour Dieu aux dépens de la science, zèle qui doit être corrigé en instruisant l'opinion publique.

Et maintenant permettez-moi de jeter un coup d'œil
rétrospectif sur le sujet que nous avons examiné
ensemble, et d'essayer de vous en faire tirer tout le
profit possible. Pendant plus de deux mille ans, l'attraction des corps légers par l'ambre constitua la somme
des connaissances humaines sur l'électricité, et pendant
plus de deux mille ans aussi on se servit de la fermentation sans en connaître la cause. Dans la science, une
découverte provient souvent d'une autre avec laquelle
elle ne semble pas avoir de rapports. Ainsi, avant que la
fermentation pût être comprise, il fallait que le microscope fût inventé et amené à un degré considérable de
perfection. Notez la gradation des connaissances. En
1685, Leuwenhoeck trouve que la levure est constituée
par de petits globules en suspension ; toutefois, il ne
peut reconaître que ce sont des organismes vivants.
Ceci fut prouvé, en 1835, par Cagniard de Latour et
Schwann. Puis vint la question de l'origine de ces
organismes et, à cet égard, le mémoire de Pasteur,
publié en 1862 dans les *Annales de chimie*, inaugure
une être nouvelle.

C'est dans ce sens que tous les travaux ultérieurs de
Pasteur sont dirigés. De nouveaux ravages avaient eu
lieu parmi les vins français. Ils devenaient acides ou
amers durant l'exportation. Le commerce des vins en
souffrait et les vignerons subissaient des pertes considérables. Or, toutes ces maladies provenaient du développement d'un organisme. Pasteur détermina la température à laquelle ces ferments périssent et montra qu'elle
était suffisamment basse pour être sans danger pour
le vin. En chauffant donc ce liquide à 50° cent., il le
rendit inaltérable et fit gagner des millions à son pays.
Il s'occupa ensuite du vinaigre — vin aigre, vin acide

— qu'il montra être le produit de la fermentation occasionnée par un petit champignon nommé *Mycoderma aceti*. Le *Torula* convertit le jus du raisin en alcool et le *Mycoderma aceti* transforme celui-ci en vinaigre. Ici aussi de fréquents insuccès, et partant de grandes pertes avaient eu lieu. Au cours de sa préparation, le vinaigre devenait parfois impropre à tout usage, par suite de la putréfaction. Il était connu depuis longtemps qu'une simple exposition à l'air suffisait à produire ce phénomène. Pasteur étudia tous ces changements, les rapporta à leurs causes vivantes et montra que la santé permanente du vinaigre dépendait de la destruction de cette vie. Il passa des maladies du vinaigre à l'étude d'une épidémie qui avait ruiné l'industrie de la soie en France. Ce fléau, qui avait reçu le nom de *pébrine*, était le produit d'un parasite qui, prenant possession du tube digestif du ver à soie, se répandait à travers le corps et envahissait enfin le sac de la soie. Ainsi frappé, le ver exécutait automatiquement les mouvements de filer, quoiqu'il n'eût aucune matière à travailler. Pasteur suivit ce parasite d'année en année et, combinant les faits avec la logique du raisonnement, il découvrit le stade précis du développement où on pouvait atteindre la maladie. Le dévouement de Pasteur dans ces recherches lui coûta cher. Il rendit à la France l'élevage des vers à soie, sauva des milliers de ses compatriotes de la ruine, mais sortit de ses travaux avec un côté complètement paralysé. Ses dernières recherches sont incorporées dans un ouvrage intitulé *Études sur la bière* où il décrit un moyen de rendre ce liquide inaltérable. Cette méthode n'est pas aussi simple que celles applicables au vin et au vinaigre, mais les principes sur lesquels elle est basée recevront certainement des applications dans l'avenir.

Il y a d'autres réflexions connexes avec ce sujet, qui, quand bien même j'éviterais d'en parler, se présenteraient d'elles-mêmes à l'esprit de mes auditeurs. J'ai parlé des poussières en suspension dans l'air, des moyens de les rendre visibles, et de l'immunité complète de la putréfaction lorsqu'on a affaire à de l'air privé de ses germes ou à des infusions bouillies. Considérons les maux que ces particules, soulevées par le vent, ont causés à l'humanité dans les temps historiques et préhistoriques ; considérons les cas de mort dans les hôpitaux, à la suite de blessures putréfiées, ainsi qu'aux époques antérieures à la fondation de ces établissements ; considérons le carnage qui a eu lieu jusqu'ici sur les champs de bataille, carnage à la suite duquel se développent des bactéries souvent plus meurtrières que le combat lui-même. Ajoutez à cela que, dans les temps d'épidémie, les matières flottantes mélangées avec les germes qui produisent la maladie peuvent semer la mort parmi des nations et sur des continents entiers, — comparez le tout et vous serez d'accord avec moi pour conclure que toutes les horreurs de la guerre, dix fois multipliées, ne sont rien auprès des ravages causés par la poussière atmosphérique.

Cette action destructrice a lieu chaque jour, et elle a eu lieu déjà pendant des siècles sans qu'on ait jamais songé à s'en débarrasser. Nous avons été frappés par des ennemis invisibles, attaqués dans d'impénétrables embuscades et c'est seulement aujourd'hui qu'à la lumière de la science nous travaillons à nous débarasser de cette domination meurtrière. Des faits tels que ceux-ci suggèrent dans mon esprit la pensée que les lois qui régissent l'univers sont différentes de celles qu'on nous a enseignées dans notre jeunesse, — que la Puissance indéfinissable et bienfaisante, dans laquelle nous vivons, nous nous mouvons, dans laquelle aussi nous avons notre être et notre fin, peut nous être propice par des moyens tout différents de ceux qui nous ont été recommandés autrefois. Le premier de ces moyens est la *science* ; le second, *l'action* dirigée et éclairée par la science. Nous avons déjà vu l'aurore de celle-ci, qui se perfectionne de jour en jour. Quant à l'action, elle a sa source dans la nature morale de l'homme, dans son désir du bien-être, dans son sentiment du devoir et dans sa sympathie pour les souffrances de ses semblables : « Combien de fois, dit le Dr William Budd dans son célèbre ouvrage sur la fièvre typhoïde, combien de fois j'ai vu, dans l'unique et étroite chambre du laboureur, le père dans le cercueil, la mère dans le délire, étendue sur son lit de douleur, et rien pour consoler les pauvres enfants, si ce n'est le dévouement de quelque voisin qui paye bien souvent de sa vie sa trop grande compassion ! » Cependant, en regardant dans le passé, j'espère avec confiance voir un jour l'art médical triompher de toutes ces misères. La cause de la calamité étant une fois bien connue, non seulement le médecin, mais aussi le public, dont l'intelligente coopération est nécessaire au succès, travailleront à remporter une victoire qui ne sera plus qu'une question de temps. Nous en avons déjà un avant-goût dans le triomphe de la chirurgie telle qu'on la pratique à nos portes.

CHAPITRE V

LA GÉNÉRATION SPONTANÉE[1].

A dix minutes environ de promenade d'un petit chalet, que j'ai récemment fait construire dans les Alpes, il y a un petit lac alimenté par la fonte des neiges de ces hautes montagnes. Pendant les premières semaines de l'été, il est impossible d'y découvrir les plus légères traces de vie ; mais, invariablement, vers la fin de juillet ou au commencement d'août, des essaims d'organismes en forme de têtard sont visibles, recherchant la lumière du soleil le long des bords du lac et plongeant avec une rapidité surprenante dans l'eau profonde à la moindre approche du danger. L'origine de cette foule périodique d'êtres vivants n'est en aucune façon claire. Pendant des années, je n'avais vu jamais ni une grenouille, ni le plus petit amas du frai de ces animaux ; de sorte que si je n'avais été prévenu, j'aurais trouvé naturelle la conclusion de Mathiole, savoir : que les têtards avaient été engendrés dans la boue du lac par l'action vivifiante du soleil.

A défaut des données que l'expérience seule peut fournir, la génération spontanée d'êtres aussi élevés que les grenouilles a été longtemps considérée comme un fait. Ici, comme ailleurs, l'esprit dominant d'Aris-

1. *The Nineteenth Century*, janvier 1878.

tote imprima cette notion sur le monde entier. C'est tellement évident que même vingt siècles après lui, certaines personnes ne trouvent pas la moindre difficulté de croire à des cas de génération spontanée qui seraient rejetés comme monstrueux par les partisans les plus déclarés de cette doctrine. Des écailles de poisson de toutes natures furent considérées comme n'ayant aucun précurseur. On supposa que les anguilles prenaient spontanément naissance dans les alluvions grasses du Nil. Les chenilles furent les produits spontanés des feuilles sur lesquelles elles vivent, tandis que les insectes ailés, les serpents, les rats et les souris étaient tous susceptibles d'être engendrés sans la moindre intervention sexuelle.

La source la plus abondante de cette vie sans ancêtres était la viande en putréfaction ; manquant de toutes les connaissances que nous possédons actuellement, la conclusion la plus naturelle est que cette viande est douée d'un pouvoir de génération spontanée. Je me souviens que lorsque j'étais un enfant de dix à douze ans, je vis un jour un morceau de bœuf mal salé sur lequel se trouvaient des quantités de larves. Sans la moindre hésitation, je conclus que ces larves avaient été engendrées spontanément dans la viande. J'ignorais alors ce qu'on aurait pu opposer à cette conclusion et, dans le moment, elle se présenta à moi comme irrésistible. L'enfance de l'individu reproduit celle de la race et la croyance que je viens d'énoncer court le monde depuis plus de deux mille ans.

Deux physiciens italiens, le célèbre Francesco Redi, médecin des grands-ducs de Toscane Ferdinand II et Cosme III, et un membre de l'Académie del Cimento se proposèrent d'examiner ce point en 1668. Ils avaient vu les larves de la viande putréfiée et réfléchirent sur leur origine possible. Mais, ils ne se contentèrent pas de la simple réflexion, ni des considérations théoriques sur lesquelles leurs prédécesseurs s'étaient appuyés. Observant la viande pendant son passage de l'état de fraîcheur à l'état de pourriture, ils virent invariablement des mouches venant roder autour et s'y arrêtant fréquemment. Ils pensèrent alors que les larves pouvaient être la progéniture à demi développée de ces mouches.

L'induction précède l'expérience par laquelle, cependant, elle doit être finalement confirmée. Redi savait cela et agit en conséquence. Plaçant de la viande fraîche dans un vase, dont il couvrit l'ouverture avec du papier, il trouva que, quoique la viande se putréfiât de la manière ordinaire, elle ne portait jamais de larves, tandis qu'exposée à l'air des essaims de ces organismes fourmillaient bientôt à sa surface. Au couvercle de papier il substitua une toile fine à travers laquelle pouvait s'élever l'odeur de la viande. Les mouches vinrent bourdonner au-dessus de cette toile et y déposèrent leurs œufs, mais, les mailles étant trop petites pour permettre à ces derniers de les traverser, aucune larve ne fut engendrée dans la viande. L'éclosion se fit, au contraire, sur la gaze. Par une série d'expériences semblables, Redi détruisit la croyance dans la génération spontanée des larves de la viande et avec elle beaucoup d'autres encore. La lutte contre l'ignorance fut continuée par Vallisneri, Schwammerdam et Réaumur, qui réussirent à bannir la notion de la génération spontanée des esprits scientifiques de leur époque et cette notion fut à jamais détruite en ce qui concerne les êtres d'une organisation aussi élevée.

Mais, la découverte et les perfectionnements apportés

au microscope, tout en donnant le coup fatal à ce qui
avait été pensé et écrit antérieurement relativement à
génération spontanée, fit connaître un monde nouveau
d'organismes si petits et se rapprochant, on le croyait
au moins, à un tel degré des atomes de la matière, que
le passage de l'un à l'autre devait être facile. Des infusions animales et végétales exposées à l'air furent trouvées
fourmillantes de créatures de beaucoup hors de portée
de l'œil nu, mais parfaitement visibles à l'aide du microscope. Eu égard à leur origine, ces organismes furent appelés « *Infusoria* ». Les eaux stagnantes en furent trouvées remplies, et la difficulté de leur assigner
une origine quelconque amena directement à la notion
de l'hétérogénèse ou génération spontanée.

Sur ce point, le monde scientifique fut bientôt divisé
en deux camps hostiles dont nous indiquerons brièvement les « *leaders* ». D'une part, nous avons Buffon et
Needham, le premier avançant ses « *molécules organiques* », le second affirmant l'existence d'une « *force végétative* » spéciale qui amène les molécules à former des
choses vivantes. D'un autre côté, nous avons le célèbre
abbé Lazaro Spallanzani, qui publia, en 1777, des résultats contraires à ceux annoncés par Needham en 1748.
Ces résultats furent obtenus à l'aide d'une méthode si
précise qu'ils renversèrent complètement les convictions
basées sur les travaux de son prédécesseur. Chargeant
un certain nombre de fioles avec des infusions organiques, il en scella le col à l'aide du chalumeau, les soumit
dans cette condition à l'action de l'eau bouillante et les
exposa enfin à des températures favorables au développement de la vie. Les infusions restèrent inaltérées pendant des mois entiers et la moindre trace de vie ne put
être constatée lors de leur ouverture.

Je dois pourtant dire ici que le succès des expériences de Spallanzani dépendait totalement de l'endroit dans lequel il travaillait. L'air qui l'environnait doit avoir été libre de germes infusoriaux, car, autrement, la méthode employée, ainsi que Wyman l'a montré depuis, aurait infailliblement développé la vie. Mais cette réfutation de la doctrine de la génération spontanée n'en est pas moins valide. Elle ne se trouve en aucune façon amoindrie par le fait que d'autres en répétant les mêmes expériences ont obtenu des résultats contradictoires. Au contraire, ces divergences viennent en quelque sorte appuyer la réfutation. Prenez deux expérimentateurs également habiles et soigneux, travaillant dans des salles différentes et de la même manière sur des infusions identiques et supposez que l'un reconnaisse la présence de la vie et l'autre pas ; son absence bien établie dans l'un des cas prouve évidemment qu'elle provient dans l'autre de quelque cause étrangère.

Les fioles hermétiquement scellées de Spallanzani ne contenaient qu'une petite quantité d'air, et comme l'oxygène est indispensable à la vie, on attribua à la raréfaction de ce gaz la stérilité des infusions. Pour dissiper tout doute à cet égard, Schulze, en 1836, remplit à demi une fiole d'eau distillée dans laquelle on avait placé des matières animales et végétales. Il fit d'abord bouillir son infusion pour détruire la vie quelconque qu'elle aurait pu contenir, puis il insuffla tous les jours, dans ses fioles, de l'air qui avait passé à travers une série de bulles contenant de l'acide sulfurique concentré, où tous les germes en suspension *devaient* être détruits. Du mois de mai au mois d'août, on n'observa aucun développement de vie infusorielle.

Ici encore, le succès de Schulze était dû à ce qu'il tra-

vaillait dans un air relativement pur, mais, même dans
ces conditions, son expérience était très risquée. Les
germes passent sans être mouillés, ni altérés d'une manière quelconque, à travers l'acide sulfurique concentré,
à moins que des soins spéciaux ne soient pris pour les
retenir. J'ai essayé à diverses reprises de répéter les expériences de Schulze et je n'y ai jamais réussi. D'autres
se sont trouvés dans le même cas que moi. L'air traverse
les boules sous forme de bulles et, pour rendre la méthode efficace, son passage doit être suffisamment lent
pour que toutes ses matières en suspension, y compris celles situées à l'intérieur des bulles, arrivent en
contact avec le liquide environnant. Mais lorsque cette
précaution est observée, *l'eau produit exactement le
même effet que l'acide sulfurique*. A l'aide d'une pompe
à air, et dans une atmosphère extrêmement infectieuse,
j'ai pu ainsi conduire de l'air sans interruption, d'abord
dans des boules contenant de l'eau, puis dans des vases
renfermant des infusions organiques, et cela sans la
moindre apparition de vie. Les germes n'étaient pas
tués par l'eau, mais ils se trouvaient interceptés et j'é-
vitais ainsi le reproche d'avoir modifié l'état de l'air par
son contact avec une substance fortement corrosive.

La courte note de Schulze publié dans les *Poggen-
dorf's Annalen* pour 1836, fut suivie, en 1857, d'une
communication de Schwann également brève, mais d'un
grand intérêt. Comme nous l'avons vu, Redi suivit les
larves de la viande en putréfaction jusqu'à l'œuf de
mouche. Mais il ne pouvait se rendre compte de la putréfaction elle-même. Il n'avait à sa disposition aucun
instrument lui permettant de reconnaître qu'il s'agissait là d'un phénomène en connexion intime avec le développement de la vie. C'est ce qui fut prouvé dans le

mémoire dont nous venons de parler. Schwann plaça
de la viande dans une bouteille remplie au tiers d'eau,
stérilisa le tout par l'ébullition et y introduisit de
l'air calciné. Durant tout ce temps, ni moisissures,
ni infusoires, ni putréfaction, n'apparurent; la viande
se conserva inaltérée et le liquide resta aussi clair que
le premier jour, Schwann varia alors ses expériences,
mais le résultat fut constant. Sa conclusion fut que la
putréfaction est due à la décomposition de la matière
organique à la suite de la multiplication d'organismes
extrêmement ténus. Ces organismes ne provenaient
point de l'air, mais de quelque chose contenu dans
l'air, et ce quelque chose pouvait être détruit par une
température suffisamment élevée. Il n'y eut jamais
d'adversaire plus déclaré de la génération spontanée que
Schwann, quoiqu'on ait tenté, il y a environ un an et
demi, de l'enrôler de la plus étrange manière parmi ses
partisans.

Les caractères physiques de l'agent qui produit la
putréfaction furent, en outre, révélés par Helmholtz en
1843. Au moyen d'une membrane, il sépara un liquide
putrescible stérilisé, d'un autre à l'état de putréfaction.
L'infusion stérilisée se conserva parfaitement intacte. Il
résultait de là que la cause de la putréfaction ne résidait
pas dans le liquide lui-même qui pouvait passer à travers
la membrane par diffusion, mais bien en quelque chose
qui se trouvait arrêté par le diaphragme. En 1854
Schrœder et Van Dush s'engagèrent dans ces recherches
qui furent ensuite poursuivies par Schrœder seul. Ces
savants expérimentateurs employèrent des tampons de
ouate pour filtrer l'air mis en contact avec leurs infusions. La présence d'air ainsi préparé laissa, dans le plus
grand nombre de cas, la solution inaltérée lorsqu'on

avait eu la précaution de la bouillir préalablement. Le lait forma une remarquable exception à la règle générale. Il se putréfia après l'ébullition, quoique l'air avec lequel il fut mis en contact ait été soigneusement filtré. Les recherches de Schrœder nous amènent jusqu'à l'année 1859.

Cette année, un livre fut publié, qui semblait renverser tous les faits établis par les précédents investigateurs. Son titre était l'*Hétérogénie* et son auteur, M. F.-A. Pouchet, directeur du Musée d'histoire naturelle à Rouen. Ardent, laborieux, savant, plein d'idées non seulement scientifiques, mais métaphysiques, il déploya toute l'énergie dont il était capable dans ces recherches. Jamais sujet ne réclama plus que celui-ci l'exercice d'une critique froide, une étude calme au milieu de l'enchevêtrement des phénomènes, des soins dans la préparation des expériences, des soins encore dans leur exécution, une variation habile des conditions et une répétition indéfinie des opérations jusqu'à ce qu'elles donnent un résultat précis, net, invariable. Pour un homme du tempérament de Pouchet, ce sujet était dangereux et cela d'autant qu'il l'abordait avec des idées théoriques bien arrêtées. C'est ce qu'il révèle par les mots suivants de sa préface : « Lorsque, par la méditation, il fut évident pour moi que la génération spontanée était encore un des moyens qu'emploie la nature pour la reproduction des êtres, je m'appliquai à découvrir par quel procédé on pouvait parvenir à en mettre les phénomènes en évidence. »

Il est à peine nécessaire de dire qu'avec de telles prédispositions il fallait mettre un frein puissant à ses convictions pour être impartial. Pouchet répéta les expériences de Schulze et de Schwann et arriva à des résultats diamétralement opposés aux leurs. Il entassa expérience sur expérience, argument sur argument, épiçant la logique de l'homme de science du sarcasme de l'avocat. Eu égard aux multitudes nécessaires pour produire les résultats observés, il ridiculisa l'hypothèse des germes atmosphériques. Ceci était un de ses points les plus forts : « Si les proto-organismes que nous voyons pulluler partout et dans tout avaient leurs germes disséminés dans l'atmosphère, dans la proportion mathématiquement indispensable à cet effet, l'air en serait totalement obscurci, car ils devraient s'y trouver beaucoup plus serrés que les globules d'eau qui forment nos nuages épais. Il n'y a pas là la moindre exagération. » Revenant sur ce sujet, il écrit : « L'air dans lequel nous vivons aurait presque la densité du fer. » Il se produit souvent une virulente contagion par suite de la hardiesse avec laquelle certaines vues se trouvent exprimées surtout dans les esprits qui se laissent plus influencer par l'autorité que par la science. Si Pouchet avait su que « le ciel bleu éthéré » est formé de particules en suspension à travers lesquelles le soleil brille librement, il n'aurait point osé s'aventurer dans cette voie d'argumentation.

La suite des recherches de Pouchet fortifia sa conviction première et l'amena à la croire démontrée. Je ne mets pas en doute son habileté comme observateur, mais ces travaux nécessitent un expérimentateur discipliné, c'est-à-dire non point seulement un homme capable de bien observer les choses de la nature, mais de les forcer à se montrer dans des conditions prévues par l'expérimentateur lui-même. Ici, Pouchet manquait de la discipline nécessaire. Cependant la force de ses affirmations éleva pendant quelque temps des doutes sur l'exactitude des recherches antérieures. Le sujet

semblait si difficile et si incapable de solution définie
que lorsque Pasteur fit connaître son intention de l'entreprendre, ses amis Biot et Dumas lui en exprimèrent
leurs regrets, l'exhortant sérieusement à utiliser d'une
manière plus profitable le temps dont il pouvait disposer [1].

Ayant fait ses premières études comme chimiste et
ayant travaillé spécialement la question de la fermentation, Pasteur se mit à l'œuvre dans des conditions excep-
tionnellement favorables. Sa persévérance et son expérience avaient donné de la force et du fini à ses aptitudes
naturelles. En 1862, il publia un mémoire : « Sur les
Corpuscules organisés existant dans l'atmosphère », mémoire qui restera pour toujours classique. Par les procédés les plus ingénieux, il réunit les particules flottantes
dans l'air de son laboratoire de la rue d'Ulm et les
soumit à l'examen microscopique. Il trouva que beaucoup d'entre elles étaient des corps organisés. Les semant
dans des infusions stérilisées, il en obtint d'abondantes
récoltes d'organismes microscopiques. Par les méthodes
les plus raffinées, il répéta les expériences de Schwann
qui avaient été constatées par Pouchet, Mantegazza, Joly
et Musset. Il confirma également les expériences de
Schrœder et Van Dush et montra que la cause qui com-
muniquait la vie à ses infusions n'était pas uniformément répandue dans l'air ; qu'il existait dans l'atmosphère des interstices ne possédant point le pouvoir d'engendrer la vie. Il se rendit à la mer de Glace, près de
Montanvert, et brisa les extrémités d'un certain nombre

<hr>

1. « Je ne conseillerais à personne, disait Dumas à son élève déjà célèbre,
de rester trop longtemps dans ce sujet. » *Annales de chimie et de physique*, 1862, vol. LXIV, p. 22. Depuis ce temps, l'illustre secrétaire perpétuel de l'Académie des sciences doit avoir eu de bonnes raisons pour revi-
ser son conseil.

de fioles hermétiquement scellées qui contenaient des infusions organiques. Une des vingt fioles ainsi mises en contact avec l'air du glacier montra par la suite des signes de vie, tandis que huit des vingt mêmes infusions fourmillèrent d'organismes en présence de l'air de la plaine. Il ouvrit également des fioles dans les caves de l'Observatoire de Paris et trouva que l'air tranquille de ces caves n'était point doué du pouvoir de génération spontanée. Ces expériences conduites avec une rigueur évidente pour tout lecteur instruit et accompagnées par une logique également rigoureuse, ramenèrent la conviction que, si bas qu'on descende dans l'échelle des êtres, toute vie provient d'une vie antérieure.

La position de Pasteur fut fortifiée par la partie pratique qu'il sut donner à ses recherches en temps opportun. C'est ainsi qu'il appliqua ses connaissances à la conservation du vin et de la bière, à la fabrication du vinaigre, à l'arrêt du fléau qui avait frappé l'industrie de la soie en France, ainsi qu'à l'examen d'autres maladies terribles qui s'attaquent aux animaux plus élevés y compris l'homme. La part qui lui revient dans les perfectionnement que le Professeur Lister a introduits dans la chirurgie se trouve exprimée dans une lettre insérée dans ses *Études sur la bière*[1]. Le professeur Lister l'y remercie de lui avoir donné le seul principe qui pouvait amener le système antiseptique à un résultat favorable. Les critiques concernant les défauts de raisonnement auxquelles nous avons été récemment accoutumés, quelle que soit la lumière qu'elles puissent jeter sur leur auteur, ne projettent aucune ombre sur Pasteur.

Redi, comme nous l'avons vu, prouva que les larves

1. Page 45.

de la viande en putréfaction proviennent des œufs de
mouches ; Schawnn montra que la putréfaction elle-
même était concomitante avec des formes vivantes
de beaucoup inférieures à celles observées par Redi.
Nos connaissances sur ce sujet ont été étendues par le
professeur Cohn, de Breslau. « Aucune putréfaction,
dit-il, ne peut avoir lieu dans une substance azotée si
les bactéries y ont été détruites et si on y prévient l'entrée
de nouvelles. La putréfaction commence aussitôt que
les bactéries, quel qu'en soit le nombre, sont admises
accidentellement ou intentionnellement. Elle progresse
en proportion directe de leur multiplication, est
retardée lorsqu'elles manifestent une faible vitalité et
prend fin par toute cause qui arrête leur développement ou les tue. Tout milieu bactéricide est, en conséquence, .antiseptique et désinfectant[1]. » Ce sont ces
organismes, agissant sur les blessures et les abcès, qui
ont si fréquemment converti nos hôpitaux en charniers
et c'est leur destruction, dans le système antiseptique,
qui permet au chirurgien de faire aujourd'hui des opérations qu'on n'aurait osé tenter il y a quelques années.
Le profit en est immense tant pour l'opérateur que
pour le patient. Au lieu de l'anxiété résultant de ce que
la meilleure opération pouvait être rendue inutile par
l'action de la poussière invisible de l'hôpital, le chirurgien est maintenant sûr que toute action malfai-
sante de la part des particules en suspension se trouve
annihilée. Mais l'action du contagium vivant s'étend au

1. Dans son tout dernier et excellent mémoire, Cohn s'exprima ainsi :
« Wer noch heut die Fäulniss von einer spontanen Dissociation der pro-
tein Molecule, oder von einem inorganisirtem Ferment ableitet, oder gar
aus « *Stickstoffsplittern* » die Balken zur Stütze seiner Fäulnisstheorie zu
zimmern versucht, hat zuerst den Satz keine Fäulniss ohne Bacterium
Termo zu widerlegen. »

delà du domaine de la chirurgie. Le pouvoir de reproduction et de multiplication indéfinie qui caractérise
les êtres vivants et que partagent les *contagia* a donné
de la force et de la consistance à une croyance qui
s'était fait jour depuis longtemps déjà dans certains
esprits pénétrants, savoir que les maladies épidémiques
sont le résultat de la vie parasitique. « Nous commençons à nous apercevoir que dans le vaste laboratoire de
la nature les maladies qui sont le plus funestes à la vie
animale et les changements qui prennent place dans les
matières organiques mortes sont intimement liés quant
à la cause qui les produit[1]. » Selon cette opinion, qui,
comme je l'ai dit, gagne chaque jour des partisans, une
maladie contagieuse peut être définie comme un conflit
s'élevant entre la personne frappée et un organisme
spécifique qui se multiplie à ses dépens, s'appropriant
son air et son humidité, détruisant ses tissus ou l'em-
poisonnant par des décompositions inhérentes à son développement.

Durant les dix années s'étendant de 1859 à 1869, des
recherches sur la chaleur radiante dans ses relations
avec l'état gazeux de la matière occupèrent mon attention d'une manière continue. Pour faire mes expériences,
j'avais préalablement à débarrasser l'air de ses particules en suspension, et en ces circonstances je notai
avec surprise qu'elles passaient librement à travers les
alcalis, les acides, les alcools et les éthers. L'œil étant
rendu sensible par l'obscurité, un rayon de lumière
concentrée fut trouvé être le meilleur moyen pour déceler les matières flottantes à la fois dans l'eau et dans
l'air. Ce moyen fut d'ailleurs reconnu de beaucoup plus

---

1. Report of the medical Officer to the Pricy Council, 1874, p. 5.

efficace que l'emploi du microscope. J'examinai à l'aide d'un tel rayon de l'air filtré à travers la ouate, de l'air mis à l'abri de toute agitation pour permettre à ses poussières de se déposer, de l'air calciné et de l'air filtré par les cellules les plus profondes du poumon humain. Dans tous les cas j'observai la concordance la plus parfaite entre mes expériences et celles de Schwann, de Schrœder, de Pasteur et de Lister sur la génération spontanée. L'air qu'ils avaient trouvé impuissant à engendrer la vie fut montré par le rayon lumineux être optiquement pur et partant privé de germes. Ayant étudié ce sujet à la lumière de l'expérience et de la réflexion, j'en entretins les membres de l'Institution Royale le 31 janvier 1870, qui était un vendredi soir. Deux ou trois mois après, j'essayai d'attirer l'attention du public sur ce point dans une lettre adressée au *Times*. Tels furent mes premiers pas dans cette question.

Cette lettre donna l'occasion au Dr Bastian d'exprimer pour la première fois aussi ses idées devant le public. Il me fit l'honneur de m'informer, comme d'autres l'avaient fait autrefois pour Pasteur, que le sujet « appartenait au biologiste et au médecin ». Il exprima son « étonnement » sur ma façon de raisonner et m'avertit qu'avant que ce que j'avais fait pût être annulé « beaucoup de méprises irréparables étaient susceptibles d'être occasionnées ». Avec beaucoup moins d'expérience que Pouchet pour le guider dans ses travaux, l'hétérogéniste anglais était beaucoup plus hardi et beaucoup plus aventureux dans ses conclusions. Il obtint avec des infusions organiques les résultats de son célèbre prédécesseur, mais il fit beaucoup plus, les atomes et les molécules des liquides inorganiques passant dans ses manipulations à l'état de « composés chimiques complexes », que nous honorons en les décorant du titre d' « organismes vivants » [1]. Devant le public qu'intéressent généralement beaucoup ces sortes de questions et aussi devant un certain nombre de membres du corps médical, notre compatriote sut, d'une manière extrêmement habile, remettre les choses dans l'état d'incertitude où elles se trouvaient après la publication du volume de Pouchet en 1859.

Il est désirable que cette incertitude cesse dans tous les esprits, mais surtout dans celui des médecins. C'est pourquoi je me propose de discuter complètement dans cet article les vues émises, contrairement à nos opinions, par quelques-uns des représentants les plus distingués de l'art médical. Il me serait facile de les nommer ; mieux vaut, je crois, mettre toute question personnelle de côté. Je désignerai donc simplement mon adversaire par l'expression *mon ami* et j'essayerai de conduire cette discussion de façon à ce que tout le monde puisse me lire et me comprendre.

Commençons par le commencement. Je demande à mon ami de m'accompagner dans le laboratoire de l'Institution Royale où je le place devant un plat rempli de tranches minces de navet uniformément couvertes avec de l'eau distillée maintenue à la température de 120° Fahr. Après avoir laissé digérer le navet pendant quatre ou cinq heures, nous enlevons le liquide, nous le soumettons à l'ébullition, le filtrons et obtenons une infusion aussi claire que la meilleure eau potable. Nous

1. « On doit considérer les bactéries et autres organismes y alliés comme des produits corrélatifs, qui prennent naissance dans les fermentations, d'une manière tout aussi indépendante que certains autres composés chimiques de nature complexe. « Bastian. *Trans. of pathological Society*, vol. XXVI, 258.

laissons refroidir, prenons la densité que nous trouvons égale ou supérieure à 1006, l'eau étant 1000. Un certain nombre de petites fioles vides et propres, de la forme représentée figure 23, sont devant nous. Nous chauffons légèrement l'une d'elles et plongeons ensuite son extrémité dans l'infusion de navet. Nous refroidissons alors le récipient et de cette façon l'air intérieur se contracte, entraînant après lui le liquide. Nous obtenons de cette manière une quantité de la solution à l'intérieur de la fiole. Chauffons-la ; il s'en dégagera de la vapeur

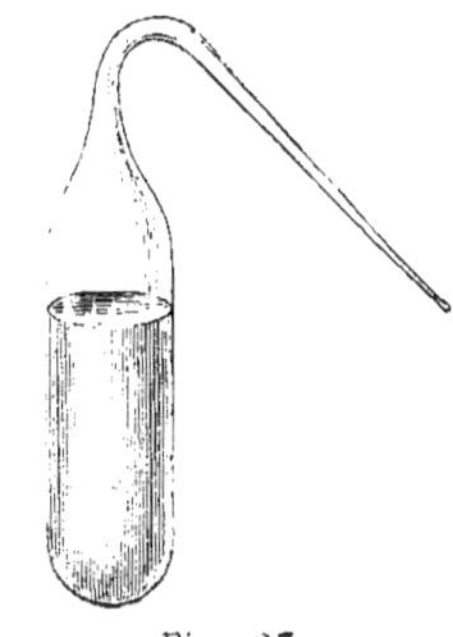

Fig. 23.

qui sortira par le col emmenant avec elle l'air contenu à l'intérieur de ce récipient. Après quelques secondes d'ébullition, nous plongeons de nouveau le bec ouvert dans l'infusion. La vapeur intérieure se condense, le liquide entre pour prendre sa place, et ainsi nous remplissons notre fiole aux 4/5 de son volume. Cette description est typique ; nous pouvons charger de cette façon mille fioles de mille infusions différentes.

Je demande alors à mon ami de fixer son attention sur un petit auget en cuivre, chauffé à l'aide de deux séries de petits brûleurs Bunsen. Cet auget, ou bain, est presque rempli d'huile ; un morceau de bois lui sert de couvercle. Le bois est percé d'ouvertures assez larges pour permettre à nos petites fioles de les traverser et de plonger ainsi dans l'huile qui a été chauffée à 250° Fahr. Entourée de toutes parts par le liquide chaud, l'infusion se trouve portée à son point d'ébullition qui n'est pas sensiblement supérieur à 212° Fahr. De la vapeur s'échappe par le col ouvert de la fiole et l'ébullition est continuée pendant cinq minutes. Un préparateur saisit alors la fiole à l'endroit du col à l'aide d'une pince et la retire en partie hors du bain d'huile. De cette manière, la vapeur ne cesse point brusquement de s'échapper, mais néanmoins son dégagement se ralentit. Avec une seconde pince tenue de l'autre main, le préparateur saisit maintenant le col près de l'extrémité ouverte et porte la partie moyenne dans la flamme d'un bec Bunsen ou d'une lampe à esprit-de-vin. Le verre rougit, blanchit, s'amollit et, dans cet état, on l'étire lentement jusqu'à ce que toute communication avec l'extérieur soit supprimée. Le fragment externe du col étant détaché, la fiole avec son infusion est retirée du bain d'huile hermétiquement fermée.

Soixante fioles semblables sont remplies, bouillies et scellées de la manière que nous venons de décrire ; elles renferment des infusions de bœuf, de mouton, de navet et de concombre. Je les fais empaqueter soigneusement dans de la sciure de bois et les emporte dans les Alpes. J'invite mon ami à me suivre jusqu'à une hauteur de 7000 pieds au-dessus du niveau de la mer. Nous sommes au mois de juillet et le temps est favorable à la putréfaction. Nous ouvrons notre caisse à Bel Alp et trouvons que dans 54 fioles les infusions sont aussi claires que la meilleure eau potable filtrée. Dans les six fioles restantes, cependant, la solution est boueuse. Nous les examinons avec soin et trouvons que, pendant le voyage l'extrémité fragile du col a été brisée. L'air a pu pénétrer ainsi et le trouble observé en est le résultat. Mon collègue sait aussi bien que moi ce que cela signifie. Examiné à l'aide d'une loupe ou même d'un microscope faiblement grossissant, aucune trace de vie ne peut être décelée dans le liquide ; mais, avec une lentille plus

forte, d'un pouvoir amplifiant de 1000 diamètres par
exemple, quel aspect étonnant il présente. Leuwenhoeck
estima la population d'une seule goutte d'eau stagnante
à 500 000 000 d'habitants ; celle d'une goutte de notre
infusion trouble s'élève, sans aucun doute, à un grand
nombre de fois ce chiffre. Le champ du microscope est
fourmillant d'organismes dont quelques-uns se meuvent
lentement, d'autres avec une grande rapidité passant et
repassant devant l'œil un grand nombre de fois. Ils
s'élancent de tous côtés comme une pluie de petits
projectiles ; ils tournent si rapidement sur eux-mêmes
que la rétine conserve, de leur forme allongée, l'impression d'une roue. Et cependant de célèbres naturalistes nous disent que ce sont des végétaux. Ils offrent
le plus souvent l'aspect d'une petite baguette ; de là le
nom de « bactéries » qui leur a été assigné, expression
sous laquelle se trouvent compris des organismes de
diverses natures.

Cette multitude de vie a-t-elle été engendrée spontanément dans nos six fioles, ou est-elle la progéniture de
quelque matière germinative vivante amenée par l'air ?
Si les infusions jouissent d'un pouvoir de génération qui
leur est propre, comment expliquer la stérilité des
cinquante-quatre autres fioles ? Mon collègue peut alléguer — et il allègue en réalité — que l'hypothèse d'une
matière germinative n'est point du tout nécessaire ; que
l'air lui-même peut être une chose indispensable pour
réveiller les infusions indifférentes. Examinons ce point
sans plus tarder. Je rappellerai d'abord que nos préparations ont été faites en suivant scrupuleusement les
instructions données par notre hétérogéniste le plus
éminent. Il affirme que la diminution de pression au-
dessus des infusions favorise la production d'organis-

mes ; et il explique leur absence dans les boîtes de
conserves de viande, de fruits ou de légumes, par
l'hypothèse que la fermentation *a commencé* à l'intérieur
de ces boîtes, que des gaz *ont* ainsi été engendrés et que la
pression exercée par ceux-ci a suffi à arrêter tout développement de la vie intérieure[1]. Telle est la nouvelle théorie des conserves alimentaires. Si le Dr Bastian avait percé
sous l'eau une de ces boîtes contenant de la viande, des
fruits ou des légumes, il se serait aperçu que son interprétation était erronée. Dans les boîtes bien confec-
tionnées nous n'avons pas observé une sortie de gaz,
mais une rentrée d'eau. J'ai rencontré ceci dans des
boîtes qui sont depuis soixante-trois ans à l'Institution
Royale. Des boîtes modernes soumises au même essai
amèneraient sans aucun doute le même résultat. En
outre, pendant les deux dernières années, j'ai placé, de
temps en temps, des tubes de verre contenant des infusions claires de navet, de foin, de bœuf et de mouton,
dans des vases en fer et les ai soumis à des pressions
variant de dix à vingt-sept atmosphères, pressions plus
que suffisantes pour mettre une boîte de conserves en
morceaux. Dix jours après ces infusions furent retirées
des fioles et trouvées dans la plus complète putréfaction
et peuplée d'une vie luxuriante. Ainsi périt une hypothèse
qui n'avait point de base rationnelle et qui n'aurait même
jamais vu le jour si son auteur s'était donné la peine de
la contrôler par l'expérience.

Les cinquante-quatre fioles limpides témoignent aussi
contre les hétérogénistes. Je les exposai, le jour, à l'action du soleil chaud des Alpes et les suspendis la
nuit dans une cuisine. Quatre d'entre elles furent acci-

1. Beginnings of Life, vol. I, p. 418.

dentellement brisées ; mais, un mois après, je trouvai les cinquante autres aussi claires qu'au commencement. Pas le moindre signe de putréfaction ou de
vie dans aucune d'elles. Je divisai les fioles en deux
groupes de vingt-trois et vingt-sept respectivement (une
erreur de calcul a produit cette inégalité). La question
maintenant est de savoir si l'admission de l'air pourra
mettre en évidence une puissance quelconque de génération spontantée existant à l'état latent. Les expériences suivantes répondront, et au delà, à cette question. Je portai les infusions dans un grenier à foin et y
coupai l'extrémité scellée des fioles du groupe de vingt-
trois à l'aide d'une paire de ciseaux en acier. Chaque
opération est suivie d'une rentrée d'air. J'emportai
ensuite le groupe de vingt-sept fioles, les ciseaux et
une lampe à esprit-de-vin sur le glacier d'Aletsch, à
environ 200 pieds au-dessus du grenier à foin ; en
cet endroit, la chaîne de montagne tourne brusquement
au nord-est sur une longueur de mille pieds. Un léger
vent souffle vers nous dans cette direction, c'est-à-
dire qu'il passe d'abord sur les crêtes couronnées de
neiges des montagnes de l'Oberland. J'étais donc entouré d'air qui doit être bon pour la vie animale
ou végétale. Je me mis soigneusement sous le vent
des bouteilles afin qu'aucune poussière ou particule
ne put être soufflée de mes vêtements vers elles. Un
préparateur alluma la lampe à esprit-de-vin dans
la flamme de laquelle je plongeai les ciseaux afin
de détruire tous les organismes y adhérant : je coupai
alors l'extrémité scellée des fioles. Avant chaque opération, je pris les mêmes soins et aucune fiole ne
fut ouverte sans avoir préablement purifié les ciseaux
dans la flamme. De cette manière les vingt-sept fioles

Revenons à Londres et fixons notre attention sur la poussière de son air. Prenons une chambre où la servante vient de finir son travail et fermons-la, à l'exception d'une ouverture à travers laquelle un rayon de soleil entre et la traverse. La poussière flottante révèle la trace de la lumière. Plaçons une lentille dans l'ouverture pour condenser le rayon. Ses faisceaux parallèles convergent maintenant en un cône au sommet duquel la poussière forme une sorte de blancheur continue, grâce à l'intensité de l'illumination. A l'abri de toute clarté, l'œil est particulièrement sensible à cette lumière dispersée. La poussière flottante des chambres de Londres est essentiellement organique et peut être brûlée sans laisser de résidu visible. J'ai déjà décrit l'action de la flamme d'une lampe à esprit-de-vin sur ces particules de la manière suivante :

« Dans un rayon cylindrique, qui illuminait fortement la poussière du laboratoire, je plaçai une lampe à esprit-de-vin allumée. Se mêlant à la flamme et autour de ses bords, de curieux anneaux sombres étaient visibles, ressemblant à une fumée d'un noir intense. En posant la lampe à quelque distance au-dessous du rayon, je vis ces mêmes masses sombres tournoyer au-dessus d'elle. Elles étaient plus noires que la fumée la plus épaisse qui s'échappe de la cheminée d'un steamer ; d'ailleurs, leur ressemblance avec la fumée était si parfaite qu'elles amenaient l'observateur le plus expérimenté à conclure que la flamme de la lampe à alcool, apparemment pure, exigeait simplement un rayon d'une intensité suffisante pour révéler ses nuages de carbone libre.

Et pourtant ces anneaux sombres étaient-ils réellement de la fumée? Cette question, qui se posa un mo-

ment, fut résolue de la manière suivante : un tisonnier
rouge fut placé au-dessous du rayon ; il donna également
ment naissance aux tourbillons noirs. Une large flamme
d'hydrogène fut ensuite employée et elle produisit ces
mêmes masses sombres tournoyantes, mais de beaucoup
plus intenses, toutefois, que celles de l'esprit-de-vin ou
du tisonnier. La fumée fut donc mise hors de la question.

Qu'étaient donc les tourbillons noirs? C'était simplement le noir de l'espace stellaire; c'est-à-dire les
ténèbres résultant de ce que le rayon ne rencontrait
aucune matière susceptible de disperser sa lumière. La
flamme étant placée au-dessous de lui, les matières en
suspension se trouvaient détruites *in situ ;* et l'air privé
de ces matières s'élevait à son intérieur écartant des
particules illuminées et substituant à leur lumière les
ténèbres de sa propre et parfaite transparence. Rien ne
pouvait illustrer avec plus de force l'invisibilité de
l'agent qui rend toute chose visible. Le rayon, non
perceptible, traversait les lacunes noires formées par
l'air transparent, pendant que, des deux côtés de la
brèche, les particules serrées brillaient comme un
solide étincelant sous la puissante illumination [1]. »

Supposons qu'une infusion stérile par elle-même,
mais susceptible de putréfaction lorsqu'elle est exposée
à l'air ordinaire, soit mise en contact avec cet air sombre ;
quel en sera le résultat? Elle ne se putréfiera jamais.
On pourrait cependant alléguer que la composition de
l'air a été changée par la calcination. Il semble que
l'oxygène ayant traversé la flamme d'une lampe à esprit-
de-vin ne doit plus être apte à entretenir la vie. Nous
pouvons tourner aisément cette difficulté, quoiqu'elle

1. Voyez p. 4 de ce volume.

repose sur l'assertion *non démontrée* que l'air a été
affecté par la flamme. Amenons un rayon condensé à
travers une large fiole ou ballon contenant de l'air ordinaire, la poussière révélera la lumière et réciproquement. Bouchons la fiole, oblitérons son col avec de la
ouate ou même tournons-la la tête en bas et laissons-la
en repos pendant quelques jours. Examinée alors à
l'aide du rayon lumineux, aucune trace n'est visible ; la
lumière passe à travers la fiole comme à travers un vide.
Les matières en suspension ont disparu d'elles-mêmes,
étant attachées à la surface intérieure du ballon. Si
notre but était maintenant, comme il le sera plus loin,
de séparer la poussière, il nous suffirait d'enduire l'intérieur de la fiole d'une matière visqueuse. Ici donc
sans *torturer* l'air d'aucune façon, nous avons trouvé
un moyen de le débarrasser, ou plutôt de lui permettre
de se débarrasser lui-même des matières flottantes.

Nous avons à présent à essayer l'action de l'air ainsi
purifié spontanément sur des infusions putrescibles. Je
fis pour cela construire des chambres de bois avec façade
vitrée, fenêtres latérales et portes d'arrière. A travers le
fond de ces chambres passent étanches des tubes à
essais ; leur extrémité ouverte et environ un cinquième
du tube sont au dedans de la chambre. Une disposition
spéciale est prise pour permettre une libre connexion
au moyen de conduits sinueux entre l'air intérieur et
l'atmosphère. Au moyen de tels conduits, quoiqu'ouverts, aucune poussière ne peut pénétrer à l'intérieur
de la chambre. Le sommet de chaque case est percé
d'une ouverture circulaire de deux pouces de diamètre
fermée hermétiquement à l'aide d'un bouchon de caoutchouc ; celui-ci à son tour est traversé dans son milieu
par le tube d'une longue pipette se terminant au-dessus

en un petit entonnoir. Ce tube passe également au travers d'un stuffing-box de ouate humectée de glycérine;
de sorte que la pipette, étroitement saisie entre le caoutchouc et la ouate, ne peut amener aucune poussière
dans la chambre, quel que soit le mouvement qu'on lui

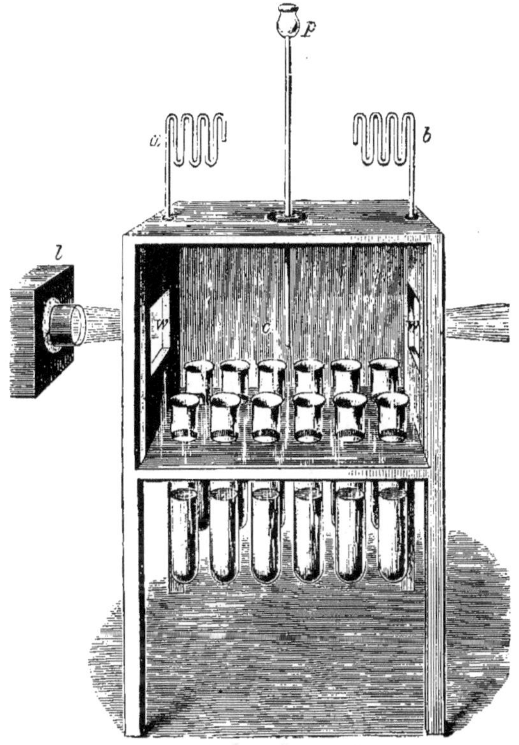

Fig. 24.

imprime. Le dessin ci-contre (fig. 24) montre une
chambre avec six tubes à essais, où les fenêtres latérales sont ww, la pipette pc, et les conduits sinueux,
qui mettent en connexion l'air intérieur avec l'atmosphère, ab.

La chambre est soigneusement fermée et abandonnée au repos pendant deux ou trois jours. Examinée au commencement à l'aide d'un rayon envoyé à travers ses fenêtres, l'air est trouvé chargé de matières flottantes, qui en trois jours disparurent totalement. Pour empêcher qu'elles ne se détachent de nouveau, un revêtement de glycérine a été appliqué sur la surface intérieure de la chambre. Le liquide frais, mais putrescible, est alors introduit successivement dans les six tubes au moyen de la pipette. Si l'on ne prenait point d'autre précaution, il ne manquerait pas de se putréfier et de se remplir de vie. Ce liquide, en effet, a été en contact avec l'air chargé de la poussière du dehors, qui l'a infecté ; cette infection doit donc être détruite. On arrive à ce résultat en plongeant les six tubes dans un bain d'huile et en faisant bouillir l'infusion. Le temps nécessaire pour détruire l'infection dépend essentiellement de la nature du liquide. Deux minutes d'ébullition suffisent dans quelques cas, tandis que deux cents minutes ne réussissent pas dans d'autres. Après que l'infusion a été stérilisée, on retire le bain d'huile, et le liquide, dont la putrescibilité n'a pas été affectée par l'ébullition, est abandonné à l'air de la chambre.

J'ai essayé, avec de telles chambres, toutes sortes d'infusions durant l'automne et l'hiver en 1875-76, notamment des liquides naturels de l'organisme, la viande et les viscères des animaux domestiques, du gibier, du poisson et des végétaux. Plus de cinquante chambres avec leurs séries d'infusions furent employées, quelques-unes à plusieurs reprises. Il n'y eut pas l'ombre d'un doute dans les résultats. Dans chaque cas, nous avions, au dedans de la chambre, limpidité et fraîcheur ; au dehors putréfaction et son odeur caractéristique. Je n'eus jamais au cours de ces expériences l'occasion d'observer un phénomène qui pût me conduire, même de la manière la plus indirecte, à la notion qu'un liquide, privé par la chaleur de sa vie propre, et mis en contact avec de l'air libre de ses matières en suspension, soit apte à engendrer la vie à nouveau.

Se rappelant alors le nombre et la variété des infusions employées, et les soins pris pour suivre le plus minutieusement possible les règles de préparation établies par les hétérogénistes; se rappelant aussi que nous avons opéré sur les substances recommandées par eux, comme étant spécialement propres pour fournir, même en des mains inexpérimentées, des preuves décisives de la génération spontanée et que nous avons, en outre, ajouté d'autres substances choisies par nous, sûrement, si le prétendu pouvoir de génération spontanée est une réalité, il aurait dû se manifester quelque part. Je puis dire qu'en chiffre rond cinq cents occasions lui ont été offertes, mais que jamais rien n'est apparu.

Notre argumentation doit maintenant être confirmée par une expérience complémentaire montrant à l'évidence que nos infusions étaient pourtant susceptibles d'entretenir la vie. Nous ouvrîmes les portes d'arrière de nos chambres hermétiquement fermées et permîmes ainsi à l'air ordinaire avec ses particules d'avoir accès à nos tubes. Pendant trois mois, ils étaient restés limpides et frais, formant ainsi des extraits de viande de poisson et de végétaux plus purs que ceux d'aucune cuisine. Trois jours d'exposition à l'air ordinaire suffirent à les rendre boueux, fétides et fourmillants de vie infusorielle. Les liquides se montrèrent ainsi tous aptes à se putréfier en présence des agents de la contamination. J'invite mon collègue à réfléchir sur ces faits. Comment expliquera-t-il l'immunité absolue d'un liquide exposé pendant des mois dans une chambre chaude à l'action de l'air optiquement pur, et son invariable putréfaction en quelques jours par l'exposition à l'air chargé de poussières ? Il doit bien, je pense, admettre que les particules de poussière sont la cause de la putréfaction. Et, à moins qu'il accepte l'hypothèse que ces particules, étant mortes dans l'air, sont miraculeusement changées dans le liquide en choses vivantes, il doit reconnaître que la vie observée provient des germes ou organismes répandus dans l'atmosphère.

Les expériences faites avec des fioles hermétiquement scellées s'élèvent à 940. Un groupe de 150 fut présenté à la Société Royale le 13 janvier 1876. Elles étaient tout à fait libres de vie, ayant été stérilisées par trois minutes d'ébullition. Des soins spéciaux furent pris pour que la température à laquelle ces fioles se trouvaient soumises restât dans les limites indiquées comme efficaces. Les conditions posées par les hétérogénistes furent soigneusement observées, mais l'expériences ne confirma point leurs résultats. J'élevai alors brusquement la température de trente degrés au-dessus de celle à laquelle nous avions jusqu'alors travaillé. En dépit de cette nouvelle situation, les résultats antérieurs se montrèrent de nouveau. Les tubes scellés qui s'étaient montrés stériles à l'Institution Royale furent suspendus dans des boîtes percées de trous et confiés à la garde d'un préparateur intelligent aux bains turcs Jermyn Street. De deux à six jours sont accordés pour la génération des organismes dans les tubes hermétiquement fermés. Les miens restèrent dans la salle d'ablutions des bains pendant neuf jours. Des thermomètres placés dans les boîtes et observés deux ou trois fois par jour montrèrent que la température varia d'un minimum de 101° à un maximum de 112° Fahr. Au bout des neuf jours, les infusions étaient aussi claires qu'au commencement. Elles furent alors placées dans une position plus chaude, la température de 115° ayant été mentionnée comme particulièrement favorable à la génération spontanée. Pendant quatorze jours, la température des bains turcs oscilla autour de ce point, tombant une fois aussi bas que 106°, atteignant 116° en trois cas, 118° en un, et 119° en deux. Le résultat fut absolument le même que précédemment. Les températures plus élevées se montrèrent complètement inaptes à développer la vie.

Prenant cette expérience comme base, nous avons fait le calcul et avons trouvé que si nos 940 fioles avaient été ouvertes dans le grenier à foin de Bel Alp, 858 d'entre elles auraient été chargées d'organismes. Le fait que les 82 restantes auraient échappé vient appuyer notre argumentation, prouvant que ce n'est ni dans l'air, ni dans les iufusions, ni dans quelque chose uniformément répandu dans l'air, mais bien dans des *particules isolées* distribuées çà et là et nourries par les infusions qu'il convient de rechercher l'origine de la vie. Nos expériences montrent que ces particules sont quelquefois suffisamment éloignées — comme dans le grenier à foin par exemple — pour permettre à 10 pour cent de nos fioles d'échapper à la contamination. Il y a déjà un quart de siècle que Pasteur prouva que la cause de la « soi-disant génération spontanée » était *discontinue*. J'ai parlé plus haut de son observation d'après laquelle 12 fioles seulement sur 20 échappaient à l'infection lorsqu'on les ouvrait dans la plaine, tandis que ce nombre s'élevait à 19 lorsqu'on les ouvrait sur la mer de Glace. Nos propres expériences à Bel Alp sont un cas de la même sorte, mais encore plus marqué, 90 pour cent des fioles étant frappées dans le grenier à foin, tandis que pas une seule de celles ouvertes en plein air des montagnes ne fut attaquée.

Le pouvoir de l'air à l'égard de l'infection varie continuellement sous l'influence des phénomènes naturels et nous sommes capables de l'altérer à notre volonté. Sur un certain nombre de fioles ouvertes en 1876 dans le laboratoire de l'Institution Royale, 42 pour cent furent atteintes d'infection, tandis que 58 pour cent échappèrent. En 1878, la proportion fut dans le même laboratoire de 68 pour cent frappées, sur 52 pour cent intactes. La plus grande mortalité des infusions en 1877, s'il est permis de s'exprimer ainsi, fut due à la présence du foin qui répandit sa poussière germinative dans l'air du laboratoire, le rendant presque aussi infectieux que celui de notre grenier dans les Alpes. J'appellerai toute l'attention de mon ami sur les faits que je viens de rapporter. Ils ne prouvent pas que la génération spontanée soit *impossible*. Mes assertions ne sont pas relatives à la *possibilité*, mais aux *preuves*, et les expériences décrites plus haut démontrent à l'évidence que les raisons sur lesquelles s'appuient les hétérogénistes ne sont rien moins que fondées.

Mon collègue, j'en suis persuadé, ne discutera pas ces résultats ; mais il peut être disposé à alléguer que d'autres savants s'occupant du même sujet sont arrivés à des conclusions toutes différentes des miennes. Je l'accorde ; mais qu'on me permette de rappeler quelques remarques déjà faites en parlant des expériences de Spallanzani, à savoir que, de ce que les autres n'ont pas réussi à confirmer ses résultats, ne prouve en aucune façon qu'ils soient erronés. Pour fixer les idées, supposons que mon

collègue vienne au laboratoire de l'Institution Royale,
qu'il répète mes expériences et qu'il arrive aux mêmes
conclusions : qu'il aille ensuite à l'Université ou à King's
Collége et qu'il obtienne d'autres résultats. En déduira-
t-il que la même substance est stérile à Albemarle Street
et féconde à Gower Street ou sur le Strand? Ses expériences alpestres lui ont déjà montré les infinies variétés
d'air à l'égard de l'aptitude à la putréfaction. En possession de ces connaissances, ne substituera-t-il point à
la conclusion aventurée qu'une infusion organique est
stérile à une place et féconde à une autre, la conclusion
plus rationnelle que les atmosphères des deux localités
sont inégalement infectieuses ?

En outre, pour ce qui concerne la pratique, l'idée ne
lui viendra-t-elle pas immédiatement que la *fécondité*
peut être due à des erreurs de manipulation, tandis que
la *stérilité* suppose des expériences correctes. Un tra-
vailleur soigneux peut seul arriver à la dernière, tandis
que l'autre se présentera entre les mains des plus novices.
La stérilité est le résultat vers lequel l'expérimentateur
consciencieux, quelles que soient d'ailleurs ses convictions théoriques, doit tendre, n'évitant aucune peine
pour l'obtenir, et arrivant seulement, lorsqu'il n'y a plus
moyen de faire autrement, à la conclusion que la vie
observée ne provient d'aucune source qu'il était en son
pouvoir d'écarter.

Prenons un exemple. Supposons que mon collègue
opère avec le même soin apparent sur 100 infusions —
ou plutôt 100 exemplaires de la même infusion — et
que 50 d'entre eux se montrent féconds et 50 stériles.
Dirons-nous que les preuves pour et contre l'hétérogénie
se balancent? Quelques personnes admettront sans doute
que les 50 fioles fécondes représentent des résultats

positifs et les 50 stériles des résultats *négatifs*. Mais, comme le Dr Robert l'a montré, c'est une inversion de l'état réel des choses[1]. Ce ne serait pas ainsi, je l'espère, que s'exprimerait mon ami. A l'égard des 50 fioles fécondes, il recommencerait, je n'en doute pas, l'expérience avec un redoublement de soins et d'attention et, non par une simple répétition, mais par plusieurs, il s'assurerait qu'il n'est pas tombé dans l'erreur. Des recherches ainsi scrupuleusement conduites l'amèneraient dans tous les cas à la conviction que si la génération spontanée existe, les moyens de la démontrer ne sont pas actuellement entre les mains de l'expérimentateur.

Les botanistes savent que les différentes semences possèdent des pouvoirs divers de résistance à la chaleur[2]. Quelques-unes d'entre elles périssent par une courte exposition à la température de l'ébullition, tandis que d'autres résistent pendant plusieurs heures. La plupart de nos semences ordinaires sont rapidement tuées, tandis que Pouchet a fait connaître à l'Académie des sciences en 1866 que certaine graines qui avaient été transportées du Brésil dans des ballots de laine germèrent encore après quatre heures d'ébullition. Les germes de l'air varient autant entre eux, que les semences du botaniste. Dans certaines localités ils sont si sensibles, que cinq minutes d'ébullition ou moins suffisent à les détruire ; en d'autres endroits, les germes sont, au contraire, si résistants, qu'un grand nombre d'heures d'ébullition est

---

1. Voyez ses remarques vraiment philosophiques sur ce sujet dans le *British medical Journal*, 1876, p. 282.

2. Je suis redevable à M. Thyselton Dyer pour de nombreux exemples de semblables différences. Il est surprenant qu'un sujet d'un intérêt scientifique aussi considérable n'ait pas encore été plus soigneusement exploré. Les causes qui agissent sur les semences peuvent ajouter beaucoup à nos connaissances en matière de putréfaction.

nécessité pour les priver de leur pouvoir de germination.
La présence ou l'absence d'un bouquet de foin desséché
peut produire de grandes différences dans les résultats
observés. La plus grande résistance que j'aie jamais
rencontrée — et qui ait, je crois, été signalée — est un
cas de survivance après huit heures d'ébullition.

A l'égard de leur résistance à la chaleur, les germes
de notre atmosphère peuvent être classés comme suit :
tués en cinq minutes; non tués en cinq minutes, mais
en quinze; non tués en quinze minutes, mais en trente;
non tués en trente minutes, mais en une heure; non
tués en une heure, mais en deux heures; non tués en
deux heures, mais en trois heures; non tués en trois
heures, mais en quatre heures. J'ai observé plusieurs
cas de survivance après quatre et cinq heures d'ébullition, quelques-uns après six, un enfin après huit. Tel
est l'état actuel de nos connaissances sur ce sujet, mais
il n'y a pas de limite supérieure à la résistance des
germes et le chiffre de huit ne doit être accepté que
provisoirement. Des recherches plus étendues (quoique
les miennes aient été très nombreuses) révéleront sans
doute des germes encore plus obstinés. Il est également
certain que nous eussions pu commencer plus tôt et que
d'autres peuvent être détruits par une température de
beaucoup inférieure à celle de l'eau bouillante. En présence de ces faits, parler d'*un* point de mort pour les
bactéries et leurs germes serait un non-sens.

« Qui, a-t-on demandé, oserait affirmer qu'une
simple petite masse de protoplasme, nue ou presque nue,
peut résister à quatre, six ou huit heures d'ébullition? »
A l'égard des masses nues de protoplasme, je n'affirme
absolument rien. Je ne connais rien d'elles, sauf que ce
sont des créatures imaginaires. Mais j'affirme, non

comme une « supposition », non comme une « chose probable », mais comme un fait indubitable, que les spores du bacilius du foin, lorsqu'ils sont suffisamment desséchés par l'âge, jouissent de la résistance prémentionnée. Et j'affirme, en outre, que la connaissance que *ce sont* des germes permet de les détruire par cinq minutes d'ébullition au moins. Je m'explique : les bactéries complètement développées périssent à une température de beaucoup au-dessous de celle de l'eau bouillante et il est facile de comprendre que plus un germe approche du moment de la métamorphose, plus il est sensible à l'action de la chaleur. Les semences s'amollissent un peu avant et durant la germination. Ceci étant posé, la description de la méthode suivante suffira à en faire comprendre la signification :

Une infusion infectée des germes les plus résistants, mais protégée d'autre part contre les matières en suspension dans l'air, est graduellement élevée à son point d'ébullition. Les germes qui, à ce moment, ont atteint l'état mou, plastique, précédant immédiatement leur transformation en bactéries, sont ainsi complètement détruits. L'infusion est alors abandonnée au repos dans une salle chaude pendant dix ou douze heures, si vingt-quatre heures suffisent à peupler le liquide de bactéries. Pour éviter la métamorphose, au bout des dix ou douze heures nous élevons une seconde fois l'infusion à la température de l'ébullition, qui, comme précédemment détruit les germes près d'éclore. Puis l'infusion est abandonnée de nouveau pendant dix ou douze heures, après quoi on recommence l'ébullition. Nous pouvons ainsi tuer progressivement les germes *dans l'ordre de leur résistance* et finalement les faire tous disparaître. Aucune solution ne peut résister à cette méthode si l'on répète les opérations un nombre suffisant de fois. Des infusions d'artichaut, de concombre et de navet qui s'étaient montrées spécialement résistantes lorsqu'elles étaient infectées avec les germes de foin desséché, furent complètement stérilisées par ce procédé de chauffage discontinu, trois minutes étant suffisantes pour accomplir ce que trois cents minutes d'ébullition continue n'auraient pu faire. En outre, j'appliquai la méthode à diverses espèces de foin, comprenant parmi elles celles où la vie était le plus tenace. Pas une seule ne résista. Ces résultats étaient clairement prévus avant qu'ils fussent réalisés, de sorte que la théorie des germes remplit bien les conditions d'une théorie exacte, c'est-à-dire qu'elle permet de prévoir et que ses prévisions sont confirmées par l'expérience.

Lorsqu'on nous parle de masses de protoplasma nues ou presque nues, on s'adresse à notre imagination et non à la vérité objective de la nature. De tels mots sonnent comme les expressions scientifiques, là où la science est réellement nulle. La possibilité d'un *mince revêtement* est cependant accordée par quelques-uns. Ce revêtement peut alors exercer une puissante influence protectrice. Une mince pellicule de caoutchouc, par exemple, entourant un pois de conserve dure pendant l'ébullition et cela durant un temps qui suffirait à en réduire un autre en pulpe. La pellicule prévient l'imbibition, la diffusion et la désintégration qui en est la conséquence. Une surface grasse ou huilée, ou même la couche d'air qui adhère à certains corps, agirait exactement de la même manière. « La singulière résistance des végétaux à la stérilisation, dit le Dr William Roberts, paraît être due à quelque particularité de la surface, peut-être à l'épiderme poli qui ne se laisse point facilement humecter. » Je disais en 1876 que la manière dont se mouille un germe atmosphérique serait un intéressant sujet d'investigation. Un couvre-objet de microscope peut flotter sur l'eau pendant des années s'il est sec. Une aiguille peut être conservée de même à la surface de ce liquide quoique sa densité soit huit fois plus forte. S'il n'existait pas quelque relation spécifique entre la matière au germe et celle du liquide dans lequel il tombe, l'humectation serait tout simplement impossible. Avant tout développement, il doit y avoir un échange entre la matière du germe et son entourage ; et cet échange doit évidemment dépendre de la relation du germe au liquide en question. Tout ce qui s'oppose à cet échange retarde la destruction du germe par l'eau bouillante. Dans mon mémoire publié dans les *Philosophical Transactions* pour 1877, j'ajoutais la remarque suivante :

« Il n'est pas difficile de concevoir que la surface d'une semence ou d'un germe puisse être tellement affectée par la dessiccation que tout contact entre elle et le liquide ambiant soit impossible. En outre, le corps d'un germe peut être suffisamment endurci par le temps et la sécheresse pour résister efficacement à l'introduction de l'eau entre ses molécules constituantes. Il est donc difficile de produire l'imbibition nécessaire à un tel germe pour que le gonflement et le ramollissement, qui précèdent sa destruction dans un liquide élevé à une haute température, puisse avoir lieu. »

Cependant, ceci peut être. Ainsi, quel que soit l'état de la surface des spores du *Bacillus subtilis*, c'est un fait qu'ils résistent, dans certaines circonstances à plusieurs heures d'ébullition. Aucun septicisme théorique

ne peut tenir contre ce fait qui a été établi, mais par
cent, mais par mille expériences conduites avec le plus
grand soin.

Nous avons maintenant à vérifier un des principes
fondamentaux de la génération spontanée, telle qu'elle
a été énoncée dans notre pays. Dans ce but, je place devant mon ami et collaborateur deux liquides qui ont été
conservés pendant six mois dans une de nos chambres
hermétiquement fermées où ils étaient exposés à l'action
de l'air optiquement pur. L'un est une solution minérale contenant dans des proportions convenables toutes
les substances qui entrent dans la composition des bactéries ; le second est une infusion de navet ; — elle pourrait être d'ailleurs une quelconque des cent autres infusions animales ou végétales. Les deux liquides sont
aussi clairs que de l'eau distillée et aucune trace de vie ne
peut y être observée. En un mot, ils sont complètement
stérilisés. Une tranche de mouton, sur laquelle on a
placé un peu d'eau, a été, d'autre part, conservée sur
une assiette dans la salle chaude de notre laboratoire.
Elle dégage une odeur infecte. Plaçant alors une goutte
de son jus sous le microscope, on le trouve fourmillant
de bactéries. Transportons une de ces gouttes dans la solution minérale et dans l'infusion de navet, toutes deux
seront ainsi inoculées, absolument comme le chirurgien inocule le vaccin à un petit enfant. En vingt-quatre heures, les liquides transparents sont devenus complètement troubles et au lieu d'être stériles, comme ils
l'étaient d'abord, ils se montrent fourmillants de vie. L'expérience peut être répétée mille fois, mille fois elle donnera
le même résultat. Primitivement, les liquides étant limpides étaient identiques à l'œil nu ; ils le sont encore maintenant, car ils sont tous deux également boueux. Au lieu

du jus de mouton putride, nous pourrions prendre une autre source quelconque d'infection animale ou végétale. Du moment qu'un liquide contient des bactéries vivantes, une seule goutte suffit pour transformer l'infusion claire de navet et la solution minérale limpide de la manière que nous venons de décrire.

Nous pouvons maintenant varier nos expériences comme suit : ouvrons la porte d'arrière d'une autre chambre hermétiquement close, qui a contenu pendant des mois entiers, et sans les modifier, l'infusion de navet et la solution minérale côte à côte. Je secoue dans chacun de ces liquides une petite pincée de poussière du laboratoire. L'effet est plus lent ici que lorsque je me servais d'une goutte d'infusion putride. Cependant, trois jours après son infection par la poussière, l'infusion de navet est boueuse et, ainsi que devant, fourmille de bactéries. Mais comment se comporte la solution minérale, qui, dans nos premières expériences, se conduisait d'une manière identique à l'infusion de navet ? Au bout des trois jours, on n'y put déceler la moindre trace de bactéries. L'expérience répétée cent fois donne cent fois le même résultat. Avec l'infusion de navet, nous obtenons toujours, en y semant la poussière du laboratoire, une récolte de bactéries ; jamais, avec la solution minérale, la matière germinative sèche ne se transforme en vie active[1]. Quelle conclusion un esprit sérieux tirera-t-il de cette expérience ? N'est-il pas aussi clair que le jour que les liquides sont aptes à nourrir les bactéries, à favoriser leur production, mais seulement *lorsqu'elles sont pleinement développées* ? Un seul d'entre eux, au contraire, est

---

1. Tels sont les résultats indiqués par d'autres auteurs. Quant à moi, mes propres expériences me conduisent à dire que, pour être lent, le développement n'est pourtant pas impossible dans une solution minérale.

susceptible de transformer la matière germinative en bactéries adultes.

J'invite mon ami à réfléchir sur cette conclusion : il verra, je pense, qu'il n'y a pas à sortir de là. Il peut, s'il le préfère, émettre l'opinion, qui me semble erronée, à savoir que les bactéries n'existent pas dans l'air à l'état de germes, mais comme organismes desséchés. La déduction reste quand même : un liquide est susceptible de déterminer le passage de l'état inactif à l'état actif ; l'autre pas.

Mais, ce n'est point du tout la conclusion qu'on a tirée des expériences faites à l'aide de solutions minérales. Voyant qu'elles étaient capables de nourrir des bactéries lorsqu'on les inoculait avec ces organismes vivants, et observant qu'aucune bactérie ne se développe dans une solution minérale, même après une longue exposition à l'air, on en a déduit que *ni les Bactéries ni leurs germes n'existaient dans l'air*. En Allemagne, tous les travaux pour ou contre l'hétérogénie renferment cette erreur, pendant que les hétérogénistes la considèrent comme la démonstration la plus triomphante de la vérité de leur théorie. « Il est prouvé, disent-ils, par la conduite des solutions minérales, que ni les bactéries ni leurs germes n'existent dans l'air ; donc, si l'on expose une infusion de navet, soigneusement stérilisée à l'air, et si des bactéries y apparaissent, celles-ci doivent s'y être développées spontanément. Voici les termes en lesquels s'exprime le Dr Bastian à cet égard : « Nous pouvons seulement déduire que, tandis qu'une solution saline bouillie est tout à fait incapable d'engendrer des bactéries, ces organismes sont susceptibles de s'élever *de novo* dans une infusion organique semblablement traitée[1]. »

---

1. *Proceedings of the Royal Society*, vol. xxi, p. 150.

Je demande maintenant à mon éminent collègue ce qu'il pense d'un tel raisonnement. Le *fait* est : une solution minérale exposée à l'air ordinaire ne développe pas de bactéries. La *conclusion* : donc si une infusion de navet développe, dans les mêmes conditions, ces organismes, c'est qu'ils ont été engendrés spontanément. Non seulement cette déduction est profondément illogique, mais encore elle est contredite par les faits. L'air de Londres est tout aussi sûrement chargé de germes de bactéries, que les cheminées de cette ville sont remplies de fumée. La déduction, que nous critiquons, est en outre exposée aux questions suivantes : Pourquoi, lorsque votre infusion organique stérilisée est exposée à l'air optiquement pur, la génération de la vie *de novo* cesse-t-elle totalement? Pourquoi suis-je capable de conserver votre infusion de navet côte à côte avec ma solution saline, pendant les trois cent soixante cinq jours de l'année, en libre connexion avec l'atmosphère, à la seule condition que la position de cette atmosphère en contact avec les liquides soit visiblement libre de sa poussière flottante, tandis que trois jours d'exposition à l'air contenant des matières en suspension suffisent à rendre nos infusions fourmillantes de bactéries? Cette argumentation n'est-elle point compréhensible pour tous?

Nous allons maintenant procéder à l'examen réfléchi et soigneux d'un autre sujet, plus important encore que celui que nous venons de traiter, mais quelque peu plus difficile à saisir, en raison de la phraséologie surabondante, logique et rhétorique, avec laquelle on l'a avancé. Il se rapporte à ce qu'on est convenu d'appeler « *le point de mort des bactéries.* » Ceux qui sont déjà au courant de la question se souviendront combien de défis ont été portés aux panspermistes en général, et à un ou

deux observateurs en particulier, sur cet important sujet.
C'est le grand cheval de bataille des hétérogénistes anglais.
« De l'eau, disent-ils, est en pleine ébullition sur le
feu, lorsqu'une personne malheureuse la renverse de telle
sorte que ce liquide exerce son action sur une partie
découverte du corps : — main, bras ou figure, peu
importe. Il n'y a pas ici place pour un doute. L'eau
exercera évidemment un effet destructeur plus rapide
sur la matière vivante dont nous sommes composés [1]. »
Et pour qu'on ne puisse pas dire que c'est à notre organisation plus élevée qu'il faut attribuer le phénomène,
ils invoquent l'action de l'eau bouillante sur un œuf de
poule. « La conclusion, disent-ils, semble s'imposer
d'elle-même : l'eau bouillante exerce une action délétère sur la matière vivante, qu'elle soit d'une organisation inférieure ou élevée [2]. » Et encore : « Il a été montré
que la plus courte exposition à l'influence de l'eau bouillante est destructive pour toute matière vivante [3]. »

Les expériences rapportées plus haut montrent qu'il
y a une grande différence à cet égard entre les matières
bactéridiques sèches de l'air et les bactéries humides,
molles et actives de la putréfaction. Celles-ci peuvent
être heureusement développées dans une solution saline ;
celles-là refusent d'y prendre naissance, tandis que toutes
deux peuvent exister dans une infusion de navet stérilisée. Nous avons déjà vu que la logique scientifique in-
terdisait de tirer des déductions de la conduite d'un des
liquides relativement à l'autre. Or, c'est précisément ce
que les hétérogénistes font, répétant, pour le point de
mort des bactéries, la même erreur dans laquelle ils

1. Bastian. *Evolution*, p. 155.
2. *Ibid.*, p. 155.
3. *Ibid.*, p. 46.

sont tombés pour les germes de l'air. Faisons bouillir notre solution minérale boueuse et fourmillante de bactéries pendant cinq minutes. A l'état mou, dans lequel elles se trouvent dans ce liquide, pas une n'échappera à la destruction. Il en est de même de l'infusion de navet, à la condition qu'elle soit inoculée avec des bactéries vivantes seulement, les poussières de l'air étant soigneusement exclues. Dans les deux cas, les organismes morts tombent au fond du liquide, au sein duquel on n'en voit point apparaître de nouveau sans le secours d'une seconde inoculation. Mais les choses se passent d'une manière tout à fait différente lorsque nous infectons notre infusion de navet au moyen de la matière germinative desséchée qui flotte dans l'air.

Le « point de mort des bactéries » est le maximum de température auquel elles peuvent vivre, ou ce qui revient au même, la température minimum à laquelle elles cessent de vivre. Si, je suppose, elles survivent à une température de 140° et non à une température de 150°, le point de mort se trouve quelque part entre les deux températures. MM. Braidwood et Vacher, ont montré, par exemple, que le vaccin est privé de son pouvoir d'infection par une courte exposition à une température comprise entre 140° et 150° Fahr. Ceci doit être regardé comme le point de mort du vaccin ou mieux des particules répandues dans le vaccin, lesquelles constituent le contagium réel. Si, cependant, on ne fait point entrer en ligne de compte la durée d'action de la chaleur, la notion du « point de mort » reste dans le vague. Une infusion qui résistera à cinq heures d'ébullition continue, succombera après cinq jours d'exposition à une température de 50° Fahr., inférieure à celle de l'ébullition. Les bactéries molles complètement développées

des liquides en putréfaction ne sont pas seulement
tuées par une ébullition de cinq minutes, mais une minute même suffit; elles périssent d'ailleurs sensiblement à la même température que le vaccin. Il en est
de même des bactéries actives de l'infusion de navet[1].

Mais au lieu de choisir un liquide en putréfaction
pour l'inoculation, préparons notre substance infectieuse de la manière suivante. Prenons une petite touffe
de foin, desséchée par l'âge, et plaçons-la dans un vase
rempli d'eau. Inoculons ensuite une infusion de navet
parfaitement stérilisée avec l'eau de lavage. Après trois
heures d'ébullition continue, l'infusion ainsi infectée
présentera encore une vie bactéridique luxuriante. Il
en sera de même d'une infusion de navet préparée dans
une atmosphère chargée des germes du foin. Ici
l'infusion s'infecte d'elle-même sans inoculation spéciale
et sa résistance subséquente à la stérilisation est souvent
très grande. Le 1ᵉʳ mars dernier, j'infectai intentionnellement l'air de notre laboratoire avec la poussière germinative d'une espèce de foin desséché qui avait été
moissonné en 1875. Dix groupes de fioles furent chargés
d'une infusion de navet préparée dans le laboratoire
infecté et soumis à l'ébullition pendant des périodes variant de 15 à 240 minutes. Un seul des dix groupes fut
stérilisé, celui qui avait été bouilli pendant quatre
heures. Toutes les fioles des neuf groupes qui avaient
été bouillis pendant 15, 30, 45, 60, 75, 90, 105,
120 et 180 minutes respectivement, engendrèrent

1. Dans mon mémoire, publié dans les *Philosophical Transactions*
pour 1876, j'ai indiqué les différences existant à l'égard de la rapidité de
développement, entre les germes de l'air et ceux de l'eau; la croissance de
ces derniers déjà humectés est beaucoup plus rapide. Cette préparation
des germes à un développement de courte durée est associée d'ailleurs avec
une plus facile destruction.

des organismes par la suite. Le résultat aurait été le même si l'on avait employé une autre infusion végétale quelconque. Le 28 février dernier, par exemple, je fis bouillir six fioles contenant une infusion de concombre préparée dans une atmosphère infectieuse, pendant des périodes de 15, 30, 45, 60, 120 et 180 minutes. Toutes les fioles développèrent des organismes subséquemment. Le même jour, l'ébullition fut, pour trois fioles, prolongée jusqu'à 240, 300 et 360 minutes et ces trois fioles furent complètement stérilisées. Des infusions animales qui, dans les circonstances ordinaires, sont infailliblement rendues stériles par cinq minutes d'ébullition, se conduisent comme les infusions végétales, lorsqu'elles sont préparées dans une atmosphère infestée par des germes de foin. Ainsi, le 30 mars, cinq fioles furent chargées d'une infusion claire de bœuf et bouillies pendant 60, 120, 180, 240 et 300 minutes respectivement. Chacune d'elles devint ultérieurement peuplée d'organismes, et la chose se passa exactement de la même manière pour une infusion de mouton préparée en même temps. Les cas de résistance à la stérilisation se comptent par centaines et se reproduisent avec les infusions les plus diverses.

En présence de tels faits, je demande à mon collègue s'il est nécessaire d'insister un seul instant sur la valeur restreinte de la preuve d'après laquelle on a affirmé que toute matière vivante est détruite par « la plus courte exposition à l'influence de l'eau bouillante ». Une infusion qui s'est montrée stérile pendant une exposition de six mois à l'air optiquement pur, lorsqu'elle est inoculée avec des bactéries actives se remplit en deux jours d'organismes si sensibles qu'ils peuvent être tués par une exposition de quelques minutes à une température de beaucoup inférieure à celle de l'eau bouillante. Mais l'extension de ce résultat à la matière germinative desséchée est sans aucune raison d'être ou justification. Ceci est évident sans sortir même d'une argumentation. Mais nous sommes allés au delà et nous avons prouvé par de nombreuses expériences que la destruction de la matière vivante « par la plus courte exposition à l'action de l'eau bouillante » est une pure illusion. L'édifice entier construit sur cette base tombe donc du même coup : et l'argument, que, les bactéries et leurs germes étant détruits à 140° Fahr., si les premières apparaissent après une exposition à **212°** elles doivent être spontanément engendrées, est, pour toujours, selon moi, réduit à néant.

Au cours de mes recherches, par suite des précautions, variations et répétitions faites en vue d'obtenir une confirmation des résultats, j'employai, dans l'espace de deux années, près de *dix mille vases.*

Outre l'intérêt philosophique attaché au problème de l'origine de la vie, intérêt qui sera toujours immense, vient se joindre un autre intérêt : c'est celui de l'application de nos théories à la chirurgie et à la médecine. Le système antiseptique, auquel j'ai déjà fait une brève allusion, montre de la manière la plus claire à quoi peuvent conduire des théories scientifiques vérifiées par l'expérience. La chirurgie était autrefois un art ; aujourd'hui, elle est devenue une science. Avant l'introduction du système antiseptique, le chirurgien, réfléchissant un peu, n'aurait pas manqué d'apprendre empiriquement qu'il existe quelque chose dans l'air qui vient souvent détruire les efforts de l'habileté opératoire la plus consommée. Ce quelque chose, le traitement antiseptique le détruit ou le rend inoffensif. A Kings'College M. Lister opère et panse pen-

dant qu'une pluie fine d'un mélange d'acide carbolique
tombe sur la blessure, les bandes et autres objets employés étant préalablement saturés d'acide phénique. A
Saint-Bartholomew's, M. Callender emploie aussi l'acide
carbolique, mais non sous forme de pluie. D'ailleurs,
en ce qui concerne le but à atteindre, à savoir d'empêcher la blessure de devenir un nid de bactéries, la pratique est la même dans les deux hôpitaux. Se recom-
mandant de lui-même, comme il le fait, aux esprits
scientifiques, le système antiseptique a pris fortement
racine en Allemagne.

Si l'espace me le permettait, je me ferais un véritable
plaisir de vous exposer les rapports actuels existant
entre la théorie des germes et les maladies infectieuses,
en distinguant, toutefois, les arguments basés sur l'analogie — qui sont cependant terriblement forts — de
ceux fondés sur l'observation. J'aurais aimé de retracer,
comme je l'ai fait ailleurs [1] les excellentes recherches
d'un jeune médecin allemand, trop peu connu, Koch,
sur la fièvre splénique et de les rapprocher d'un écrit
récent de Pasteur sur le même sujet. Nous avons devant
nous un contagium vivant doué d'un pouvoir mortel,
contagium dont nous pouvons suivre le cycle complet
d'évolution [2]. Nous le trouvons dans le sang ou la rate
d'un animal malade sous forme de petites baguettes
immobiles. Lorsque ces baguettes sont placées sous le
microscope dans un liquide nutritif, on les voit bientôt
s'allonger en filaments, qui, parfois, se placent côte à

---

1. *Fornightly Review*, novembre 1876; voyez le précédent article sur
la fermentation.

2. Dallinger et Drysdale ont déjà montré ce que les soins et la patience
peuvent accomplir par leurs admirables recherches sur l'histoire des
monades.

côte en s'élançant de la façon la plus gracieuse, ou enfin forment des nœuds inextricables. Nous voyons en dernier lieu ces filaments se résoudre en spores innombrables, portant en eux la mort et faciles à confondre avec les germes inoffensifs du *Bacillus subtilis*. La bactérie de la fièvre splénique a été appelée *Bacillus anthracis*. M. Pasteur me fit voir ce terrible organisme, à Paris, en juillet dernier. Ses récentes investigations, relativement au rôle que ce *bacillus* joue pathologiquement, prennent rang parmi les travaux les plus remarquables de cet homme éminent. Observateurs sur observateurs étaient tombés dans les erreurs les plus grossières et étaient arrivés à des conclusions opposées, qui s'annulaient réciproquement. En collaboration avec un jeune physiologiste de talent, M. Joubert, Pasteur arriva au milieu du chaos et le transforma bientôt en harmonie. Il montra, entre autres choses, que dans les cas où les autres observateurs français n'avaient cru avoir affaire qu'à la fièvre splénique, un autre facteur virulent entrait simultanément en jeu. La fièvre splénique est souvent compliquée de septicémie et les résultats obtenus dans l'étude de cette dernière maladie ont souvent été appliqués à la première. Combinant convenablement les deux facteurs, toutes les irrégularités disparaissent et les résultats reçoivent leur juste application. J'ai été particulièrement frappé en lisant la note de Pasteur, de la manière dont il s'exprime à l'égard des difficultés qui attendent l'observateur dans ces recherches : « J'ai tant de fois éprouvé que dans cet art difficile de l'expérimentation les plus habiles bronchent à chaque pas, et que l'interprétation des faits n'est pas moins périlleuse[1]. »

1. *Comptes rendus*, t. LXXXIII, p. 177.

CHAPITRE VI

Pour des raisons que j'indiquerai par la suite, il sera
bon de jeter un coup d'œil sur les résultats présentés
d'abord à la Société Royale.

Une partie de l'automne de 1875, ainsi que de l'hiver et du printemps de 1875-76, fut consacrée à la première section de ces recherches, et, le 15 janvier 1876,
les principaux résultats furent communiqués oralement
à la Société Royale. Le mémoire complet fut remis à la
Société le 6 avril et publié dans le volume CLXVI des
Philosophical Transactions.

Un grand nombre des chambres hermétiquement
closes employées au cours de mes recherches furent
montrées, le 15 janvier, aux membres de la Société. Elles
étaient en tout plus de cinquante, et la plupart avaient
servi à plusieurs opérations. L'air de ces chambres
s'était purifié de lui-même par le simple repos et aucun
moyen artificiel ne fut employé pour le rendre optiquement pur. Des liquides organiques, comprenant les
infusions les plus variées, furent exposés à l'air spontanément purifié et, à l'examen microscopique, se montrèrent complètement libres d'organismes quelconques, ainsi
que des signes apparents qui décèlent leur présence,
tels que trouble, écume, moisissure, etc.

Ces expériences furent faites entre autres sur les infusions suivantes : urine naturelle , mouton, bœuf, porc, foin, navet. sole, églefin, morue, saumon, turbot, hareng, mulet, anguille, huître, merlan, foie, rein, lièvre, lapin, poulet, faisan et coq de bruyère.

Le nombre de vases isolés contenant ces liquides s'éleva à plusieurs centaines et les résultats qu'ils fournirent furent toujours dans le sens prévu.

Cinq minutes d'ébullition furent, dans tous les cas, trouvées suffisantes pour stériliser les infusions.

Lorsque, après avoir laissé pendant plusieurs mois les infusions stériles à l'intérieur des chambres, on venait à ouvrir les portes de ces dernières et qu'on permettait à l'air impur du laboratoire de pénétrer, des organismes apparaissaient en abondance. Ils se composaient, soit exclusivement de bactéries, soit exclusivement de moisissures. ou d'un mélange des deux.

Les infusions des substances citées plus haut furent ensuite exposées à l'action de l'air, qui avait été privé de ses matières en suspension, par la filtration à travers de la ouate, puis à l'action de l'air dont on avait détruit les particules par la calcination, et, enfin, au vide, qu'on avait fait le plus complètement possible dans de grands récipients préalablement remplis d'air filtré.

Bouillies pendant cinq minutes et soumises à l'action de l'air ainsi traité ou au vide ainsi produit, aucune de ces infusions ne montra par la suite la plus légère altération soit de couleur ou de transparence à l'œil nu, ou, au microscope, la moindre apparition de vie.

Tels sont, en résumé, les résultats obtenus avec de l'air spontanément purifié, avec de l'air filtré, avec de l'air calciné et avec le vide produit par une pompe à air, le liquide étant contenu dans des tubes à essais. De petites fioles à col recourbé et étiré furent ensuite employées.

Chargées d'infusions, elles furent bouillies dans l'huile ou dans une solution saline et scellées avec soin pendant l'ébullition. A la séance de la Société Royale du 15 janvier 1876, cent trente de ces fioles furent soumises aux membres afin de leur montrer qu'elles étaient libres de putréfaction ou de vie. Elles embrassaient des spécimens de toutes les substances prémentionnées et encore d'autres.

En un mot, la conséquence de six mois de travail assidu, pendant l'automne, l'hiver et le printemps de 1875-76, fut que dans les conditions atmosphériques, alors existantes au laboratoire de l'Institution Royale, pas une seule des centaines de fioles essayées ne manqua d'être stérilisée par cinq minutes d'ébullition et, de plus, la stérilisation une fois obtenue, je n'eus jamais l'occasion d'observer le moindre fait qui pût être interprété en faveur de la génération spontanée.

Les recherches incorporées dans le mémoire que je soumets maintenant à la Société furent commencées dans l'été de 1876 et se rapportent à des infusions de navet plus ou moins mélangées de fromage. Sept sortes de cette dernière substance furent employées, cinquante-sept tubes chargés du mélange étant exposés à l'action de l'air spontanément purifié des chambres hermétiquement closes.

La majorité resta inaltérée; quelques-uns se chargèrent d'organismes, dont la présence doit, à mon avis, être expliquée par l'action protectrice du fromage. Dans le mémoire, dont je donne ici un extrait, cette action est prouvée par le fait que, lorsque des graines de moutarde sont réunies ensemble dans un sac de calicot, elles résistent à l'ébullition pendant un temps qui suffirait à les détruire si elles étaient isolées. Le sac et les graines extérieures protègent la partie centrale.

Non seulement la question de température, mais encore la diffusion vient en ligne de compte lorsqu'il s'agit de détruire les germes par l'action de l'eau. Sans diffusion, un germe peut résister à des températures qui le tueraient si la diffusion avait lieu. Il est inutile d'insister sur l'imperméabilité du fromage à l'eau et par conséquent sur son pouvoir de prévenir toute diffusion.

Ces expériences faites sur des infusions de fromage et navet n'étaient d'ailleurs qu'un essai, que je me propose de compléter ultérieurement.

Je repris durant l'automne de 1876, les expériences sur des infusions de foin, expériences que j'avais intentionnellement différées jusqu'alors. Je n'avais rencontré aucune difficulté avec cette substance dans mes premières recherches. Bouillie pendant cinq minutes et exposée à l'air spontanément purifié, ou privé de ses matières en suspension par la calcination ou la filtration, l'infusion de foin, quoiqu'essayée dans des circonstances très diverses, ne montra jamais la moindre aptitude à développer la vie. Dans un grand nombre de cas, après plusieurs mois de transparence j'inoculai cette infusion avec des liquides animaux ou végétaux contenant des bactéries et observai toujours, vingt-quatre heures après, la couleur pâlie et la masse rendue opaque par la multiplication de ces organismes.

Mais, pendant l'automne de 1876, la substance sur laquelle j'avais opéré jusqu'alors avec plein succès, sembla avoir complètement changé de nature. Les infusions que j'obtins supportèrent, en effet, non cinq minutes, mais quinze minutes d'ébullition impunément. En changeant de foin, les résultats les plus différents se manifestèrent ; un grand nombre d'infusions d'échantillons de foin achetés durant l'automne de 1876 se conduisirent

exactement comme celles extraites du foin en 1875,
étant complètement stérilisées par cinq minutes d'ébullition.

L'influence possible de l'âge et de l'état de dessiccation
se présenta bientôt à mon esprit, et je me mis au travail
dans l'espérance d'éclaircir cette question. Des expériences
nombreuses furent exécutées avec du foin provenant de
différentes localités ; et par ce moyen, j'arriverai à conclure, dès les premiers jours de mes recherches, que
toutes les infusions, qui avaient montré une résistance
inaccoutumée à la stérilisation, provenaient invariablement de *vieux foin*, tandis que les autres provenaient
du nouveau dont les germes n'avaient point été soumis à
une dessiccation prolongée.

Comme mes recherches avançaient, la distinction
entre le vieux et le nouveau foin devint pourtant de
moins en moins nette et je ne pus arriver à sortir de l'incertitude. Je m'adressai alors à des substances de nature
succulente — aux champignons, au concombre, au melon,
à la betterave et à l'artichaut, dont les germes devaient
peu craindre la dessiccation.

Bouillies pendant des périodes variant de cinq à quinze
minutes et exposées ensuite à l'action de l'air optiquement pur, ces infusions se chargèrent d'organismes et
se couvrirent généralement d'écume.

Je revins aux infusions dont la conduite m'était familière et dans la stérilisation desquelles je n'avais jusqu'alors rencontré aucune difficulté. Du poisson, de la
viande et des végétaux furent de nouveau soumis à l'expérience. Quoique les précautions prises fussent de
beaucoup plus grandes que dans mes premiers essais
et quoique la durée de l'ébullition fût toujours supérieure,
ces infusions cédèrent dans presque tous les cas. De l'air

spontanément purifié, de l'air filtré et de l'air calciné
(calciné, je puis le dire, avec plus de soins que précédemment), furent généralement impuissants à protéger
les infusions contre la putréfaction.

J'étais quelquefois favorisé par un succès qui, au
moment même, me semblait le résultat de la sévérité
déployée dans mes expériences. Mais la suite de l'opération était le plus souvent tellement opposée au résultat
primitif, que ce dernier devait plutôt être considéré
comme un accident qu'autre chose.

J'ai la plus grande confiance dans les résultats de mes
premières expériences; car si elles n'avaient pas été
correctes, les conséquences auraient été tout à fait différentes de celles que j'ai obtenues. Des erreurs de manipulation auraient rempli mes tubes et mes fioles d'organismes au lieu de les laisser transparents et libres de vie.
Il ne restait donc plus, relativement aux expériences
manquées, que le dilemme suivant : ou les infusions de
poisson, de viande et de végétaux étaient devenues douées
en 1876 d'un pouvoir de génération spontanée qu'ils
ne possédaient pas en 1875 ; ou quelque nouveau contagium extérieur aux infusions et d'une nature beaucoup
plus tenace que celui de 1875 était tombé à leur intérieur dans mes dernières expériences. Un esprit scientifique n'hésitera pas, je pense, entre ces deux hypothèses.

En ce qui me concerne, la réflexion et l'expérience me
conduisent à croire que l'atmosphère, dans laquelle se
passèrent mes dernières opérations, était de beaucoup
plus infectieuse que celle dans laquelle se passèrent les
premières. C'est pourquoi je quittai le laboratoire et
repris mes essais tantôt tout en haut, tantôt tout en bas
de l'Institution Royale ; malgré ces précautions, les
insuccès dominèrent encore. Je pris alors la résolution

d'écarter toutes les causes d'infection qui pouvaient provenir tant de la construction des chambres que du traitement des infusions.

Dans ce but, je quittai l'Institution Royale et partis à la recherche d'une atmosphère moins infectieuse. Grâce au Président de la Société Royale, je trouvai dans le jardin de Kew les conditions requises. Je choisis, pour les exposer dans le laboratoire Jodrell, les infusions qui s'étaient montrées les plus réfractaires à l'Institution Royale. Le résultat fut que les liquides, qui avaient résisté rue d'Albemarle à deux cents minutes d'ébullition, devenant après cette période peuplés d'organismes, furent complètement stérilisés par cinq minutes d'ébullition à Kew.

Nous nous trouvons maintenant en présence de ce nouveau dilemme : ou les infusions ont perdu dans le jardin de Kew le pouvoir de génération spontanée qu'elles manifestaient à l'Institution Royale; ou les cas remarquables du développement de la vie, après une ébullition longtemps continuée, doivent être rapportés à un contagium contenu soit dans l'air, soit dans les vases du laboratoire.

En vue de faire des expériences comparatives en un lieu plus rapproché de mon laboratoire, je fis construire une baraque sur le toit de l'Institution Royale. J'y préparai des infusions et les introduisis dans de nouvelles chambres en étain, qui avaient été portées directement en cet endroit. Après leur introduction, les liquides furent bouillis pendant cinq minutes dans un bain d'huile.

De la première expérience faite dans la cabane résulta un insuccès complet. Pas une des infusions, exposées à cet air relativement pur, n'échappa à l'infection.

Une des deux causes suivantes, ou peut-être même
toutes deux à la fois, peuvent avoir amené ce résultat.
D'abord, une cheminée du laboratoire était en communication avec l'atmosphère non loin de la cabane;
ensuite, et ceci était plutôt la cause réelle d'infection,
mes préparateurs étaient venus directement du laboratoire dans la cabane. Ils avaient ainsi amené le contagium par un mode de transport familier aux médecins.

La baraque fut désinfectée; les infusions préparées à
nouveau et des soins spéciaux, tels que l'emploi de vêtements neufs, pris pour éviter la première contamination. Les résultats furent semblables à ceux obtenus à
Kew, c'est-à-dire que les liquides organiques qui, dans
le laboratoire, résistaient à deux cents minutes d'ébullition, furent ici rendus pour toujours stériles en cinq
minutes.

La conclusion est évidente : je me permettrai pourtant
de la préciser encore une fois afin d'éclaircir les doutes
qui pourraient exister dans quelques esprits. Une
baguette de trente pieds de long est fixée aux infusions
du laboratoire et de la cabane par ses extrémités. A
l'un des bouts de cette baguette, les infusions sont
stérilisées par cinq minutes d'ébullition, à l'autre elles
résistent à une période de deux cents minutes. Comme
devant, le choix reste entre les deux déductions : ou nous
concluons qu'à une extrémité les infusions jouissent
d'un pouvoir de génération spontanée qu'elles ne possé-
dent pas à l'autre ; ou nous dirons qu'à l'un des bouts
l'air est infectieux et à l'autre pas.

Cette dernière déduction sera celle de tout esprit
scentifique. Comment alors expliquerons nous les différences existant entre les deux extrémités de la baguette.
Il est clair que l'atmosphère du laboratoire différait

totalement cette année de celle dans laquelle mes premières expériences furent faites. Sur le plancher de cette salle se trouvaient disséminées des brindilles de foin qui, lorsqu'on les remuait, volaient dans l'air où elles restaient en suspension. Or cette sorte de poussière se montre féconde et résistante au plus haut degré. De plus, avant l'introduction du foin, je n'éprouvai jamais la moindre difficulté dans la stérilisation : après son introduction, au contraire, commencèrent mes nombreux insuccès.

J'ai déjà parlé de périodes d'ébullition de deux cents minutes. Ayant, en effet, éprouvé à diverses reprises que des périodes plus courtes étaient inefficaces, je les augmentai graduellement jusqu'à ce que j'atteignis trois cent soixante minutes. J'observai ainsi que jusqu'à un certain point les liquides conservaient le pouvoir de développer la vie, mais qu'au delà ils restaient parfaitement stériles. Dans les expériences préliminaires, relatives à cette question, le point de stérilisation fut trouvé situé entre 180 et 240 minutes. Bouillies pendant la première de ces périodes, les infusions continuèrent à être fécondes ; bouillies pendant la dernière elles restèrent indéfiniment stériles.

Au cours de mes expériences, j'employai une méthode, dont les premiers linéaments se trouvent dans les écrits de Spallanzani et de Needham et dans ceux plus récents de Wyman et du docteur Roberts, la méthode ayant été de beaucoup perfectionnée par ce dernier savant. Les fioles furent partiellement remplies des infusions et les parties non occupées par le liquide abandonnées à l'air ordinaire non filtré. Nous savons que le point de mort du contagium est beaucoup plus élevé dans l'air que dans l'eau, de sorte qu'une température fatale aux

germes contenus dans le dernier de ces milieux, peut
être inoffensive pour ceux renfermés dans le premier :
il résulte de là que la résistance observée dans mes dernières expériences pouvait provenir de ce qu'une partie
des germes n'était point plongée dans le liquide.

Je modifiai alors la méthode et fis une longue série
d'expériences avec de l'eau filtré. Elles furent presque
toutes aussi décourageantes que celles faites avec l'air
ordinaire. De temps en temps, je réussissais à produire
une stérilisation complète par cinq minutes d'ébullition,
mais ce succès était bientôt renversé par d'autres résultats contradictoires qui me forçaient de le considérer,
non comme un argument en ma faveur, mais plutôt
comme une exception. Il n'était cependant pas indiffé-
rent d'observer ces phénomènes, car ils révélèrent que
dans des circonstances déterminées, qu'on pouvait prévoir d'ailleurs, le contagium était détruit.

Un coup d'œil rapide sur les moyens employés pour
perfectionner les méthodes d'expériences et sur les
résultats auxquels ils ont conduit, trouvera bien sa place
ici. Des bulles vidées à l'aide d'une pompe à air et
ensuite chauffées presque au rouge furent remplies, après
refroidissement d'air filtré. Pendant qu'on les chargeait
des infusions, les bulles furent chauffées de manière à
produire une légère sortie d'air et leur col fut scellé
pendant que le courant se faisait encore sentir. Je cher-
chais par ce moyen à éviter la contamination résultant
d'une rentrée de l'air extérieur.

Les insuccès obtenus à l'aide de ce mode d'expérience
dépassèrent de beaucoup les réussites.

Je pris alors des bulles identiques et étirai leur col de
manière à en rendre l'extrémité capillaire. Les bulles
furent ensuite remplies d'air filtré à la pression de 1/5

d'atmosphère et, pendant qu'elles étaient encore en connexion avec la pompe à air, je les chauffai presque au rouge. Les tubes capillaires furent ensuite scellés à la lampe et les extrémités scellées brisées à l'intérieur des infusions, les deux tiers de chaque bulle se trouvant ainsi remplis de liquide. Avec de très grands soins, il fut de nouveau possible de sceller les tubes capillaires sans les retirer du liquide. Enfin, les infusions furent bouillies pendant cinq minutes.

Ici encore la fécondité fut la règle, et la stérilité, l'exception.

Une source d'erreur se présenta constamment à mon esprit au cours de ces expériences. Je n'étais en aucune façon certain que le développement de la vie n'était pas dû au liquide adhérant au col et à la surface supérieure des bulles. Ce liquide pouvait s'évaporer et ses germes étant alors entourés d'air au lieu d'eau résister efficacement à une température qui les aurait détruits s'ils avaient été submergés.

Des dispositions furent donc prises, à l'aide desquelles les infusions arrivaient à l'intérieur des bulles par un tube latéral se terminant au milieu de leur hauteur. Comme devant, chaque bulle fut remplie à la pression de 1/5 d'atmosphère avec de l'air filtré, et chauffée ensuite presque au rouge. Lorsque les fioles furent complètement chargées, le liquide s'élevait plus haut que l'orifice central, de sorte qu'aucune partie de la surface intérieure n'était mouillée, là où le liquide ne devait pas rester en contact permanent avec elle. Le tube latéral fut ensuite scellé à la lampe, et ce sans qu'aucune partie du liquide se soit trouvée en contact avec l'air extérieur. De cette façon, j'étais absolument certain que si les effets du contagium se manifestaient encore, ce dernier devait être cherché, non dans l'air sus-jacent, ni sur la surface intérieure des fioles, mais dans les infusions elles-mêmes.

J'essayai d'abord par cette méthode les substances qui avaient attiré mon attention et auxquelles j'attribuais la différence entre les résultats obtenus en 1875-76 et en 1876-77 ; je veux parler du vieux foin qui encombrait le plancher de notre laboratoire.

Quatre heures d'ébullition continue ne réussirent point à stériliser les bulles chargées des infusions de ce foin. En outre, dans des cas spéciaux, les germes furent trouvés si endurcis et si résistants que cinq, six et même huit heures d'ébullition ne réussirent point à les priver de la vie.

Toutes les difficultés rencontrées dans ces longues et laborieuses recherches furent reconnues être causées par le pouvoir extraordinaire de résistance dont nous venons de parler. Ces germes furent un véritable fléau introduit dans notre laboratoire, les autres infusions devenant, exactement comme dans une épidémie, les victimes d'un contagium qui leur était tout à fait étranger[1].

C'est une question d'un intérêt évident, pour le chirurgien, de savoir comment ces germes extraordinairement résistants se conduisent en présence des procédés ordinaires de désinfection. Il résulte de mes expériences qu'ils offrent une résistance considérable à l'action de la chaleur. Mais comment les choses se passeraient-elles dans une salle d'hôpital? Il y a aussi des établissements consacrés à la préservation de la viande et des légumes intéressés dans cette question. De pareils accidents leur arrivent-ils quelquefois? Je suis persuadé qu'il suffirait

---

1. Un foin dur de Guildford, que je n'avais aucune raison pour considérer comme vieux, fut extrêmement difficile à stériliser.

de secouer une touffe de foin dans les salles de préparation de ces établissements pour rendre inutile l'ébullition habituelle de quelques minutes, et, partant, entraîner des pertes sérieuses. Cependant, ces industries ont, comme nous le verrons plus loin, un grand auxiliaire dans le fait qu'elles chassent complètement l'air de leurs boîtes de conserves.

En observant ces germes et en tenant compte des phases par lesquelles ils passent pour arriver à l'état d'organismes adultes, j'ai été à même de stériliser les infusions les plus résistantes et ce, en les chauffant pendant une petite partie du temps considérée antérieurement comme insuffisante pour les stériliser. Les bactéries complètement développées sont facilement tuées par une température de 140° Fahr. Fixant mon attention sur le germe durant son passage de l'état dur et résistant à l'état plastique et sensitif, il me parut au plus haut degré probable que cet état plastique serait atteint par les différents germes en des temps différents.

Quelques-uns sont plus endurcis que les autres et réclament, pour être amollis et germer, une plus longue immersion. Car, pour tous les germes connus, il existe une période d'incubation durant laquelle ils se préparent à passer à l'état d'organismes définis, lesquels sont, eux, très sensibles à l'action de la chaleur. Si, durant cette période, on fait bouillir l'infusion seulement pendant une fraction de minute, les germes amollis, qui approchent de la phase finale de leur développement, seront détruits. Répétant le mode de chauffage toutes les dix ou douze heures, avant que le moindre changement *sensible* ait pu prendre place dans l'infusion, chaque ébullition détruira les germes sur le point de se transformer et, après un certain nombre d'opérations, toute matière vivante aura disparu.

Guidé par ce principe et appliquant le chauffage discontinu, j'ai stérilisé des infusions en une série de temps partiels dont la somme cinquante fois multipliée aurait été insuffisante à produire le même effet avec un chauffage continu. Quatre minutes dans un cas peuvent accomplir ce que quatre heures ne peuvent produire dans l'autre.

Convenablement appliquée, la méthode de stérilisation que nous venons de décrire est infaillible. En outre, une température de beaucoup inférieure à celle de l'ébullition suffit à la stérilisation.

Une autre méthode également certaine s'imposa pour ainsi dire à moi de la manière suivante. Dans une multitude de cas, une couche épaisse d'écume graisseuse, formée de bactéries agglomérées, recouvrait la surface des infusions. Le liquide sous-jacent était parfois nébuleux ; mais le plus souvent il était aussi limpide que de l'eau distillée. La couche d'écume vivante, comme Pasteur l'a montré ailleurs, paraît posséder le pouvoir d'intercepter complètement l'oxygène atmosphérique, s'appropriant ce gaz et privant ainsi les germes inférieurs d'un élément nécessaire à leur développement.

Plaçant les infusions dans des fioles et ménageant une grande chambre d'air au-dessus du liquide, bouchant les fioles et les exposant pendant quelques jours à une température de 80 ou 90° Fahr., on s'aperçoit au bout de ce temps que l'oxygène de l'air a été presque totalement absorbé. Une allumette en ignition plongée dans la fiole s'éteint immédiatement. En outre, au-dessus de l'écume, la surface intérieure des bulles, dont je me servais dans mes expériences, était constamment humectée par l'eau de condensation. Dans cette eau se trouvaient parfois des bactéries formant une sorte de pellicule transparente à un pouce ou deux au-dessus du liquide. En un mot, où il y avait de l'air on trouvait des bactéries. Il semble être une nécessité de leur existence. Il était donc tout naturel de se poser cette question : Qu'arriverait-il si les infusions étaient privées d'air?

Je ne voulus point me contenter d'une déduction pour réponse à cette question, car Pasteur a surabondamment démontré que dans le phénomène de la fermentation alcoolique il se produit une sorte de vie sans air, et, de plus, d'autres organismes que le *Torula* étant aussi indiqués comme pouvant vivre en l'absence d'oxygène. L'expérience seule peut déterminer les effets du vide sur les organismes dont nous nous occupons.

Le vide de la pompe à air fut donc employé et donna d'excellents résultats. La vie fut considérablement affaiblie par ce procédé.

Je me servis ensuite de la pompe de Sprengel afin d'enlever plus efficacement l'air dissous dans les infusions et aussi celui qui pouvait être dilué au-dessus d'elles. Les périodes de vide varièrent de une à huit heures et les résultats obtenus peuvent être résumés comme suit : s'il était possible d'enlever complètement l'air des infusions, il y a lieu de croire que, *sans aucune ébullition*, la vie serait entièrement détruite. Mais, passant des probabilités aux certitudes, on peut dire que dans un certain nombre de cas des infusions non bouillies, et privées de leur air par cinq ou six heures de vide fait à l'aide de la pompe de Sprengel, se montrèrent indéfiniment stériles. Dans un grand nombre de cas aussi, lorsque les infusions non bouillies étaient devenues nébuleuses, une simple minute suffisait à détruire

la vie déjà prête à s'éteindre par suite du manque d'air.
A une seule exception près, je n'ai jamais constaté qu'une
infusion pût échapper à la stérilisation après une ébullition de cinq minutes, lorsqu'on avait eu soin de faire
préalablement le vide avec une pompe de Sprengel.
Ces cinq minutes produisaient un effet que cinq heures
étaient impuissantes à accomplir en présence de l'air.

L'exception, dont nous venons de parler, se rapporte à
une infusion de vieux foin, qui, quoique stérilisée en
moins de la moitié du temps nécessaire à tuer ses germes en présence de l'air, conserva un pouvoir faible,
mais distinct, de développer la vie après avoir été bouillie pendant une période plusieurs fois suffisante pour
rendre indéfiniment stérile des infusions de mouton, de
bœuf, de porc, de concombre, de navet, de betterave,
d'églefin et d'artichaut.

Ces expériences me donnèrent la clef de beaucoup
d'autres qui peuvent être facilement sujettes à une
fausse interprétation. Au milieu de l'atmosphère la plus
violemment infectieuse, où quelques heures d'ébullition
étaient insuffisantes à protéger les infusions, cinq minutes, en l'absence de l'air et dans des fioles convenables
dont le col était scellé pendant l'ébullition, assurèrent
une stérilité indéfinie.

La signification d'une remarque faite plus haut, à
l'égard du rôle joué par l'ébullition dans les établissements consacrés à la préservation de la viande et des légumes, se comprendra aisément maintenant.

L'inaction des germes contenus dans les liquides privés d'air n'est point une simple *suspension* de leurs propriétés. Les germes sont *tués* par le manque d'oxygène.
Car lorsque l'air qui a été enlevé par la pompe de
Sprengel est, après quelque temps, rendu à l'infusion,

— en ayant soin, bien entendu, qu'il ne ramène point
de germes du dehors, — il ne se produit point une
renaissance de la vie. En enlevant l'air, nous supprimons la vie et le retour de ce gaz est impuissant à la
rétablir.

Ces expériences sur la mortalité provenant du défaut
d'oxygène, sont, en un certain sens, complémentaires des
magnifiques résultats de M. Paul Bert. Appliquant sa
méthode à mes infusions, je les stérilisai dans l'oxygène
à une pression de dix atmosphères ou plus. Comme les
organismes plus élevés, nos germes bactéridiques sont
empoisonnés par l'excès et asphyxiés par le défaut
d'oxygène.

Quelques mots sur la distinction à établir entre les
germes des bactéries et les bactéries elles-mêmes[1], sur la
prétendue destruction des germes par la dessiccation, sur
le scellement des tubes, enfin sur la conduite de fioles
hermétiquement fermées exposées au soleil des Alpes,
sont annexés à ce mémoire.

(Proceedings of the Royal Society, 1877.)

1. D'après les excellentes recherches de Dallinger et Drysdale, il est
prouvé que les germes des monades, comparés à l'organisme adulte,
possèdent un pouvoir de résistance dans le rapport de 11 à 6.

TABLE DES MATIÈRES

CHAPITRE PREMIER

POUSSIÈRES ET MALADIES.

CHAPITRE II

ÉTAT OPTIQUE DE L'ATMOSPHÈRE EN RELATION AVEC LA PUTRÉFACTION ET L'INFECTION.

CHAPITRE III

NOUVELLES RECHERCHES SUR LA NATURE ET LA VITALITÉ DES ORGANISMES DE LA PUTRÉFACTION.

CHAPITRE IV.

CHAPITRE V.

CHAPITRE VI

FIN DE LA TABLE DES MATIÈRES.

3305. — Imprimerie A. Lahure, rue de Fleurus, 9, à Paris.

LIBRAIRIE F. SAVY, 77, BOULEVARD SAINT-GERMAIN, PARIS

TRAITÉ
DE
BOTANIQUE

PAR

PH. VAN TIEGHEM

MEMBRE DE L'INSTITUT
PROFESSEUR AU MUSÉUM D'HISTOIRE NATURELLE

UN VOLUME GRAND IN-8 DE XXXII-1656 PAGES AVEC 805 GRAVURES DANS LE TEXTE

Prix : 30 francs.

Envoi franco dans l'Union postale contre un mandat de poste.

Les traités de Botanique publiés en France sont tous des ouvrages plus ou moins élémentaires, ne répondant pas aux besoins actuels de l'enseignement supérieur. Il manquait un ouvrage donnant le tableau complet et détaillé de la science, au courant des récentes modifications qu'elle a subies. Le Traité de M. Van Tieghem est destiné à combler cette lacune. Toutes les questions sont abordées ; tous les travaux importants parus en France et à l'étranger, y compris les plus récents, sont résumés. C'est un ouvrage indispensable non seulement aux botanistes, mais à tous ceux qui s'occupent de sciences naturelles.

Plus de huit cents gravures éclairent le texte et des annotations fréquentes indiquent toutes les sources consultées.

EXTRAIT DE LA TABLE DES MATIÈRES :

PREMIÈRE PARTIE
BOTANIQUE GÉNÉRALE

LIVRE PREMIER
MORPHOLOGIE ET PHYSIOLOGIE EXTERNES

LIVRE DEUXIÈME

MORPHOLOGIE ET PHYSIOLOGIE INTERNES

LIVRE TROISIÈME

LE DÉVELOPPEMENT

DEUXIÈME PARTIE

BOTANIQUE SPÉCIALE

EMBRANCHEMENT I

THALLOPHYTES

LIBRAIRIE F. SAVY

BOULEVARD SAINT-GERMAIN, N° 77, A PARIS

———— 1ᵉʳ FÉVRIER 1884 ————

ACY (d'). **Le Limon des plateaux du nord de la France et les silex travaillés qu'il renferme.** Paris, 1878. Grand in-4 de 72 pages et 11 pl. 12 fr.

ARCHIAC (d'). **Introduction à l'étude de la paléontologie stratigraphique.** Paris, 1862-64, 2 vol. in-8, de 1100 pages. . . . . 10 fr.

—— et Jules HAIME. Description des animaux fossiles du groupe nummulitique de l'Inde, précédée d'un résumé géologique et d'une monographie des nummulites. Paris, 1853-54. 2 vol. in-4 avec 36 planches de fossiles (60). . . 20 fr.

Le tome I comprend la Monographie des Nummulites avec la description des Polypiers et des Échinodermes de l'Inde.
Le tome II renferme les Mollusques Bryozoaires, Acéphales, Gastropodes, Céphalopodes, Annélides et Crustacés.

ASTIER. Catalogue descriptif des ancyloceras qui appartiennent à l'étage néocomien des Basses-Alpes. 1851. Grand in-8 avec 9 pl. . . 5 fr.

BAILLON (H.). Programme du Cours d'histoire naturelle médicale, professé à la Faculté de médecine de Paris. 3 vol. in-18 de 188 pages. . . 3 fr.

Iʳᵉ partie, **Zoologie médicale,** 1868, in-18 de 70 pages. 1 fr.
IIᵉ partie, **Botanique générale,** 1875, in-18 de 48 pages. 1 fr.
IIIᵉ partie, **Etude spéciale des plantes employées en médecine.** 1878. In-18 de 70 pages. (Ne se vend pas séparément.)

BALLING, professeur de docimasie et de métallurgie à l'École des mines de Pribram. **Manuel pratique de l'art de l'Essayeur. Guide pour l'essai des minerais, des produits métallurgiques et des combustibles,** traduit de l'allemand par L. Gautier. Paris, 1881. 1 vol. grand in-8 de 600 pages avec 172 gravures dans le texte. . . . . 14 fr.

Depuis une époque déjà bien éloignée, il n'a paru en France aucun Traité sur l'*Art de l'Essayeur*, et cependant cette branche si importante de la chimie technique s'est beaucoup perfectionnée.
M. le professeur Balling a donné aux essais par *voie humide* une place plus grande que celle qui jusqu'à ce jour leur était consacrée dans les publications antérieures.
L'adoption de la voie humide constitue un progrès important dans la technique métallurgique : car il ne peut suffire de connaître la teneur approximative d'un minerai, c'est-à-dire la quantité de métal qui peut en être extraite en grand ; la richesse d'une substance soumise à l'essai doit au contraire être déterminée aussi exactement que possible, afin qu'on puisse établir une comparaison exacte entre les indications obtenues par les essais et la quantité du produit fourni par la méthode d'extraction, et modifier celle-ci en conséquence.
M. Balling s'occupe de l'*essai des métaux* préparés en grand, et dans chaque chapitre il a indiqué ce qui sur ce point est le plus important pour le métallurgiste.
Les méthodes volumétriques, peu à peu introduites dans les laboratoires des usines métallurgiques, sont bien plus rapides et souvent plus précises que les méthodes pondérales.
Les tables qui accompagnent la description de quelques procédés volumétriques ont été calculées avec soin et elles seront appréciées pour leur utilité.

BAYLE (E.). Cours de minéralogie et de géologie. Paris, 1869. In-4 (Cours autographié, p. 1 à 248), avec 400 grav. dans le texte. 12 fr. 50
La *Minéralogie* est complète.

BOLLEY et KOPP. Traité des matières colorantes artificielles dérivées du goudron de houille. Traduit de l'allemand par le Dʳ L. Gautier. Paris, 1874. 1 vol. gr. in-8 avec 26 fig. dans le texte . . . . 10 fr.

Chapitre I. Du goudron et de sa rectification. — Chapitre II. L'acide phénique, ses homologues et ses dérivés. — Chapitre III. La benzine, ses homologues et ses dérivés. — Chapitre IV. La naphtaline et ses dérivés. — Chapitre V. L'anthracène et ses dérivés. — Chapitre VI. Matières colorantes dérivées des phénols. — Appendice. De quelques matières colorantes artificielles d'origines diverses.

ENVOI FRANCO DANS L'*UNION POSTALE* CONTRE UN MANDAT DE POSTE.

BOLLEY et **KOPP**. **Manuel pratique d'essais et de recherches chimiques appliqués aux arts et à l'industrie**. Guide pour l'essai et la détermination de la valeur des substances naturelles ou artificielles employées dans les arts, l'industrie, etc. ; 2ᵉ édition française, traduite de l'allemand sur la 4ᵉ édition, par le Dʳ L. Gautier. Paris, 1877. 1 vol. in-8 de 1100 pages avec 110 fig. dans le texte. 12 fr.
Ch. I. Des opérations que l'on exécute pour les recherches chimiques et des appareils qu'elles nécessitent. — Ch. II. Des réactifs, de leur préparation et de leur emploi. — Ch. III. Marche à suivre pour la recherche des substances minérales et des matières organiques les plus importantes, qui se rencontrent dans les combinaisons employées dans les arts et dans l'industrie. — Ch. IV. Essai de l'eau des sources et des fleuves et dosage des corps qu'elle tient en dissolution, et principalement de ceux qui sont la cause de sa dureté. — Ch. V et VI. Essai qualitatif et quantitatif des corps simples non métalliques et des acides employés dans les arts et dans l'industrie et recherche des substances qui altèrent leur pureté ou qui servent à les falsifier. — Ch. VII. Des alcalis et de leurs combinaisons (Potasses, cendres, salpêtre, soude, etc.). Détermination des alcalis, essai de leur pureté. — Ch. VIII. Des terres alcalines et de leurs combinaisons. — Ch. IX, Terres proprement dites et leurs combinaisons. — Ch. X, XI, XII. Des métaux lourds du groupe fer. du groupe cuivre-argent, du groupe or, étain. — Ch. XIII. Tungstène, caractères et dosage. — Ch. XIV. Composition des alliages métalliques connus et employés dans les arts, pour servir de guide dans les analyses des mélanges métalliques et pour en faciliter l'exécution. — Ch. XV. Poudre à tirer, coton-poudre, nitroglycérine, allumettes et mélanges pyrotechniques. — Ch. XVI. Matières propre au blanchiment; chlorométrie. — Ch. XVII. Terre arable. — Ch. XVIII. Des matières colorantes et des substances colorées. — Ch. XIX. Analyse organique élémentaire. — Ch. XX. Combustibles. — Ch. XXI. Noir animal. — Ch. XXII. Graisses et huiles grasses. — Ch. XXIII. Huiles volatiles, baumes, eaux aromatiques et substances résineuses. — Ch. XXIV. Matières solides, liquides et gazeuses employées pour l'éclairage. — Ch. XXV. Savons. — Ch. XXVI. Bière. — Ch. XXVII. Vin. — Ch. XXVIII. Esprit-de-vin et eaux-de-vie. — Ch. XXIX. Sucre, miel, glycérine. — Ch. XXX. Amidon, farine, pain. — Ch. XXXI. Lait. — Ch. XXXII. Thé, café, chocolat, chicorée, tabac, extrait de viande, poivre, moutarde, fromage. — Ch. XXXIII. Fibres textiles, tissus, papier. Ch. XXXIV. — Substances tannifères. — Ch. XXXV. Matières collantes gélatine, colle-forte, colle de poisson, gomme, blanc d'œuf). — Ch. XXXVI. Engrais. — Premier Appendice. Méthodes aréométriques. Deuxième Appendice. Comparaison des poids et des mesures de différents pays.

BONNET (Dʳ Ed.). **Petite Flore parisienne**, contenant la description des familles, genres, espèces et variétés de toutes les plantes spontanées ou cultivées en grand dans la région parisienne; avec des clefs dichotomiques conduisant rapidement aux noms des plantes, augmentée d'un vocabulaire des termes de botanique, et d'un mémento des herborisations parisiennes. Paris, 1883. 1 vol. in-18 jésus de 540 pages. . . . . 5 fr.
Il a semblé qu'il y avait place pour une *Flore parisienne*, plus spécialement destinée aux herborisations, et qui, tout en restant suffisamment élémentaire, serait mise au courant de la science. L'auteur s'est appliqué à rédiger, sous une forme très condensée, la description des familles, des genres et des espèces, sans cependant omettre aucun des caractères; il a, en outre, ajouté des clefs dichotomiques qui permettent à l'élève le moins exercé d'arriver rapidement au nom des plantes qu'il ne connaît pas, c'est-à-dire que l'on a combiné la méthode analytique avec la méthode descriptive, tout en laissant à chacune une complète indépendance. On a, pour chaque espèce, indiqué sa durée, l'époque de floraison et de fructification, son abondance ou sa rareté, ses stations, ses localités, etc., etc.
M. Bonnet a mentionné les localités qui sont le plus à la portée des botanistes parisiens, et, il s'est assuré par lui-même ou par l'examen d'échantillons authentiques, que la plante citée existait bien dans la localité indiquée. L'auteur a disposé les familles végétales suivant l'ordre de A.-P. de Candolle, avec quelques légères modifications. M. Bonnet a ajouté à la fin du volume, un mémento contenant l'indication des herborisations parisiennes les plus intéressantes les plus faciles à faire.
La Flore se termine par une table alphabétique et synonymique. Malgré les difficultés d'impression d'un ouvrage comme la *Petite Flore parisienne*, le prix en a été réduit autant que possible. et le livre est sous ce rapport sans comparaison.

BOUCHARD (Ch.), professeur à la Faculté de médecine de Paris. **Maladies par ralentissement de la nutrition**. Cours de pathologie générale professé à la Faculté de médecine en 1879-1880, recueilli et publié par le Dʳ H. Fremy. Paris, 1882. 1 vol. gr. in-8 . . . . 10 fr.
—— **De la pathogénie des hémorrhagies**. Paris, 1869. In-8 avec fig. 3 fr. 50
—— **Recherches sur la Pellagre**. Paris, 1862. 1 vol. in-8 de 400 pages. 6 fr.

BOULAY. **Flore cryptogamique de l'Est**. (Muscinées, Mousses, Sphaignes, Hépatiques). Paris, 1872. 1 vol. in-8 de 880 pages. . . . . 15 fr.

CAMBOULIVES (M.). **Manuel pratique de thérapeutique, de matière médicale et de pharmacologie**. Paris, 1880. 1 vol. in-18 de 960 pages . . 8 fr.

CLAUDON (Emile). **Fabrication du vinaigre** fondée sur les études de M. Pasteur, contenant : 1° description des procédés actuels de fabrication ; 2° exposition résumée des travaux de M. Pasteur sur le vinaigre; 3° développement d'un appareil de fabrication expéditive, économique, basé sur les principes émis par M. Pasteur. Paris, 1875. Gr. in-8 de 60 pages avec pl. . . . . 3 fr.

CLAUS, professeur de zoologie à l'Université de Vienne. **Traité de Zoologie.** 2ᵉ édition française, traduite de l'allemand sur la 4ᵉ édition, entièrement refondue et considérablement augmentée, par G. Moquin-Tandon. Paris, 1884. 1 vol. gr. in-8 de XVI-1566 pages, avec 1192 gravures dans le texte. . . . . 32 fr.

Le traité du professeur Claus, outre le soin apporté à la partie systématique, offre en tête de chaque groupe principal, type, classe, ordre, un exposé succinct, mais complet, de l'organisation des êtres compris dans chacun de ces groupes et un aperçu de leurs développements. Aujourd'hui où, sous l'influence des doctrines transformistes, les questions embryologiques ont acquis une si grande valeur, on comprend les services que peuvent rendre un ouvrage de ce genre, où se trouvent réunis tous les faits de quelque importance. Et si l'on considère qu'il n'existe en France aucun livre où toutes ces notions soient groupées d'une manière systématique au point de vue de l'ensemble du règne animal, et qu'il faut recourir pour leur étude aux nombreux Mémoires épars dans les recueils scientifiques, on ne sera pas surpris du succès du livre du célèbre professeur.

Les gravures, presque toutes originales, sont exécutées avec le plus grand soin.

CHOUQUET (E.). Les silex taillés des ballestières de Chelles. Fasc. I. Paris 1883. Gr. in-4 de 26 pages et 8 pl. . . . . 8 fr.

COTTEAU (G.). Echinides jurassiques, crétacés, éocènes du Sud-Ouest de la France. Paris 1883. In-S de 210 pages et 12 planches. . . . . 15 fr.

COULON (A.). Traité clinique et pratique des fractures chez les enfants. Paris, 1861. 1 vol. in-8 . . . . 4 fr.

COURTOIS-GÉRARD. De la culture des fleurs dans les petits jardins, sur les fenêtres et dans les appartements. 7ᵉ édition. Paris, 1883. 1 vol. in-32 de 192 pages, avec 15 gravures dans le texte. . . . . 1 fr.

Les marchés aux fleurs. — De la création des petits jardins. — Plantes vivaces. — Plantes annuelles. — Plantes grimpantes. — Plantes servant à orner les corbeilles et les massifs. — Des balcons, des terrasses et des fenêtres. — Fenêtres-serres. — Des appartements. Dispositions et soins à donner aux plantes. — Jardinières. — Plantes à feuillage pour appartements. — Vases à suspensions. — Aquarium. — Carafes. — Caisses Ward. — Plantes aquatiques. — Description et culture des plantes mentionnées dans l'ouvrage. — Calendrier horticole.

—— **De la culture maraîchère** dans les petits jardins, publié sous le patronage de la Société centrale d'horticulture. 6ᵉ édition. Paris, 1883. 1 vol. in-32 de 192 pages, avec 15 gravures dans le texte. . . . . 1 fr.

DELESSE. Recherches sur l'origine des roches; 2ᵉ édition. Paris, 1865. In-8 de 80 pages. . . . . 2 fr. 50

—— **Etudes sur le métamorphisme des roches.** Paris, 1869. In-8 de 100 pages. . . . . 2 fr. 50

DELESSE et DE LAPPARENT. Revue de géologie, publiée de 1860 à 1878. 16 vol. in-8. Tomes I à VIII, 40 fr. — Tomes IX à XVI. . . . . 40 fr.
On vend séparés les tomes X, XI, XII, XIV, XV, XVI. Prix du volume : 3 fr. 50.

DELORE, professeur adjoint d'accouchements à la Faculté de médecine de Lyon, et **LUTAUD,** médecin adjoint de Saint-Lazare. **Traité pratique de l'art des accouchements.** Paris, 1883. 1 vol. in-8 avec 135 gravures. . . . . 9 fr.

Les auteurs se sont proposé de développer dans un *Traité élémentaire* d'obstétrique toutes les *notions pratiques* indispensables à l'élève en médecine et à la sage-femme.

Liv. I. Anatomie et Physiologie. — Liv. II. Embryologie. — Liv. III. Grossesse et accouchements. — Liv. IV. Dystocie. — Liv. V. Thérapeutique opératoire. — Liv. VI. Hygiène obstétricale. — Liv. VII. Médecine légale et déclarations de naissance.

DESPINE (Prosper). Psychologie naturelle. Étude sur les facultés intellectuelles et morales dans leur état normal et dans leurs manifestations anomales chez les aliénés et chez les criminels. Paris, 1869. 3 vol. in-8 de 800 pages chacun. . . 21 fr.

—— **Étude scientifique sur le somnambulisme,** sur les phénomènes qu'il présente et sur son action thérapeutique dans certaines maladies nerveuses; du rôle important qu'il joue dans l'épilepsie, dans l'hystérie et dans les névroses dites extraordinaires. Paris, 1880. 1 vol. in-8 de 425 pages. . . . . 7 fr.

Ouvrage couronné par la Société médico-psychologique.

—— **De la folie** au point de vue philosophique ou plus spécialement psychologique, étudiée chez le malade et chez l'homme en santé. Paris, 1875. 1 vol. in-8° de 1000 pages . . . . 12 fr.

Ouvrage couronné par l'Institut de France.

—— **La Science du cœur humain ou la psychologie des sentiments et des passions,** d'après les œuvres de Molière. Paris, 1884. In-8 de 136 pages 3 fr.

D'ORBIGNY (CH.). Tableau chronologique des divers terrains, ou Systèmes de couches connues de l'écorce terrestre, présentant d'une manière synoptique les principaux êtres organisés qui ont vécu aux diverses époques géologiques, et indiquant l'âge relatif des différents systèmes de montagnes établis par Élie de Beaumont. 1 feuille jésus, gravée sur acier, coloriée, représentant 123 figures. . . . . . 2 fr.

—— Le même, collé sur toile, vernissé et monté sur gorge et rouleau. . . . . . . 5 fr.

D'ORBIGNY (Ch.). Coupe figurative de la structure de l'écorce terrestre, et classification des terrains suivant l'ordre des superpositions, avec indication et figures des principaux fossiles caractéristiques des divers étages géologiques.

Une feuille de 1 mètre 25 c. de long, sur 75 cent. de haut, coloriée avec 192 figures de fossiles. . . . . 6 fr.

—— Le même, collé sur toile, vernissé et monté sur gorge et rouleau. . . . . . 12 fr.

DUBRUEIL (A.), professeur de clinique chirurgicale à la Faculté de médecine de Montpellier. **Éléments de médecine opératoire.** Paris, 1875. 1 vol. in-8 de 900 pages, avec 435 gravures dans le texte. . . . . 11 fr.

Chapitre I. — Préliminaires. — Anesthésie.
Ch.   II. — Opérations qui se pratiquent sur l'appareil tégumentaire.
Ch.   III. —   —   —   l'appareil circulatoire.
Ch.   IV. —   —   —   l'appareil locomoteur.
Ch.   V. —   —   —   le système nerveux
Ch.   VI. —   —   —   l'appareil de la vision.
Ch.   VII. —   —   —   l'appareil de l'olfaction.
Ch.   VIII. —   —   —   l'appareil de la gustation.
Ch.   IX. —   —   —   l'appareil de l'audition.
Ch.   X. —   —   —   l'appareil de la respiration.
Ch.   XI. —   —   —   l'appareil digestif.
Ch.   XII. —   —   —   l'appareil génito-urinaire dans les deux sexes.

Cet ouvrage fournit les renseignements que l'on était jusqu'à présent obligé d'aller chercher dans les ouvrages spéciaux. Tous les procédés réellement utiles y sont décrits, aussi bien ceux employés par les chirurgiens étrangers que ceux usités en France. Nombre d'instruments nouveaux y sont figurés.

Les avantages et les inconvénients des différentes opérations sont signalés dans des appréciations, qui ne prennent cependant jamais les proportions d'une discussion déplacée dans un livre didactique.

Ce qui précède suffit pour montrer dans quel esprit ce livre est fait et pour faire voir que, malgré l'existence d'autres traités de médecine opératoire, celui de M. Dubrueil a sa place marquée parce qu'il répond à un besoin : la vulgarisation des procédés restés jusqu'à présent dans le domaine de la spécialité.

DUBRUEIL (A). Manuel opératoire des résections. Paris, 1871. In-8° de 64 pages avec 47 gravures dans le texte. . . . . 1 fr. 25

DUFRÉNOY et ÉLIE DE BEAUMONT. Carte géologique de la France. 1 feuille au $\frac{1}{2000000}$ imprimée en couleur (réduction de la grande carte en 6 feuilles). . . . . 5 fr.

—— La même, collée sur toile dans un étui. . . . . 7 fr.

DUMORTIER (E.). Études paléontologiques sur les dépôts jurassiques du bassin du Rhône. Les 4 vol. ensemble. . . . . 116 fr.

1re partie, Infra-lias. Paris, 1864. 1 vol. gr. in-8, avec 30 planches.
2e partie. Lias inférieur. Paris, 1867. 1 vol. gr. in-8 avec 50 planches. 30 fr.
3e partie. Lias moyen. Paris; 1869. 1 vol. gr. in-8 avec 45 planches.. . 30 fr.
4e partie, Lias supérieur. Paris, 1874. 1 vol. gr. in-8 avec 62 planches. 36 fr.

EBSTEIN (W), professeur de clinique médicale à l'Université de Gœttingue. **L'Obésité et son traitement,** traduit sur la 4e édit. Paris, 1883, gr. in-8 de 60 pages. . 1 fr.

La méthode de traitement recommandée par le professeur Ebstein est l'opposée de la méthode de Banting, dont l'emploi, comme on le sait, a été le point de départ de la dernière maladie d'un illustre personnage.

FISCHER (Dr Paul), aide naturaliste au Muséum d'histoire naturelle, **Manuel de Conchyliologie et de Paléontologie congéologique. Histoire naturelle des mollusques vivants et fossiles.** Paris, 1884. 1 vol. gr. in-8 de 1000 pages avec 400 gravures dans le texte et 24 planches contenant 600 figures et une carte col des régions malacologiques. . . . . 24 fr.

Cet ouvrage est en cours de publication. On souscrit en payant par avance.

Au 1er janvier 1884, il a paru 608 pages avec 569 figures dans le texte, un Atlas de 24 planches contenant 600 figures et une Carte coloriée des régions malacologiques.

ENVOI FRANCO DANS L'*UNION POSTALE* CONTRE UN MANDAT DE POSTE.

FLEISCHER. **Traité pratique d'analyse chimique par la méthode volumétrique**, traduit de l'allemand sur la deuxième édition, par L. GAUTIER, Paris, 1880. 1 vol. in-8 avec figures dans le texte . . . . 8 fr.
L'emploi de la méthode volumétrique a le grand avantage de permettre de faire des analyses quantitatives avec une rigueur qu'on obtient difficilement par la balance, et surtout de faire, en quelques minutes, des dosages qui demanderaient souvent plusieurs heures.
Les essais de manganèse, de minerais de fer, de scories de forges, de chlorures de chaux, de soude, de potasse, le dosage de la chaux dans les marnes, de l'acide carbonique dans les eaux minérales, l'acidimétrie, l'alcalimétrie, la chlorométrie, etc., sont tellement nets que, même entre des mains peu expérimentées, la méthode ne peut conduire qu'à des résultats exacts.

FONTANNES (F.) **Etudes stratigraphiques et paléontologiques pour servir a l'histoire de la période tertiaire dans le Bassin du Rhône.** — Paris, 1875-1881, 7 vol. gr. in-8 avec planches . . . . 47 fr. 50
—— **Les invertébres du bassin tertiaire du Sud-Est de la France**, Les mollusques pliocène de la vallée du Rhône et du Roussillon. — Paris, 1879-1885, 2 vol. grand in-4 de 540 pages avec 51 planches, représentant 500 fossiles. . 108 fr.

FORTHOMME, professeur de chimie à la Faculté des sciences de Nancy. **Notions élémentaires de physique et de chimie** à l'usage de l'enseignement secondaire. Paris, 1881. 1 vol. in-18 de 550 pages avec 170 gravures dans le texte.. 5 fr.
Ouvrage recommandé par le ministère de l'Instruction publique, pour les lycées et collèges.

FRESENIUS (R.). **Traité d'analyse chimique qualitative**. des opérations chimiques, des reactifs et de leur action sur les corps les plus répandus, essais au chalumeau, analyse des eaux potables, des eaux minérales, du sol, des engrais, etc. Recherches chimico-légales, analyse spectrale. 6° édit. française, traduite de l'allemand sur la 14° édit., par M. FORTHOMME, professeur de chimie à la Faculté des sciences de Nancy. Paris, 1879. 1 vol. in-8 avec fig. dans le texte, et un tableau. . . . 7 fr.

FRESENIUS (R.). **Traité d'analyse chimique quantitative**. Traité du dosage et de la séparation des corps simples et composés les plus usités en pharmacie, dans les arts et en agriculture, analyse par les liqueurs titrées, analyse des eaux minérales. des cendres végétales, des sols, des engrais, des minerais métalliques, des fontes, dosage des sucres, alcalimétrie, chlorométrie, etc.; 4° édition française, traduite sur la 6° édition allemande par M. FORTHOMME, professeur de chimie à la Faculté des sciences de Nancy. Paris, 1879. 1 vol. in-8 de 1000 pages avec 220 fig. dans le texte. . . . . . . 13 fr.

FREY (H.). **Traité d'histologie et d'histochimie**, 2° édition française, traduite de l'allemand sur la 5° édition, par P. SPILLMANN, professeur agrégé à la Faculté de médecine de Nancy. Paris, 1877. 1 volume grand in-8 de 800 pages avec 634 gravures dans le texte.   16 fr.
La nouvelle traduction de l'Histologie de Frey a été faite sur la cinquième édition allemande. Des changements nombreux ont été apportés dans cette édition.
L'Histochimie a été complètement remaniée ; les formules anciennes ont été remplacées par des formules atomiques. Les chapitres : *Albumine, — fibrine, — hémoglobine, — urée, — substances colorantes animales, — cellule, — phénomènes de la vie dans les cellules, — développement et modification des cellules. — sang, — migration des globules sanguins, — épithéliums, — tissus de substance conjonctive, — tissu cartilagineux, — tissu adipeux, — tissu conjonctif, — éléments du tissu conjonctif, — cornée, — tendons, — tissu osseux, — tissu musculaire, — tissu nerveux, — tissu glandulaire, — système vasculaire, — rate, — corps thyroïde, — capsules surrénales, — glande pituitaire, — épithélium pulmonaire, — glandes salivaires, — muqueuse de l'estomac et de l'intestin, — pancréas, — foie, — reins, — ovaires, — testicule, — sperme, — moelle, — moelle allongée, — cerveau, — organes des sens*, peuvent être signalés au nombre de ceux qui ont reçu les additions les plus importantes.

GARIEL et DESPLATS. **Éléments de physique médicale**, précédés d'une préface, par M. GAVARRET, professeur de physique médicale à la Faculté de médecine de Paris. 2° édition, entièrement refondue. Paris, 1884. 1 vol. in-8 de XVI-920 pages, avec 535 gravures dans le texte. . . . . 12 fr.
La nécessité de l'introduction de la physique dans les études biologiques est tous les jours mieux et plus universellement comprise.
Un livre de physique, fortement empreint de ce caractère élémentaire qui n'exclut pas la rigueur de la démonstration, dans lequel se trouvent exposés, avec tous les développements convenables et avec les seules ressources des données expérimentales, les principes fondamentaux de la mécanique, en même temps que les principales lois de la chaleur, de l'électricité, de la lumière, de l'acoustique, des actions moléculaires, doit être désormais considéré comme un complément nécessaire des traités de physiologie, d'hygiène et même de pathologie. Toutes ces qualités se trouvent réunies dans les *Éléments de physique médicale* publiés par MM. Gariel et Desplats.
Nous ne saurions trop recommander cet ouvrage à l'attention des élèves des Facultés de médecine.   GAVARRET.

ENVOI FRANCO DANS *L'UNION POSTALE* CONTRE UN MANDAT DE POSTE.

GAUDRY (Albert), membre de l'Institut, professeur au Muséum. **Les Enchaînements du monde animal dans les temps géologiques.**

Fossiles primaires. Paris, 1883, 1 vol. grand in-8 de 320 pages avec 285 gravures dans le texte, dessinées par Formant. . . . . 10 fr.

Mammifères tertiaires. Paris, 1878. 1 vol. grand in-8 de 300 pages avec 312 gravures dans le texte, dessinées par Formant. . . . . 10 fr.

Jusqu'à présent la plupart des personnes qui ont discuté les doctrines de l'évolution sont restées dans des généralités. M. Albert Gaudry a pensé que c'était seulement par une étude patiente des faits qu'on pourrait arriver à jeter de la lumière sur cette grande question qui préoccupe tant de naturalistes et de philosophes.

L'auteur a suivi pas à pas les changements des animaux pendant les temps géologiques, notant leurs gradations ou leurs dégradations successives. L'étude de ces détails est facilité par un nombre considérable de gravures supérieurement exécutées d'après les dessins de Formant. Ces gravures font passer sous les yeux du lecteur la plupart des types d'animaux qui ont précédé la venue de l'homme

Extrait de la table des matières des Fossiles primaires. — Chapitre I. Histoire des progrès de la paléontologie. — Chapitre II. Accord de la géologie avec l'étude des enchaînements des êtres. — Chapitre III. Division des terrains primaires. Étages et sous-étages. — Chapitre IV. Foraminifères primaires. — Chapitre V. Polypes primaires. — Chapitre VI. Échinodermes primaires. — Chapitre VII. Brachiopodes. — Chapitre VIII. Bivalves, Gastropodes primaires. — Chapitre IX. Céphalopodes primaires. — Chapitre X. Articulés primaires. — Chapitre XI. Poissons primaires. — Chapitre XII. Les reptiles primaires. — Résumé.

Extrait de la table des matières des Mammifères tertiaires. — Introduction. — Chapitre I. Marsupiaux — Chapitre II. Mammifères marins. — Chapitre III. Pachydermes. — Chapitre IV. Les ruminants et leurs parents. — Chapitre V. Les solipèdes et leurs parents. — Chapitre VI. Remarques sur la classification des ongulés. — Chapitre VII. Les proboscidiens. — Chapitre VIII. Les édentés, les rongeurs, les insectivores et les cheiroptères. — Chapitre IX. Les carnivores. — Chapitre X. Les quadrumanes. — Résumé.

GAUDRY (A.). Membre de l'Institut, professeur au Muséum. **Animaux fossiles du Mont Léberon (Vaucluse).** Étude des vertébrés, par A. Gaudry. Étude des invertébrés, par P. Fischer et R. Tournouer. Paris, 1873. 1 vol. in-4 de 130 pages avec 20 pl. 30 fr.

—— **Matériaux pour l'histoire des temps quaternaires.**

Fasc. I. Mammifères de la Mayenne. Paris, 1876. In-4 de 62 pages avec 11 pl. 12 fr.

Fasc. II. De l'existence des Saïgas en France à l'époque quaternaire. Paris, 1880. In-4 de 81 pages avec 4 planches . . . . 4 fr.

GAUTIER (A.), membre de l'Académie de médecine. (**Chimie biologique.**) **Chimie appliquée à la physiologie, à la pathologie, à l'hygiène, avec les analyses et les méthodes de recherches les plus nouvelles.** Paris, 1874. 2 vol. in-8 avec figures dans le texte. . . . . 18 fr.

La *Première Partie :* CHIMIE APPLIQUÉE A L'HYGIÈNE, comprend l'étude : 1° *de l'air atmosphérique*, de ses variations, de ses viciations et de leurs effets sur l'homme ; 2° *des aliments et de l'alimentation ;* 3° *des eaux*, de leur nature, de leur rôle dans la nutrition, de leur influence sur la santé publique ; 4° *des milieux habités* et de tout ce qui se rattache aux questions de cubage d'air, d'altération et d'assainissement des milieux où vivent l'homme et les animaux.

La *Deuxième Partie :* CHIMIE APPLIQUÉE A LA PHYSIOLOGIE, est divisée en six livres. Livre I. *Des tissus proprement dits.* — Livre II. *Digestion.* — Livre III. *Assimilation.* — Livre IV. *Sécrétions.* — Livre V. *Respiration.* — Livre VI. *Innervation et reproduction.*

La *Troisième Partie :* CHIMIE APPLIQUÉE A LA PATHOLOGIE, est divisée parallèlement à la Deuxième, en livres correspondants qui comprennent successivement : les *altérations pathologiques des tissus ;* les *troubles de la digestion* et les *produits anormaux du tube digestif ;* les *altérations morbides du sang, du chyle et de la lymphe ;* les *modifications pathologiques des diverses sécrétions*, les *altérations du poumon et de la respiration*, etc.

GAUTIER (L.). Manuel pratique de la fabrication et du raffinage du sucre de betteraves. Paris, 1880, gr. in-8 avec 66 fig. dans le texte. 6 fr.

Chapitre I. Fabrication du sucre de betteraves. — Chap. II. Culture de la betterave. — Chap. III. Structure et composition chimique de la betterave ; analyse aréométrique des jus ; dosage du sucre. — Chap. IV. Extraction du sucre des betteraves. — Chap. V. Préparation de la chaux, de l'acide carbonique et du lait de chaux, essai de la pierre à chaux, de la chaux, du lait de chaux, et de l'acide carbonique. — Chapitre VI. Fabrication, revivification et essai du noir animal. — Chap. VII. Utilisation des résidus de la fabrication du sucre de betteraves. — Chap. VIII. Raffinage du sucre et fabrication du sucre candi.

GIRARD (J.). La Chambre noire et le Microscope. Photomicrographie pratique. 2e édition. Paris, 1870. 1 vol. in-18, de 220 pages avec 80 gravures. . 3 fr. 50

GIRARDON (D.).Cours élémentaire de perspective linéaire, à l'usage des écoles des beaux-arts, etc. Paris, 1869. 1 vol. in-8, avec 28 pl. gravées . . . 6 fr.

GROGNOT. Plantes cryptogames cellulaires de Saône-et-Loire. 1863, gr. in-8 de 300 pages. . . . . 5 fr.

GROGNOT. Mollusques Testacés de Saône-et-Loire, 1883, de 23 pages. .   75 c.

HÉBERT. Théorie chimique de la formation des silex et des meulières. Paris, 1864. In-8 de 16 pages.. . . . . 1 fr.

HEUDE (R. P.). Conchyliologie fluviatile de la province de Nanking. Fasc. I à VIII, gr. in-4 avec 56 pl. Prix du fascicule. . . . . 10 fr.
Fascicule X, avec 8 pl. coloriées . . . , ... 20 fr.

HOPPE SEYLER. Traité d'analyse chimique appliquée à la physiologie et à la pathologie. Guide pratique pour les recherches cliniques, traduit de l'allemand sur la 4e édition, par le Dr Schlagdenhauffen, professeur agrégé à la Faculté de médecine de Nancy. Paris, 1877. 1 vol. grand in-8, avec figures dans le texte. . . . . 10 fr.
M. le professeur Hoppe Seyler a publié ce livre dans le but de favoriser les recherches de Chimie biologique aux élèves et aux praticiens. Nous donnons un extrait de la table des matières :
Méthodes de recherche ; — réactifs; composés inorganiques et organiques ; — acides ; — alcools ; — corps gras ; — matières sucrées et amylacées; matières colorantes de la bile ; — substances albuminoïdes protéides ; — éléments muqueux ; — ferments ; — analyse de l'urine, du sang, des sérosités, analyse des sécrétions, analyse du lait, analyse des organes et des tissus ; — recherches médico-légales, etc.

HUSNOT (T). Flore analytique et descriptive des mousses du Nord-Ouest. 2e édition, contenant un traité élémentaire de Bryologie. Paris, 1882. In-12 de 200 pages avec figures et échantillons. . . , ... 5 fr.

—— **Flore analytique et descriptive des hépatiques de France et de Belgique.** Paris, 1882, in-8, de 102 pages et 13 planches. . . . . 10 fr. 50

—— **Descriptions et Figures des Sphaignes de l'Europe** 1882, in-8 de 16 pages et 4 planches. . . . . 3 fr.

JANDEL (Aug.). La Botanique sans maître, ou Étude de 1000 fleurs ou plantes champêtres de l'intérieur de la France, de leurs propriétés et de leurs usages en médecine, dans les arts et dans l'économie domestique. Nouvelle édition, refondue. Paris, 1882. 1 vol. in-18 de 420 pages. . . . . 3 fr.
M. Jandel a distribué les plantes en 24 analyses tout à fait distinctes, qui les présentent en autant de tableaux détachés et sans aucune confusion. Pour parvenir à la connaissance d'un genre, il suffit que les caractères employés conviennent à toutes les espèces dont il est parlé dans l'ouvrage.
Les différents caractères qu'on est obligé d'observer avant de trouver le genre d'une plante, dans la méthode analytique, donnent ordinairement une idée si complète et si juste de ce genre, que lorsqu'on analyse une ou plusieurs plantes du même genre, si l'on rencontre une nouvelle espèce, on reconnaît à première vue le genre auquel elle appartient.
Dans la seconde partie de l'ouvrage, les plantes sont classées par ordre alphabétique; après les noms de chaque genre se trouve celui de la famille, suivi, pour chaque espèce, d'un petit résumé indiquant la couleur, la disposition des fleurs, puis quelques mots sur l'utilité des plantes et le nom des localités ou terrains où elles croissent.

KOECKLIN, SCHLUMBERGER et SCHIMPER. Le terrain de transition des Vosges, Géologie et paléontologie. Strasbourg, 1862. 1 vol. grand in-4 de 550 pages avec 30 planches coloriées. . . . . 30 fr.

KUNTH (V. S.). Enumeratio plantarum, omnium hucusque cognitarum, secundum familias naturales disposita, adjectis characteribus, differentiis et synonymiis, Stuttgardiæ, 1833-1850. 6 vol. in-8 avec pl., y compris le Supplément. (60). . 45 fr.

LABADIE-LAGRAVE (F.). Des complications cardiaques du croup et de la diphthérie. Paris, 1873. Gr. in-8 de 122 pages, avec pl. . . . . . . 3 fr. 50

LADREY. Traité de Viticulture et d'Œnologie; 2e édition, très augmentée. Paris, 1873-1880. 2 vol. in-18, avec figures. . . . . 16 fr.

—— **Art de faire le vin.** 4e édition, revue et augmentée. Paris, 1881. 1 vol. in-18 de 440 pages avec 57 gravures dans le texte. . . . . 5 fr.
Extrait de la table des matières : Chap. I, les Liqueurs fermentées; Chap. II, les Fermentations; Chap. III, le Raisin et sa composition générale; Chap. IV, la Fermentation vineuse ; Chap. V, Etude des substances existant dans le moût du raisin; Chap. VI, Etudes des substances produites pendant la fermentation ; Chap. VII, Préparation des vins; Division et classification des opérations; Chap. VIII, Vendange, récolte et vinage des raisins ; Chap. IX, Foulage et Egrappage; Chap. X, Disposition des cuves pendant la fermentation ; Chap. XI, Simplification du matériel des cuveries; Chap. XII, Hygiène des cuveries; Chap. XIII, Durée du cuvage, influence des foulages; Chap. XIV, Décuvage, pressurage; Chap. XV, Mise en tonneaux, remplissage ; Chap. XVI, Instruments employés dans la vinification; Chap. XVII, Soutirage ; Chap. XVIII, Collage; Chap. XIX, Soufrage; Chap. XX, Mise en bouteilles ; Chap. XXI, manière de servir le vin ; Chap. XXII, la Vinification; Chap. XXIII, Modifications apportées aux opérations de vinification pour la préparation des différentes sortes de vin ; Chap. XXIV, Maladies des vins, procédés pour les guérir et à les prévenir ; Chap. XXV, Analyse élémentaire des moûts et du vin ; Chap. XXVI, Etudes des moyens employés pour améliorer les vins et pour augmenter leur quantité

LADREY. Le Phylloxéra. Histoire de la nouvelle maladie de la vigne et des moyens employés pour la guérir. Etudes pratiques à l'usage des vignobles menacés. Paris, 1875. 1 vol. in-8 de 240 p. avec carte. . . . . 4 fr.

LAMARCK. Philosophie zoologique, ou Exposition de considérations relatives à l'histoire naturelle des animaux, à la diversité de leur organisation et des facultés qu'ils en obtiennent, aux causes physiques qui maintiennent en eux la vie et donnent lieu aux mouvements qu'ils exécutent; enfin, à celles qui produisent les unes le sentiment, les autres l'intelligence de ceux qui en sont doués. Nouvelle édition, revue et précédée d'une introduction biographique par Charles MARTINS, professeur d'histoire naturelle à la Faculté de médecine de Montpellier, etc. Paris, 1873. 2 vol. in-8 de 900 p. . . . 12 fr.

Les faits acquis à la science depuis la mort de Lamarck ont confirmé sa théorie fondamentale, désignée maintenant sous le nom de *Théorie de la descendance.*

Lamarck, dans ses travaux spéciaux, avait étudié un nombre immense d'animaux et de végétaux, condition nécessaire pour pouvoir s'élever à des généralisations composant l'ensemble du monde organisé.

LAMBERT (E.). Cours élémentaire de Botanique. 3e édition. Paris, 1877. 1 vol. in-18 avec 209 gravures dans le texte. . . . . 3 fr.

—— **Cours élémentaire de Zoologie.** 3e édition. Paris, 1878. 1 vol. in-18 avec 100 gravures dans le texte. . . . . 3 fr.

—— **Nouveau Guide du géologue,** Géologie générale de la France, suivie d'un appendice sur la géologie des principales contrées de l'Europe. 1 vol. in-18 de 500 pages, avec 76 figures dans le texte, et accompagné de la Carte géologique de France, par Dufrenoy et Élie de Beaumont. . . . . 10 fr.

—— LE MÊME OUVRAGE, sans la Carte géologique de la France. . . . . 5 fr.

La première partie contient les renseignements nécessaires et indispensables à celui qui commence l'étude de la géologie, les instructions utiles pour la recherche des fossiles, les conseils pour les voyages, la manière de former des collections, etc.

La deuxième partie est consacrée à la géologie générale de la France, en suivant les contours des bassins géologiques de chaque grande formation.

La troisième partie comprend l'étude spéciale de la géologie de chaque département, classé par ordre alphabétique. Chaque département est suivi de l'indication des auteurs qui l'ont exploré. Ce Guide contient ainsi des renseignements très précieux, qui épargneront de longues recherches.

La géologie de la France est suivie d'un aperçu sur la géologie des principales contrées de l'Europe.

LANGLEBERT. Traité théorique et pratique des maladies vénériennes, Leçons cliniques sur les affections blennorrhagiques, le chancre et la syphilis. Paris, 1864. 1 vol. in-8 de 700 pages. . . . . 8 fr.

LAPPARENT (A. de). Traité de Géologie. Paris, 1883, 1 vol. gr. in-8 de XVI-1280 pages avec 610 figures dans le texte. . . . . 24 fr.

Première partie : **Phénomènes actuels.**

Livre I. Morphologie terrestre : Section I : Morphologie proprement dite; Section II : Physiographie. — Liv. II. Dynamique terrestre externe : Section I : Actions physiques et mécaniques; Section II : Actions chimiques; Section III : Actions physiologiques. — Liv. III. Dynamique terrestre interne : Section I : Phénomènes thermiques; Section II : Phénomènes volcaniques; Section III : Phénomènes geysériens; Section IV : Phénomènes de dislocation.

Deuxième partie : **Géologie** proprement dite.

Livre I. Notions fondamentales sur la composition de l'écorce terrestre : Section I : Éléments des formations d'origine interne ; Section II : Croûte primitive du globe ou terrain primitif. — Liv. II. Description des formations d'origine externe ou sédimentaires : Section I : Généralités sur les formations sédimentaires ; section II : Groupe primaire ou paléozoïque : Section III : Groupe secondaire ou mésozoïque ; Section IV : Groupe tertiaire ou néozoïque ; section V : Ere moderne ou quaternaire. — Liv. III. Formations d'origine interne ou éruptives : Section I : Roches éruptives ; Section II : Gîtes minéraux et métallifères. — Liv. IV. Dislocations de la croûte du globe. Théories géogéniques : Section I : Dislocations du globe ; Section II : Théories géogéniques.

LAPPARENT (A. de). Cours de Minéralogie. Paris, 1884. 1 volume grand in-8 de 560 pages avec 519 gravures dans le texte et une planche chromolithographiée 15 fr.

Livre I : Cristallographie géométrique. — Livre II : Cristallographie physique. — Livre III : Description des principales espèces minérales.

LEFÈVRE. De la chasse et de la préparation des papillons. Gr. in-8 avec pl. . . . . 1 fr. 25

LEMAIRE. De la chasse et de la préparation des oiseaux. Gr. in-8 avec pl. . . . . 1 fr. 25

LEROUX. Cours de géométrie élémentaire (Géométrie plane et Géométrie dans l'espace, à l'usage des classes de quatrième, troisième, seconde et rhétorique). 1 vol. in-18 de 500 p. avec 500 gr. dans le texte. . . . . 3 fr

LISLE (E.), ancien médecin en chef de l'hospice des aliénés de Marseille. **Du traitement de la congestion cérébrale et de la folie avec congestion et hallucinations.** Paris, 1871. 1 vol. in-8 de 406 p. . . . . 7 fr.

LORIOL (P. de). Monographie des Echinides contenus dans les couches nummulitiques de l'Égypte. Paris, 1881. Grand in-4° de 90 pages et 11 planches représentant 237 figures de fossiles . . . . 15 fr.

LUCAS. Histoire naturelle des Lépidoptères d'Europe: 2e édition. 1 vol. gr. in-8, cartonné en toile anglaise, non rogné, avec 80 planches gravées sur acier, représentant 400 papillons, coloriés d'après nature. . . . . 25 fr.
Le même ouvrage, demi-reliure chagrin, doré en tête, non rogné. . . . . . 30 fr.

——— **Histoire naturelle des Lépidoptères exotiques.** 1 vol. grand in-8, cartonné en toile anglaise, non rogné, avec 80 planches gravées sur acier, représentant 400 papillons, coloriés d'après nature. . . . . 25 fr.
Le même ouvrage, demi-reliure chagrin, doré en tête, non rogné. . . . . . . 30 fr.

MASSE (J. N.) Petit Atlas complet d'anatomie descriptive du corps humain. Nouvelle édition, augmentée des tableaux synoptiques d'anatomie descriptive. Paris, 1879. 1 vol. in-18 demi-reliure chagrin non rogné, tranches dorées en tête, composé de 113 planches, comprenant 5 à 600 figures dessinées d'après nature et gravées sur acier, avec texte explicatif. . . . . 20 fr.

——— Le même ouvrage, demi-reliure chagrin, non rogné, tranches dorées en tête, avec les planches coloriées. . . . . 36 fr.
Cet Atlas contient 113 planches qui comprennent 600 figures, et non seulement tous les organes ont leur représentation fidèle, mais plusieurs planches sont consacrées à des coupes d'anatomie chirurgicale. Un sommaire précis accompagne chaque planche; et, toute planche a son explication complète en regard sans jamais obliger à tourner la page.
Pour obtenir la vérité et la netteté dans les dessins, on n'a reculé devant aucun sacrifice, et il n'est pas une seule de nos planches qui n'ait été faite d'après nature. Avec les réductions qui devenaient indispensables, la lithographie n'aurait pu donner une assez juste idée des objets. On a donc employé la gravure en taille-douce, devant laquelle les plus grandes iconographies ont reculé.
Les 113 planches avec leur texte correspondant sont reliées en un seul volume et, pour faciliter l'étude, toutes les planches sont montées sur onglet, de sorte que l'Atlas relié s'ouvre aussi aisément qu'un volume broché, et en outre est d'une solidité à toute épreuve.
Plus de soixante mille exemplaires, vendus depuis son apparition, attestent suffisamment l'accueil qui a été fait à cette utile publication.

MÉRAY, professeur à la Faculté des sciences de Dijon. **Nouveau Précis d'analyse infinitésimale.** Paris, 1874. 1 vol. in-8 de 310 p. . . . . 7 fr.

——— **Nouveaux Éléments de géométrie.** Paris, 1874. 1 vol. in-8 de 350 pages avec 164 fig. . . . . 6 fr.

MOHR (F.). Traité d'analyse chimique à l'aide de liqueurs titrées. Deuxième édition française traduite de l'allemand sur la 4e édition, par M. Fonthomme, professeur de chimie à la Faculté des sciences de Nancy. Paris, 1875. 1 vol. grand in-8 avec 163 gravures dans le texte. . . . . 30 fr.
Voir Fleischer, *Traité d'analyse chimique par la méthode volumétrique.*

NAQUET (A.) et HANRIOT (R.), professeurs agrégés à la Faculté de médecine de Paris. **Principes de chimie** fondée sur les théories modernes; 4e édition, revue et considérablement augmentée. Paris, 1883. 2 vol. in-18 de 1200 pages avec gravures dans le texte. . . . . 11 fr.
Le livre de M. Naquet a fait époque en chimie. Pour la première fois, la théorie dite atomique se trouvait exposée, avec toute sa précision et sa simplicité. Aussi trois éditions se succédèrent rapidement.
M. Naquet s'est associé pour cette quatrième édition un des jeunes agrégés les plus distingués. Parmi les principales additions nous signalerons les méthodes employées pour liquéfier les gaz réputés permanents, l'exposé de la classification de Mendeléef et l'histoire du Gallium, ce nouveau métal si singulier.
Depuis quelques années la chimie organique a changé de face. La connaissance approfondie de la constitution des corps, les nombreuses synthèses exécutées depuis cette époque, la thermochimie, ont modifié les considérations théoriques. Presque partout, ces passages des *Principes de chimie* ont dû être refaits. Bien des corps, séparés dans l'ouvrage primitif, ont dû être rapprochés. Ainsi les sucres ont été décrits à côté des aldéhydes; le cyanogène et ses dérivés à côté des amides. De nombreuses additions ont été introduites, relatives aux aldéhydes à la série aromatique, aux synthèses récentes de l'acide citrique, de l'indigo, de l'atropine, etc. Enfin, deux chapitres, entièrement nouveaux, relatifs, l'un à la série pyridique et quinoléique, l'autre aux relations du pouvoir rotatoire avec les positions des atomes dans la molécule, ont été introduits dans cette quatrième édition.

ENVOI FRANCO DANS L'*UNION POSTALE* CONTRE UN MANDAT DE POSTE.

NEUBAUER et VOGEL. De l'urine et des sédiments urinaires. Propriétés et caractères chimiques et microscopiques des éléments normaux et anormaux de l'urine, analyse qualitative et quantitative de cette sécrétion, description et valeur séméiologique de ses altérations pathologiques, etc. 2ᵉ édition française, traduite de l'allemand sur la 7ᵉ édition, par L. Gautier. Paris, 1877. 1 vol. gr. in-8 avec 4 planches coloriées et 69 figures dans le texte. . . . . 10 fr.

Extrait de l'analyse bibliographique publiée dans les Archives de médecine, 6ᵉ série, t. XV, p. 635 :

« Un grand nombre d'ouvrages ont été publiés par des chimistes et des médecins pour guider le praticien dans ses recherches. Aucun d'eux n'a aussi parfaitement résolu le problème que celui de Neubauer et Vogel.

La partie chimique, due à M. Neubauer, s'appuie partout sur des découvertes et sur des expériences qui donnent à cette partie de l'ouvrage un caractère scientifique élevé.

La partie médicale, due à M. Vogel, représente bien aussi l'état actuel de la science.

Des indications bibliographiques très précises complètent ce livre et ajoutent beaucoup à sa valeur. Plusieurs planches représent fidèlement les sédiments urinaires et les éléments anatomiques qui les accompagnent.

Ce livre rendra plus d'un service en France, où il n'a pas de rival sérieux. »

NIEMEYER (P.). Précis de percussion et d'auscultation. Traduit de l'allemand par A. Szerlecki. Paris, 1874. 1 vol. in-18 de 150 pages, avec 21 figures dans le texte. . . . . 2 fr. 50

OLIVIER (L.). Les procédés opératoires en histologie végétale (microchimie). Paris, 1882, gr. in-8 de 40 pages. . . . . 1 fr. 75

PASSOT (P.). Leçons d'un instituteur, pour disposer les enfants aux bons traitements envers les animaux. Paris, 1862. 1 vol. in-32 de 192 pages. . . . . 1 fr.

PAYER. Botanique cryptogamique, ou Histoire naturelle des familles des plantes inférieures ; 2ᵉ édition, revue et augmentée de notes par Baillon, professeur de botanique à la Faculté de médecine de Paris, 1868. 1 vol. gr. in-8, avec 1100 fig. dans le texte. . . . . 30 fr.

On sait que la Cryptogamie est l'étude des plantes inférieures telles que les algues, les champignons, les lichens, les mousses, etc. Avant la publication de l'ouvrage que nous annonçons, on était fort embarrassé pour commencer l'étude de la Cryptogamie.

Plus de onze cents figures, intercalées dans le livre, facilitent l'intelligence du texte.

PHILLIPEAUX. Traité de thérapeutique de la coxalgie, suivi de la description de **l'appareil inamovible** pour le traitement des coxalgies, par M. le professeur Verneuil. Paris, 1867. 1 vol. in-8 avec figures . . . . 8 fr.

PLANCHON (G.), professeur à l'École supérieure de pharmacie de Paris. **Traité pratique de la détermination des drogues simples d'origine végétale, ou Nouveau Cours d'Histoire naturelle professé à l'École de pharmacie de Paris,** 1875. 2 forts vol. in-8 de 1200 pages, avec 505 grav. dans le texte. 20 fr.

Ouvrage couronné par l'Institut de France.

M. Planchon, dans ce nouvel ouvrage, étudie complètement les drogues simples usuelles, insérées au Codex ou récemment introduites dans la thérapeutique. Il donne des notions sur l'origine des substances médicinales et leurs principes actifs; il insiste sur les caractères qui permettent soit de grouper entre elles, soit de distinguer les unes des autres les drogues simples à l'état où on les emploie dans les pharmacies. De nombreuses figures, dessinées sur des préparations microscopiques et des échantillons-types du droguier de l'École de pharmacie, facilitent l'intelligence du texte.

Ce nouveau livre de M. Planchon doit se trouver non seulement entre les mains de tous les étudiants en pharmacie, mais dans la bibliothèque de tous les pharmaciens, soucieux de vérifier eux-mêmes la véritable nature des produits qu'ils emploient.

POST. Traité complet d'analyse chimique appliquée aux essais industriels, publié avec la collaboration de plusieurs chimistes. Traduit de l'allemand par Dr L. Gautier. Paris, 1884. 1 vol. grand in-8º de 1120 pages, avec 300 gravures dans le texte. . . . . 25 fr.

Chap. I. Essai de l'eau. — Chap. II et III. Détermination de la composition chimique et calorifique des combustibles. — Chap. IV. Pyrométrie. — Chap. V. Gaz d'éclairage. — Chap. VI. Hydrocarbures solides et liquides du règne minéral. — Chap. VII. Métaux. — Chap. VIII. Acides inorganiques, sels alcalins, chlorures de chaux. — Chap. IX. Engrais commerciaux. — Chap. X. Matières explosibles et allumettes. — Chap. XI. Chaux et ciments. — Chap. XII. Matières grasses (graisses et huiles, stéarine, glycérine, savons, matières grasses lubrifiantes). — Chap. XIII. Amidon et fécule. Dextrine. Sucre. — Chap. XIV. Bière. — Chap. XV. Vin. — Chap. XVI. Alcool et levure pressée. — Chap. XVII. Vinaigre. Acide acétique, acétates et esprit de bois. — Chap. XVIII. Cuir et colle. — Chap. XIX. Sels métalliques. — Chap. XX. Matières colorantes. — Chap. XXI. Poteries. — Chap. XXII. Verre.

PRÉVOST (Florent) et LEMAIRE. Histoire naturelle des Oiseaux d'Europe (passereaux); 2ᵉ édition, revue et corrigée. Paris, 1876. 1 beau vol. grand in-8 cartonné en toile anglaise, non rogné, avec 80 planches gravées en taille-douce et coloriées avec soin, représentant 200 sujets. . . . . 25 fr.

——— Le même ouvrage, demi-reliure chagrin, non rogné. . . . . 30 fr.

——— **Histoire naturelle des Oiseaux exotiques.** 1 beau volume grand in-8 cartonné en toile anglaise, avec 80 planches gravées en taille-douce et col. avec soin, représentant 200 sujets. 25 fr.

——— Le même ouvrage, demi-reliure chagrin, non rogné . . . . 30 fr.

Il n'est rien de plus attrayant, pour les personnes qui ont le goût de l'histoire naturelle, que l'étude des oiseaux et des papillons. Les quatre volumes que nous annonçons (H. Lucas, Florent Prévost et Lemaire) se recommandent aux gens du monde par la netteté des descriptions et la clarté du classement des espèces. Les noms des auteurs sont en outre une garantie de leur valeur scientifique. Le coloris des planches, gravées en taille-douce avec le plus grand soin, a été exécuté d'après les aquarelles des voyageurs et des artistes les plus distingués.

Un traité pour l'empaillage et la chasse des oiseaux, ainsi que pour la préparation et la conservation des papillons et des insectes, accompagne chaque traité. Voy. Lucas.

PUECH (A.). Des anomalies de l'homme, de leur fréquence relatives. Paris, 1871. In-8 de 104 pages. . . . . · . . . . . 2 fr. 50

——— **De l'hématocèle péri-utérine.** Paris, 1861. In-8. . . . . , . . 1 fr. 50

——— **Des ovaires et de leurs anomalies.** Paris, 1885. In-4 de 160 pages   5 fr.

——— **Les mamelles et leurs anomalies,** étudiées au point de vue de l'anatomie. de la physiologie et de l'embryogénie. Paris, 1876, br. in-8 de 120 pages . . . . 5 fr.

RANVIER (L.), professeur d'anatomie générale au Collège de France. **Traité technique d'histologie.** Paris, 1875-1882. 1 vol. gr. in-8. Pages 1 à 976, avec 324 gravures dans le texte. 35 fr.

Séparément le Fascicule V (pages 641 à 800, fig. 216 à 268) . . . . 5 fr.
— Fascicule VI (pages 801 à 976, fig. 269 à 324). . . . . 5 fr.

Cet ouvrage contient le résumé fidèle des leçons professées au Collège de France par M. Ranvier : Instruments, Réactifs et Méthodes générales, Tissus, Lymphe, Sang, Epithéliums, Tissu cartilagineux, Tissu osseux, Tissu conjonctif, Tissu musculaire, Cœur, Artères, Veines capillaires, Vaisseaux sanguins, Vaisseaux lymphatiques. Ganglions lymphatiques, Cœurs lymphatiques, Système nerveux, Cornée, Rétine, Peau, Organes du goût, Œsophage.

RANVIER (L.), Leçons sur l'histologie du système nerveux professées au Collège de France en 1876-1877. Paris, 1878. 2 vol. gr. in-8 de 700 pages avec gravures dans le texte et 12 pl. chromolith. . . . . 25 fr.

Cours d'anatomie générale du Collège de France.

RESAL. Carte géologique du Doubs, 1862, 6 feuilles au $\frac{1}{80000}$ . . . . 45 fr.

REULEAUX. Le Constructeur. Formules, règles, calculs, tracés de machines, renseignements usuels, aide-mémoire des ingénieurs, constructeurs, architectes, etc. 2ᵉ édition française, avec notes et additions par A. Debize, ingénieur en chef des manufactures de l'Etat. Paris, 1881. 1 vol. gr. in-8 de 800 pages avec 800 gravures dans le texte, tableaux, etc. 22 fr.

Le Constructeur est divisé en quatre parties principales : la première partie comprend *la Résistance des matériaux*; la deuxième partie est consacrée à l'exposé des principes de *la Graphostatique;* la troisième partie comprend *la Détermination des organes de machines*; enfin la quatrième partie renferme *une série de tables formules, règles de calculs, tracés* et des renseignements pour les ingénieurs, les constructeurs, les architectes et les mécaniciens.

Le Constructeur de M. Reuleaux, l'un des plus savants professeurs de mécanique industrielle de l'Allemagne, renferme, dans un ordre très méthodique, tout ce que la science et la pratique nous ont révélé jusqu'à présent sur la construction des machines; cet ouvrage est indispensable à tous ceux qui veulent inventer, dessiner, organiser, construire ou diriger des machines, ou enseigner la mécanique industrielle. Les figures insérées dans le texte sont d'une exécution parfaite; l'ouvrage est imprimé avec soin.

REULEAUX. Temps préhistoriques.—Coup d'œil sur l'histoire du développement des machines dans l'humanité. Paris, 1877. Grand in-8 de 36 pages. . . . . 75 c.

REULEAUX. Traité de cinématique. Principes fondamentaux d'une théorie générale des machines. Traduit de l'allemand par A. Debize. Paris, 1877. 1 v. gr. in-8 de 700 pages avec 452 gravures dans le texte et 1 atlas de 8 planches représentant 96 figures. . . . . 20 fr.

Ce livre a un but plus élevé que *le Constructeur*. Il est destiné à introduire de profondes modifications dans l'enseignement de la Cinématique.

La Cinématique du professeur Reuleaux doit être considérée comme une science entièrement nouvelle, éminemment propre à faciliter l'intelligence des machines existantes et à diriger l'inventeur dans ses recherches. Après avoir reconnu l'insuffisance ou l'imperfection des méthodes en usage, le professeur Reuleaux a cherché à déterminer les lois qui régissent la formation des mécanismes, et, de ses recherches, il a tiré des conclusions d'une grande importance.

D'après l'auteur, la machine se compose d'un ou de plusieurs mécanismes, dont chacun peut se ramener à une chaîne cinématique formée elle-même de couples d'éléments.

Cette décomposition de la machine, ou son analyse cinématique, est simple et facile à comprendre. Elle est d'ailleurs extrêmement féconde.

Les principes fondamentaux relatifs aux couples d'éléments et aux chaînes cinématiques font l'objet des cinq premiers chapitres. Le chapitre VI indique en traits généraux les origines et les perfectionnements successifs de la machine, considérée comme produit de l'esprit humain. Le chapitre VII est consacré à l'exposition d'un système de notation cinématique qui est de nature à faciliter notablement l'usage de l'analyse. Les chapitres VIII à XII sont consacrés à l'analyse cinématique des mécanismes, organes de machines et machines complètes.

REY (A.). Traité de jurisprudence vétérinaire, contenant la législation sur les vices rédhibitoires et la garantie dans les ventes d'animaux domestiques, suivi d'un **Traité de médecine légale** sur les blessures et les accidents qui peuvent survenir en chemin de fer. 2e édit. augmentée. Paris, 1875. 1 vol. in-8 de 776 p. 10 fr.

REYNÈS (P.). Monographie des Ammonites. Paris, 1879, gr. in-folio de 58 planches lithog. représentant 1100 fossiles dans leur grandeur naturelle, avec texte in-8. 60 fr.

RICHARD, MARTINS et DE SEYNES. Nouveaux Éléments de botanique, contenant l'organographie, l'anatomie et la physiologie végétales, les caractères de toutes les familles naturelles, par Achille Richard, 11e édition, augmentée de notes additionnelles par Charles Martins, professeur de botanique à la Faculté de médecine de Montpellier, et pour la partie cryptogamique, par J. de Seynes, professeur agrégé à la Faculté de médecine de Paris. Paris, 1876. 1 vol. in-8 de 700 pages avec 380 fig. dans le texte. . . . . 7 fr.

Le lecteur s'assurera, en parcourant ce livre, de l'importance des additions dont le professeur Martins a enrichi cette édition nouvelle. Parmi les articles additionnels nous indiquerons les méats intercellulaires, les vaisseaux du latex, la structure du bois, la respiration végétale, la formation de l'embryon, la parthénogénèse, la fécondation entre espèces différentes et la géographie botanique. En ce qui concerne les familles, le professeur Martins, laissant intacte cette partie de l'ouvrage de Richard, s'est contenté d'y ajouter la liste des familles rangées suivant la méthode de de Candolle. Il justifie cette addition par l'extrême facilité que cette classification offre aux commençants. La partie cryptogamique a été complètement remaniée.

Cette dernière édition, avec les compléments dont l'ont enrichie les professeurs Martins et de Seynes, est le tableau extrêmement fidèle de l'état de la science botanique.

RITTER. Manuel de chimie pratique (analytique, toxicologique, zoochimique), à l'usage des étudiants en médecine et en pharmacie. Paris, 1874. 1 vol. in-18 avec 123 fig. dans le texte. . . . . 6 fr.

SAVATIER et FRANCHET. Enumeratio plantarum in Japonia, sponte crescentium, hucusque rite cognitarum, adjectis descriptionibus specierum pro regione novarum, etc. Parisiis 1875-1879. 2 vol. grand in-8. . . . . 50 fr.

SERAINE (Dr), auteur des *Préceptes du mariage*. **De la santé des gens mariés**, ou Physiologie de la génération de l'homme et hygiène philosophique du mariage. 30e édition. Paris, 1883. 1 beau vol. in-18 de 400 pages. . . . . . 3 fr.

Sommaire des principaux chapitres de la table des matières.

I. Du sens génésique. — II. Des organes reproducteurs. — III. Limite de la puissance sexuelle. — IV. Du mariage et de la maternité. — V. Du célibat et de ses inconvénients. — VI. Conformation vicieuse des organes reproducteurs. — VII. Syncope génitale. — VIII. Atonie des organes. — IX. Perversion nerveuse. — X. Absence ou vice de composition des germes. — XI. Hérédité de structure. — XII. Hérédité physiologique. — XIII. Hérédité de quelques diathèses. — XIV. Hérédité de quelques névropathies. — XV. Hérédité morale.

—— **De la santé des petits enfants**, ou Conseils aux mères sur la conservation des enfants pendant la grossesse, sur leur éducation physique depuis la naissance jusqu'à l'âge de sept ans, et sur leurs principales maladies. Nouvelle édition. 1 vol. in-32 de 192 p. . . . . 1 fr.

THÉRAINE (D^r) Les préceptes du mariage, traduits du grec de Plutarque, suivis d'un Essai sur l'idéal de l'amour, du mariage et de la famille. Nouvelle édition. 1 vol. in-18 de 192 pages. . . . . 1 fr.

Petit ouvrage plein de charme et de la plus haute moralité. Il devrait se trouver dans toutes les corbeilles de mariage.

TISPILLMANN (P.). De la tuberculisation du tube digestif. Paris, 1878. 1 vol. gr. in-8 avec 2 pl. chromolithographiées. . . . . 5 fr.

TISTABILE (J.). Mollusques terrestres vivants du Piémont. Milan, 1864. Ga. in-8 de 140 pages et 2 planches. . . . . 6 fr.

TISTENFORT. Des conditions des baux ruraux. Entretiens entre un propriétaire et son fermier sur la pratique de l'agriculture. Lectures à l'usage des écoles primaires rurales et des écoles normales. Paris, 1869. 1 vol. in-18 avec 24 gravures dans le texte. . . . . 1 fr. 25

TISTRASBURGER. Études sur la formation et la division des cellules, traduit de l'allemand par Kienx. Paris, 1876. 1 volume gr. in-8 de 307 pages avec 8 planches représentant 198 figures. . . . . 20 fr.

TERREIL (A.). Traité pratique des essais au chalumeau dans les analyses chimiques et les déterminations minéralogiques; mode d'emploi et description des propriétés physiques des minéraux et des caractères chimiques qui peuvent les faire reconnaître dans les essais au chalumeau. Paris, 1876. 1 vol. in-8 de 500 pages, avec tableaux. . . . . 10 fr.

Le but de l'auteur, en écrivant le *Traité pratique des essais au chalumeau*, a été de généraliser et de propager l'usage de ce précieux instrument qui possède, dans les recherches de chimie analytique, la sensibilité du spectroscope. Dans aucun ouvrage on n'a indiqué jusqu'à présent de méthode générale pour la marche à suivre dans les essais pyrognostiques.

Dans la dernière partie du livre, qui est la plus étendue, tous les corps simples et leurs composés chimiques sont étudiés avec grand soin au point de vue des caractères qui les font reconnaître dans les essais pyrognostiques; on y trouvera également une description des minéraux qui contiennent ces corps simples et les caractères physiques de ces minéraux; cette dernière partie constitue *un véritable traité pratique de minéralogie*.

TOMES. Traité de chirurgie dentaire, ou **Traité pratique de l'art du dentiste.** Traduit de l'anglais sur la 2e édition, Paris, 1873. 1 vol. in-8 de 650 pages avec 250 gravures dans le texte. . . . . 10 fr.

Le *Traité de chirurgie dentaire*, de MM. John et Ch. Tomes, est strictement pratique. Les auteurs débutent par l'anatomie dentaire; ils font l'exposition de la structure et du développement des dents et des mâchoires. Les maladies des dents et de leurs parties accessoires, ainsi que les affections concomitantes, ont été traitées, autant que possible, suivant l'ordre naturel de leur apparition, et les auteurs ont donné des détails sur la structure et le développement des tissus envahis, puis ensuite la description des maladies auxquelles ils sont respectivement exposés.

TOURNIER (Émile). Nouveau Manuel de chimie simplifiée, pratique et expérimentale, sans laboratoire, manipulations, préparations, analyses, contenant : 1° des ustensiles, appareils et procédés d'opérations les plus faciles ; 2° principes de la chimie, préparation, étude et usage des corps minéraux et organiques avec les noms anciens et nouveaux, expériences, procédés, recettes d'économie domestique et industrielle, etc.; 3° précis d'analyse, essais, recherche des falsifications. 2e édition, revue et augmentée. Paris, 1880. 1 vol. in-18 avec 300 fig. dans le texte. . . . . 3 fr.

TYNDALL (John). Les Microbes, traduit de l'anglais par Dollo. Paris, 1882. 1 vol. in-8 avec figures dans le texte. . . . . 8 fr.

L'auteur s'est attaché à être clair et précis, évitant d'entrer dans les détails trop techniques. A ce titre, les chapitres *Poussières et maladies : la Fermentation et sa portée dans la chirurgie et la médecine ; Génération spontanée*, sont des modèles où apparaît tout le talent de vulgarisation du savant anglais. Les travaux de Pasteur sur les maladies de la bière, sur la pébrine et la flacherie, ceux de Koch sur la bactéridie charbonneuse, les conséquences qu'on peut en déduire au point de vue de la conception des maladies infectieuses, se trouvent analysés et commentés avec une clarté qui les met à la portée de tous.

VALBY (H.). Le vin par le sucre et par les raisins secs. Paris, 1883. In-8 de 80 pages. . . . . 1 fr. 50

VAN HEURCK. Le Microscope, sa construction, son maniement et son application à l'anatomie végétale et aux diatomées. 3e édition, suivie du synopsis des Genres des Diatomées, par H. Smith, traduit de l'anglais. 1878. 1 vol. in-8 avec 170 gravures dans le texte. . . . . 10 fr.

VAN TIEGHEM (Ph.), membre de l'Institut, professeur de botanique au Muséum. **Traité de Botanique.** Paris, 1884. 1 vol. gr. in-8 de xxxi-1656 pages avec 803 gravures dans le texte. . . . . 30 fr.

Première partie : **Botanique générale.**

Livre premier : Morphologie et Physiologie externes. — Ch. 1 : Le corps de la plante. — Ch. II : Différentiation progressive du corps. — Ch. III : La Racine. — Ch. IV : La Tige. — Ch. V : La Feuille. — Ch. VI : La Fleur.

Livre second. Morphologie et Physiologie internes. Ch. 1 : La Cellule. — Ch. II : Différentiation progressive de la structure du corps. Tissus et appareils. — Ch. III : La Racine. — Ch. IV La Tige. — Ch. V : La Feuille. — Ch. VI : La Fleur.

Livre troisième. Le Développement. Ch. I : Développement des Phanérogames. — Ch. II : Développement des Cryptogames vasculaires. — Ch. III : Développement des Muscinées. — Ch. IV : Développement des Thallophytes — Ch. V : Autofécondation, métissages, hybrydité.

Deuxième partie. **Botanique spéciale.**

Embr. I. Thallophytes. — Cl. I : Champignons. — Cl. II : Algues. — Embr. II. Muscinées. Cl I : Hépatiques. — Cl. II : Mousses. Embr. III. Cryptogames Vasculaires. — Cl. I : Filicinées. Cl. II : Equisétinées. — Cl. III : Lycopodiacées. Embr. IV. Phanérogames. — Cl. I : Gymnospermes. — Cl. II : Angiospermes, Monocotylédones. — Cl. III : Dicotylédones. — Distribution des plantes à la surface de la terre.

VÉLAIN (Ch.), maître de conférences à la Sorbonne. **Premières Notions de Géologie.** Paris, 1882. 1 vol. in-18 de 216 pages avec 142 gravures dans le texte. . . . . 2 fr. 50

Extrait de la table des matières :
Première partie : Les Pierres. — Chap. I. Notions préliminaires. — Chap. II. Roches calcaires. — Chap. III. La pierre à plâtre. — Chap. IV. Roches argileuses. — Chap. V. Roches siliceuses. — Chap. VI. Le granit.
Deuxième partie : La Terre végétale. — Chap. I. Notions préliminaires. — Chap. II. Relations de la terre végétale avec la nature du sous-sol. — Chap. III. Amélioration de la terre végétale.
Troisième partie : Les Eaux. — Chap. I. La circulation des eaux sur la terre. — Chap. II. La mer. — Chap. III. Glaces du pôle et glaciers.
Quatrième partie : Chap. I. Terrains de sédiment. — Chap. II. Les animaux et les plantes fossiles. — Chap. III. Dislocation du sol.
Cinquième partie : Terrains ignés. — Chap. I. Phénomènes geysériens. — Chap. II. Les volcans.
Sixième partie : Carrières à mines. — Chap. I. Carrières. — Chap. II. Mines. — Chap. III. Les minerais. — Chap. IV. Roches combustibles.

—— **Cours Élémentaire de Géologie stratigraphique.** Paris, 1883. 1 vol. in-18 de 320 pages avec 324 gravures dans le texte et une carte géologique de la France, imprimée en couleur. . . . . 3 fr. 75

Extrait de la table des matières :
Première partie : Phénomènes actuels. — I. Agents extérieurs : Chap. I. Actions chimiques exercées par les eaux. — Chap. II. Actions mécaniques exercées par les eaux. — Chap. III. Action de la mer. — Chap. IV. Action de l'eau à l'état solide. — II. Agents intérieurs : Chap. I. Phénomènes éruptifs. — Chap. II. Manifestations volcaniques. — Chap. III. Mouvements du sol ; soulèvements et affaissements.
— *Deuxième partie :* Notions sommaires sur la composition de l'écorce terrestre. — Chap. I. Roches de sédiment. — Chap. II. Roches éruptives.
— *Troisième partie :* Géologie proprement dite. — Chap. I. Notions sommaires sur les principaux terrains. — Chap. II. Terrains primitifs. — Chap. III. Terrains primaires. — Chap. IV. Terrains secondaires. — Chap. V. Terrains tertiaires. — Chap. VI. Terrains quaternaires.
— *Quatrième partie :* Étude de la carte géologique de la France dans ses traits principaux. — Histoire de la formation du sol de la France.

—— **Description géologique de la presqu'île d'Aden, de l'île de la Réunion, des îles Saint-Paul et Amsterdam.** Paris, 1878. 1 vol. gr. in-4 de 360 p. avec 21 pl. et 2 cartes. . . . . 25 fr.

—— et **MICHEL LEVY. Réunion extraordinaire de la Société Géologique de France à Semur-en-Auxois. — Notes et Comptes-rendus d'Excursions.** Paris 1881. 1 volume in-4 avec atlas de 6 planches et 2 cartes géologiques col. . . . . 8 fr.

WERRIER (E.). Manuel pratique de l'art des accouchements; 4ᵉ édition, corrigée et augmentée, renfermant les quatre tableaux d'accouchements, rédigés et revus par le professeur Pajot. Paris, 1883. 1 vol. in-18 de 652 pages avec 10 gravures dans le texte. 6 fr.50

WAGNER, professeur de chimie industrielle à l'Université de Wurzbourg. **Nouveau Traité de Chimie industrielle** à l'usage des ingénieurs, chimistes, industriels, contre-maîtres, ouvriers, agriculteurs, etc. ; 2ᵉ édition française considérablement augmentée, publiée d'après la 10ᵉ édition allemande, par L. Gautier. Paris, 1878-1879. 2 vol. grand in-8 de 1800 pages avec 487 gravures dans le texte . . . . 50 fr.

L'ouvrage se divise en huit chapitres : les trois premiers forment le premier volume, où l'on traite successivement de la métallurgie et des préparations métalliques, de l'extraction des sels de potasse et de l'acide azotique, de la préparation des corps explosibles, de l'extraction du sel, de la fabrication de la soude, de l'extraction du brome, de l'iode et du soufre, de la fabrication de l'acide sulfurique, du sulfure de carbone, de l'acide chlorhydrique et des chlorures décolorants, de la préparation de l'ammoniaque et des sels ammoniacaux, de la fabrication du savon, de l'extraction du borax et de l'acide borique, de la fabrication des superphosphates et des aluns, de la préparation de l'outremer et les composés barytiques et de la technologie du verre, des poteries, du plâtre, de la chaux et des mortiers.

Le second volume renferme les cinq autres chapitres, comprenant la technologie des fibres textiles animales et végétales, la fabrication du papier, du sucre, de l'amidon, du vin, du cidre et du poiré, de la bière, de l'alcool, du vinaigre et des acides tartrique et citrique, la préparation du pain, la conservation du bois, la fabrication du tabac, les applications industrielles des huiles volatiles et des résines, le tannage des peaux ; la fabrication de la colle, du phosphore, des allumettes, du noir animal ; la préparation du beurre et du fromage, la conservation de la viande, la teinture et l'impression des tissus, les différentes préparations de la laine et de la soie, avec l'examen des matières colorantes, et enfin les matières et les appareils employés pour le chauffage et l'éclairage.

WALKHOFF (L.). Traité complet de fabrication et raffinage du sucre de betteraves. 2ᵉ édition française, publiée sur la 4ᵉ édition allemande, par Mérijot. Paris, 1874. 2 vol. grand in-8, avec 189 gravures dans le texte. . . 20 fr.

Pour quiconque s'est occupé de l'industrie du sucre, le nom seul de l'auteur est un sûr garant de la valeur de son œuvre. L'ouvrage de Walkhoff est considéré en tous pays comme le traité le plus complet et le plus autorisé publié sur la fabrication.

WEST (Charles). Leçons sur les maladies des femmes, traduites de l'anglais sur la 3ᵉ édition par le Dʳ Mauriac. Paris, 1870. 1 vol. in-8 de 860 p. 15 fr.

Le livre de gynécologie le plus répandu en Allemagne est la traduction des Leçons cliniques de West, ouvrage excellent que j'aurai l'occasion de citer souvent. M. Mauriac a complété le livre de West par de très intéressantes additions.

(Courty, *Maladies de l'utérus. Introduction*, page xxiii, 2ᵉ édition.)

WOHLGEMUTH (J.). Recherches sur le jurassique moyen, à l'Est du bassin de Paris. — Stratigraphie. — Paris, 1883. 1 vol. gr. in-8 de 340 pages, 4 pl. de coupes et 1 carte géologique . . . . 10 fr.

WUNDT. Nouveaux Éléments de physiologie humaine, traduits de l'allemand sur la 2ᵉ édition et augmentés de notes par le docteur Bouchard. Paris, 1872. 1 vol. grand in-8 avec 150 figures. . . . . 14 fr.

Les sciences physiologiques et biologiques sont entrées dans une voie nouvelle, elles tendent de plus en plus à s'appuyer sur les sciences exactes. C'est en appliquant ces dernières à l'étude des problèmes vitaux que l'on est arrivé à donner à l'étude de la physiologie une vigueur et une netteté inconnues jusqu'alors.

Les *Éléments de physiologie* de Wundt sont conçus dans ce plan général.

Un traité élémentaire doit être un livre d'étude pour les commençants et un guide pour les recherches personnelles de ceux qui sont plus avancés, c'est là le double but que l'auteur s'est efforcé d'atteindre.

Cet ouvrage est remarquable par la force des raisonnements, par l'exactitude des conclusions, par l'absence de digressions et par la clarté avec laquelle sont exposées toutes les données scientifiques et mathématiques sur lesquelles l'auteur s'appuie.

OUVRAGES NEUFS ET D'OCCASION ÉPUISÉS OU RARES

AGASSIZ. Recherches sur les poissons fossiles, comprenant la description de
500 espèces qui n'existent plus, l'exposition des lois de la succession et des développe
ments organiques des poissons durant toutes les métamorphoses du globe terrestre
une nouvelle classification de ces animaux, exprimant leurs rapports avec la série de
formations; enfin des considérations géologiques générales tirées de l'étude de ces fos
siles. Neuchâtel, 1833-1843. 5 vol. in-4 et atlas de 400 pl. (750). . . . . .   600 fr.

BARRANDE (J.). Système silurien du centre de la Bohême. Paris, 1852
1879. 22 vol. grand in-4 cart. toile, avec 1177 planches. . . . .   1575 fr.

BERLÈSE. Iconographie du genre Camellia, ou Description et figures des Ca
mellias les plus beaux et les plus rares, peints d'après nature. Paris, 1841-1843. 3 vol.
in-fol. avec 300 planches gravées en taille-douce et coloriées. . . . . . .   250 fr.

CUVIER (G.). Recherches sur les ossements fossiles, où l'on rétablit le
caractères de plusieurs animaux dont les révolutions du globe ont détruit les espèces
4e et dernière édition, revue et complétée au moyen de notes additionnelles laissées
par l'auteur. Paris, 1836. 10 vol. in-8 et 2 atlas in-4, contenant 280 planches de fos
siles (150). . . . .   80 fr.

**DOZY et MOLKENBOER. Bryologia Javanica seu descriptio muscorum
frondosorum archipelagi Indiani iconibus illustrata.** Lugd. Batav. 1855--
1870. 65 liv. gr. in-4 avec 196 pl. . . . .   180 fr.

GAMA MACHADO (Commandeur da). Théorie des ressemblances, ou Essai
philosophique sur les moyens de déterminer les dispositions physiques et morales des
animaux, d'après les analogies de formes, de robes et de couleurs. Paris, 1831-1836.
3 vol. in-4, avec pl. col. . . . .   100 fr.
(Ouvrage fort curieux et qui n'a jamais été mis dans le commerce.)

GAUDRY (Albert), Animaux fossiles et géologie de l'Attique, d'après les
recherches faites en 1855-56 et en 1860 sous les auspices de l'Académie des sciences.
Paris, 1862-68. 1 fort vol. in-4 de texte avec 75 planches de fossiles, carte et coupes
géologiques coloriées. . . . .   300 fr.

GAY. Historia fisica y politica de Chile. Paris, 1844-1865. 26 vol. in-8 et atlas
in-fol. de 315 planches coloriées (*Épuisé et rare*). . . . .   1000 fr.
Fauna, 8 vol., 135 pl.; Flora, 8 vol., 103 pl.; Historia, 8 vol., 77 pl.; Agricultura, 2 vol.
Documentos, 2 vol.

**MURCHISON (sir R. J.), VERNEUIL (E. de et KEYSERLING (A. de): Géo-
logie de la Russie d'Europe et des montagnes de l'Oural.** Paris, 1845.
2 vol. gr. in-4 avec 50 pl. et de nombreuses cartes et coupes géol. col. (225 fr.).   100 fr.

**REEVE LOWELL. Conchologia Iconica, or figures and descriptions of
the shells of mollusks with remarks on their affini ties, synonymy,
and geographical distribution.** London, 1843-1878. 20 vol. gr. in-4, avec 2500 pl.
dessinées par Sowerby et coloriées.   4000 fr.

SOCIÉTÉ GÉOLOGIQUE DE FRANCE (Bulletin de la). Deuxième série.
Paris, 1843-1867. 29 vol. avec planches (870). . . . .   350 fr.

—— **(Mémoires dé la)** Première série. Paris 1833-1848. 5 tomes en 10 volumes
in-4 . . . .   150 fr.

SOWERBY (G. B.) The Mineral Conchology of Great-Britain, or colou-
red figures and descriptions of those romains of testaceous animals or shells wich have
been preserved at various times and depths in the earth. London, 1812-1830. 6 vol.
en livraisons, gr. in-8 avec 609 pl. col. . . . .   350 fr.

**WEBB et BERTHELOT. Histoire naturelle des îles Canaries, divisée en
trois parties :** 1° Ethnographie, relation du voyage; 2° Géographie, géologie, zoologie;
3° Géographie botanique, phytographie, plantes cellulaires. Paris, 1836-1850. 6 vol.
grand in-4, avec 438 pl. et un atlas in-folio cart. (600). . . . .   450 fr.
(Bel exemplaire cartonné non rogné.)

9924. — Imprimerie A. Lahure, 9, rue de Fleurus, à Paris.

LIBRAIRIE F. SAVY

BOUCHARD. Maladies par ralentissement de la nutrition.
Cours de pathologie générale professé à la Faculté de médecine de Paris
pendant l'année 1879-1880, recueilli et publié par le Dr H. Lamy. Paris,
1882. 1 vol. grand in-8. . . . . 10 fr.

FREY. Traité d'histologie et d'histochimie. 2ᵉ édition française,
traduite de l'allemand sur la 5ᵉ édition, par le docteur P. Spillmann.
Paris, 1877. 1 fort vol. in-8 de 800 pages, avec 634 gravures dans le
texte. . . . . 16 fr.

GAUTIER (A.). Chimie appliquée à la physiologie, à la pathologie, à l'hygiène, avec les analyses et les méthodes de recherches les plus nouvelles. 2 vol. in-8, avec figures dans
le texte. . . . . 48 fr.

HOPPE SEYLER. Traité d'analyse chimique appliquée à la physiologie et à la pathologie. Guide pratique pour les recherches cliniques, traduit de l'allemand sur la 4ᵉ édition, par le
docteur Schlagdenhauffen, professeur agrégé à la Faculté de médecine de
Nancy. 1 vol. grand in-8, avec figures dans le texte. . . . . . . 10 fr.

LAMARCK. Philosophie zoologique, ou exposition de considérations
relatives à l'histoire naturelle des animaux, à la diversité de leur organisation et des facultés qu'ils en obtiennent, aux causes physiques qui maintiennent en eux la vie et donnent lieu aux mouvements qu'ils exécutent ; enfin,
à celles qui produisent les unes le sentiment, les autres l'intelligence de ceux
qui en sont doués. Nouvelle édition, revue et précédée d'une introduction
biographique, par Charles Martins, professeur d'histoire naturelle à la
Faculté de médecine de Montpellier, etc. 2 vol. in-8 de 900 pages. 12 fr.

NEUBAUER et VOGEL. De l'urine et des sédiments urinaires.
Propriétés et caractères chimiques et microscopiques des éléments normaux
et anormaux de l'urine ; analyse qualitative et quantitative de cette sécrétion, description et valeur séméiologique de ses altérations pathologiques,
etc. ; 2ᵉ édition française, traduite de l'allemand sur la 7ᵉ édition, par
le docteur L.-A. Gautier. Paris, 1877. 1 vol. in-8 avec 4 planches coloriées
et 31 figures dans le texte. . . . . 10 fr.

Extrait de l'analyse bibliographique parue dans les Archives de Médecine,
6ᵉ série, t. XV, p. 633.

« Un grand nombre d'ouvrages ont été publiés par des chimistes et des médecins
pour guider le praticien dans ses recherches. Aucun d'eux à notre avis n'a aussi parfaitement résolu le problème que celui de Neubauer et Vogel.

« *La partie chimique,* due à M. Neubauer, s'appuie partout sur des découvertes et sur
des expériences qui donnent à cette partie de l'ouvrage un caractère scientifique. Ou...

« *La partie médicale,* due à M. Vogel, représente bien aussi l'état actuel de la science.

« Des indications bibliographiques très précises complètent ce livre et ajoutent
beaucoup à sa valeur. Plusieurs planches représentent fidèlement les sédiments
urinaires et les éléments anatomiques qui les accompagnent.

« Ce livre rendra plus d'un service en France, où il n'a pas de rival sérieux. »

PASTEUR (L.), membre de l'Institut, **Études sur le vin.** Ses maladies,
causes qui les provoquent, procédé nouveau pour le conserver et pour le
vieillir. 2ᵉ édition, considérablement augmentée. 1 vol. grand in-8 de
350 pages avec 32 planches en couleur, gravées sur acier, et 25 gravures dans le texte. 18 fr.

RANVIER (L.), professeur d'anatomie générale au Collège de France.
Traité technique d'histologie. Paris, 1875-1882. 1 volume grand
in-8 de 976 pages avec 324 gravures dans le texte. . . . . . . 35 fr.

Cet ouvrage contient le résumé fidèle des leçons professées au Collège de
France par M. Ranvier : Instruments, Réactifs et Méthodes générales, Tissus, Lymphe,
Sang, Épitheliums, Tissu cartilagineux, Tissu osseux, Tissu conjonctif, Tissu muscu-
laire, Cœur, Artères, Veines, Capillaires, Vaisseaux sanguins, Vaisseaux lymphatiques,
Ganglions lymphatiques, Cœurs lymphatiques, Système nerveux, Cornée, Rétine, Peau,
Organes du goût.

STRASBURGER. De la formation et de la division des cellules, traduit de l'allemand par Kickx. 1 vol. gr. in-8 de 307 p.
avec 8 pl. . . . . 20 fr.

VAN TIEGHEM (Ph.) membre de l'institut, professeur au Muséum et à
l'École centrale. **Traité de Botanique.** Paris, 1882, 1 vol. gr. in-8 de
1500 pages avec 800 fig. dans le texte . . . . 30 fr.

5510. — Paris, Imprimerie A. Lahure, 9, rue de Fleurus, Paris.

www.ingramcontent.com/pod-product-compliance
Lightning Source LLC
LaVergne TN
LVHW011950170726
843503LV00001B/78